U0596369

中国刀剑史

（图册）

The History of Chinese Sword

龚剑 著

中华书局

图1
汉　铜山县铁剑铭文

图2
汉　刘胜墓出土环首长刀

图3
汉　刘戊陵墓出土环首铁刀

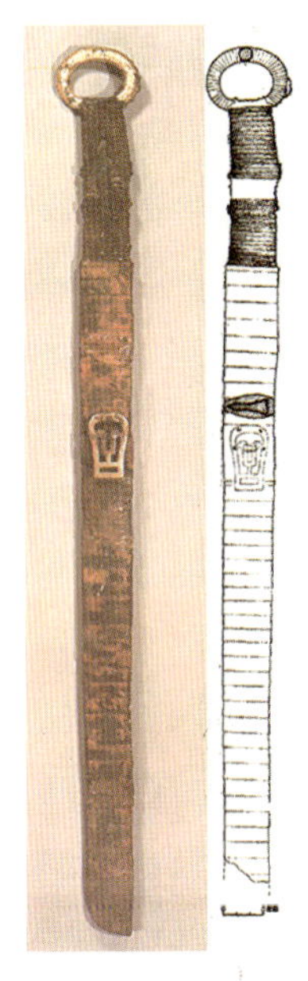

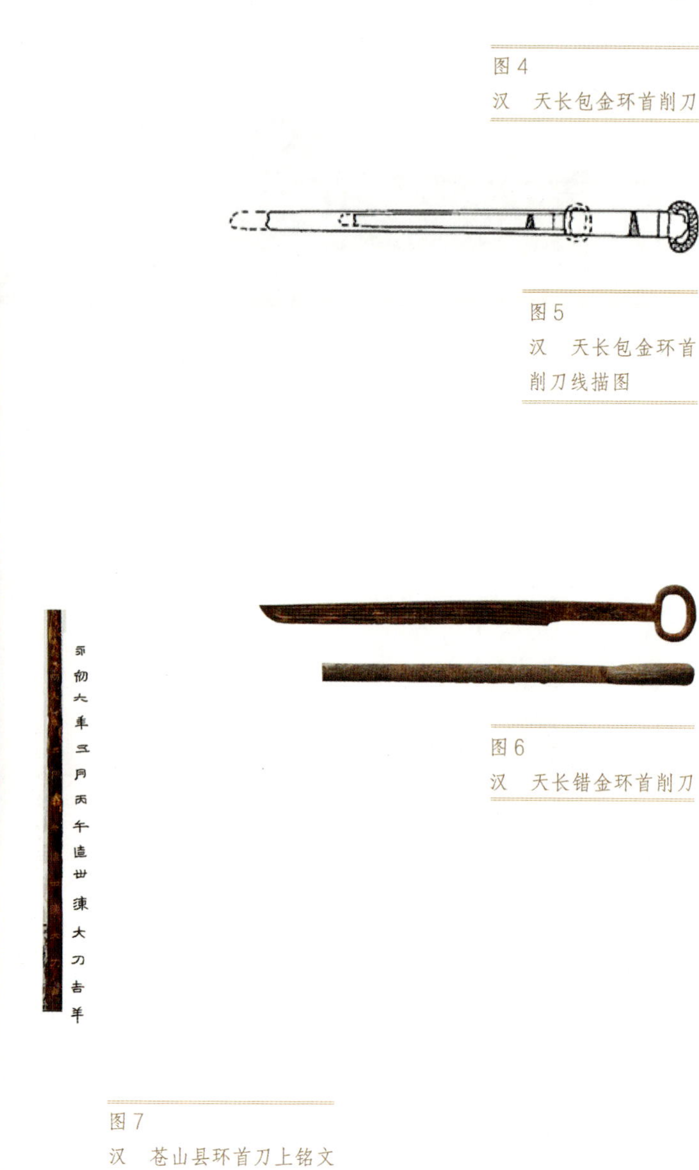

图 4
汉　天长包金环首削刀

图 5
汉　天长包金环首削刀线描图

图 6
汉　天长错金环首削刀

图 7
汉　苍山县环首刀上铭文

图 8-1
东汉　濯龙宫环首刀

图 8-2
东汉　濯龙宫环首刀

图 8-3
东汉　濯龙宫汉环首刀

图 9
鄂州博物馆藏东吴环首刀

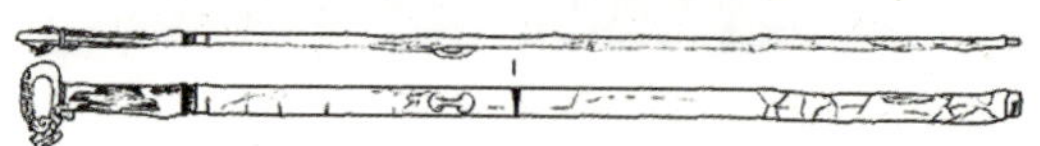

图 10
三国　薛秋墓出土环首刀

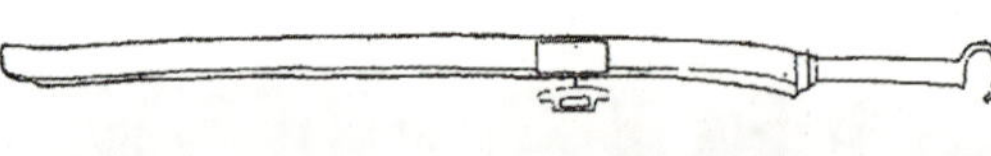

图 11
江苏盱眙东阳汉墓出土环首刀

图 12
山东临沂吴白庄汉画像

图 13
鞘尾

图 14
柄箍

图 15
汉　削刀鞘尾

图 16
汉　携带削刀的陶俑

图 17
汉　琅琊汉墓出土
错金削刀手柄

图 18
汉　中山穆王墓
出土环首刀刀环

图 19
错金龙纹刀背

图 20
战国　青州博物馆藏金质环首

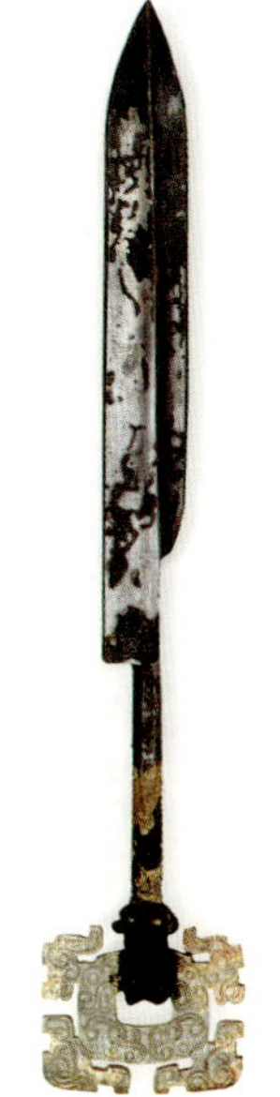

图 21
战国　曾侯乙墓玉环铜刀

图 22
战国　晋国赵卿墓玉质环首

图 23
唐　鎏金飞廉纹六曲银盘

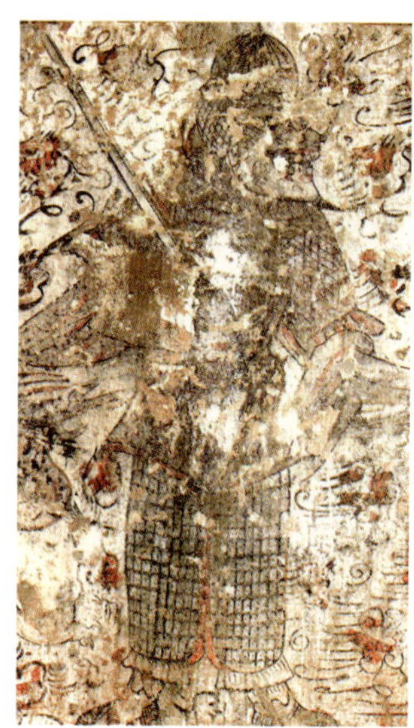

图 24
北魏　太延武士

图 25
山西大同明堂博物馆
魏晋武士像

图 26
北周　李贤墓壁画

图 27
南朝　邓县墓室画像砖

图 28
南朝　邓县墓室武士图

图 29
北齐　娄睿墓武士图

图 30
北朝　仪刀

图 31
东京国立博物馆藏朝鲜半岛三国时期三累环

图 32
纽约大都会博物馆藏北朝环首刀

图 33
北魏　永固陵凤鸟

图 34
日本三木市　窟屋 1 号墓　凤环

图 35　朝鲜半岛　龙纹环首

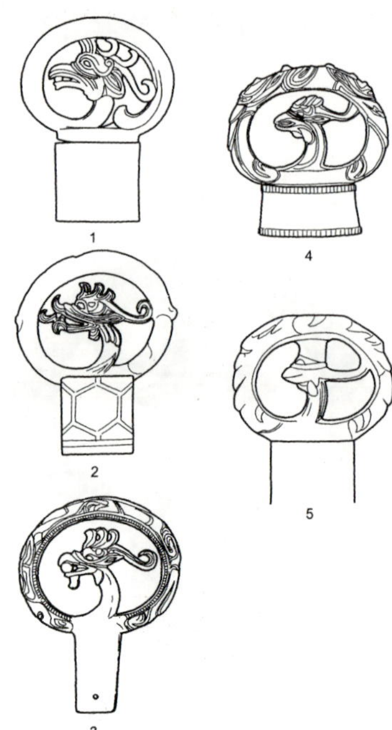

图 36
凤纹 环首比对

图 18-5 单龙凤首刀环
1. 洛阳乙刀
2. 百济武宁王陵出土
3. 日本日拜冢古坟出土
4.（传）日本奈良榛原町出土
5. 日本前原古坟出土

图 37
北朝 双龙环

图 38
日本东京国立博物馆藏
朝鲜三国时代　环首

图 39
秦　始皇陵 1 号铜车
驭手剑璏

图 40
古波斯　萨珊沙普尔一世雕像

图 41
印度　贵霜时期神像

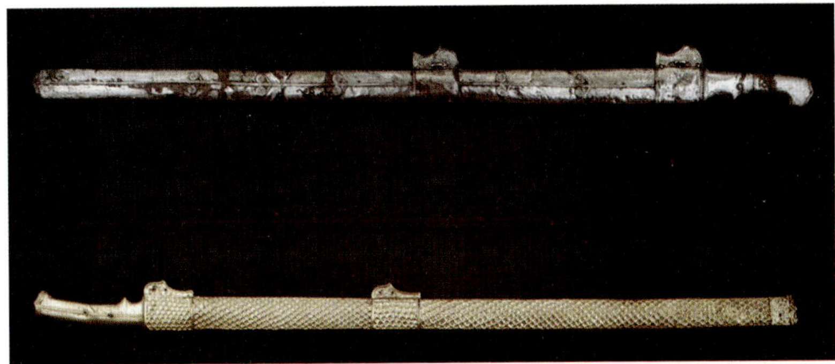

图 42
大英博物馆藏　古波斯　萨珊刀

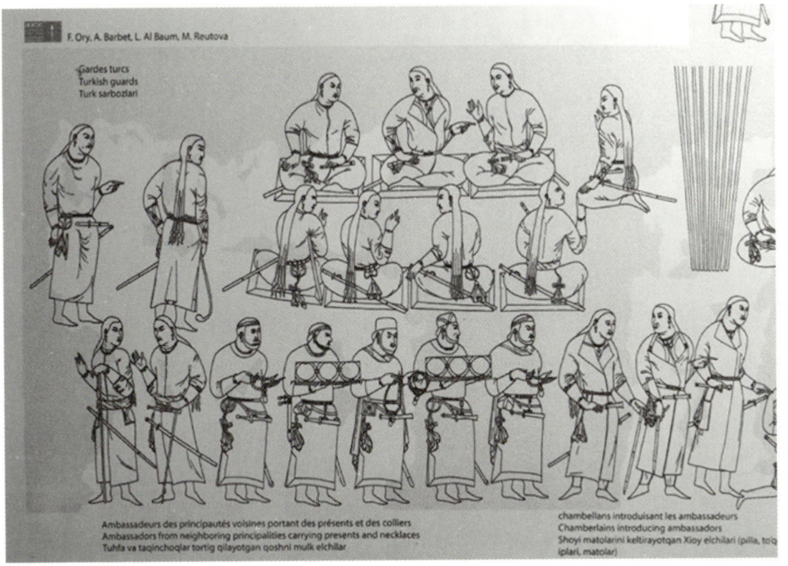

图 43
粟特贵族

图 44
新疆　阿尔卡特墓出土突厥石人

图 45
新疆　克孜尔石窟壁画

图 46-1
李贤墓出土佩刀

图 46-2
北周　李贤佩刀之附耳

图 46-3
马郁惟先生藏北朝附耳式佩刀

图 47
北齐　徐显秀墓室壁画中的无环横刀

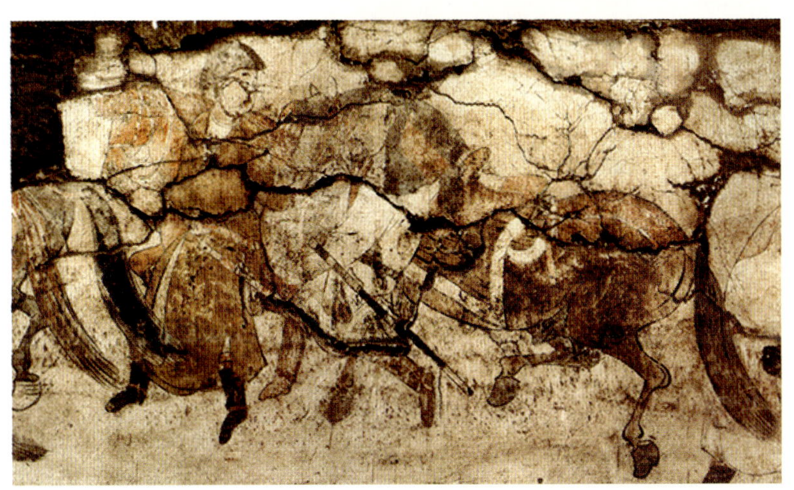

图 48
北齐　娄睿墓室壁画中的无环横刀

图 49
隋　史射勿墓壁画

图 50
隋　潼关税村隋墓壁画

图 51
唐　李寿棺椁浮雕

图 52
初唐　仪刀比较

图 53
中唐　仪刀比较

图 54
俄罗斯艾尔米塔什博物馆藏　镀金粟特银盘

图 55
武周时期　山西焦化墓葬壁画

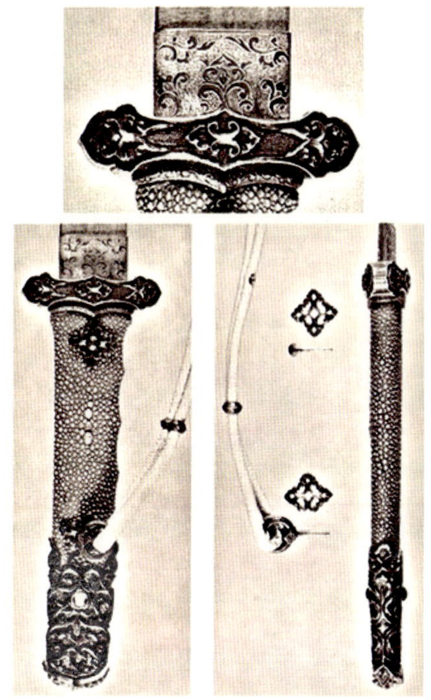

图 56
日本　正仓院金银钿装唐大刀

光陵　庄陵　端陵　贞陵　简陵

图 57
晚唐　仪刀比较

图 58、图 59
隋　潼关税村隋墓壁画

图 60
隋　广元皇泽寺壁画

图 61
唐　李寿墓壁画

图 62
唐　长乐公主墓壁画（袍服仪卫）

图 63
唐　长乐公主墓壁画（铠甲）

图 64
唐　段元哲墓出土横刀

图 65
唐　窦皦墓出土横刀

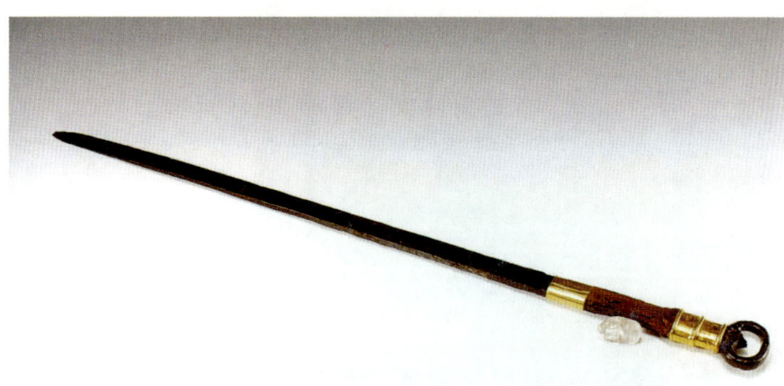

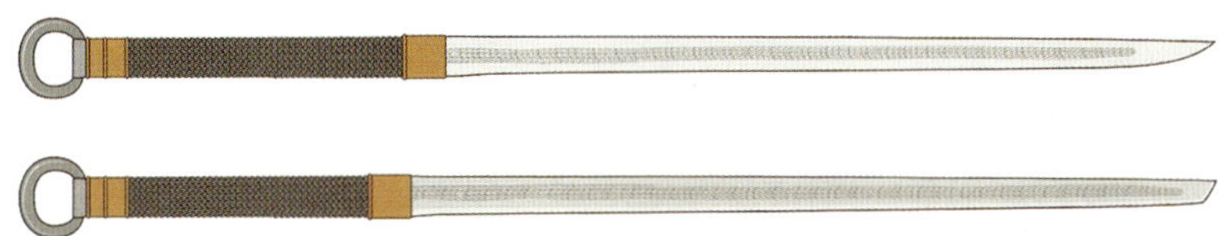

图 66
唐　剑南道环首

图 67
五代　王处直墓石雕武士

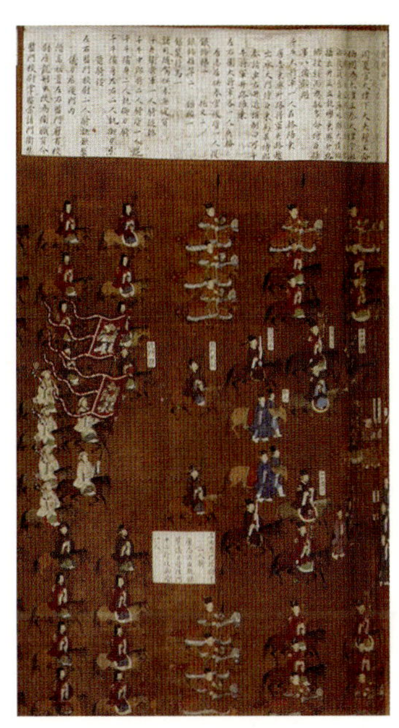

图 68
大驾卤簿

图 69
宋初皇陵环首剑

图 71
宋　泸县宋墓石雕

图 70
北宋　《朝元仙仗图》(局部)

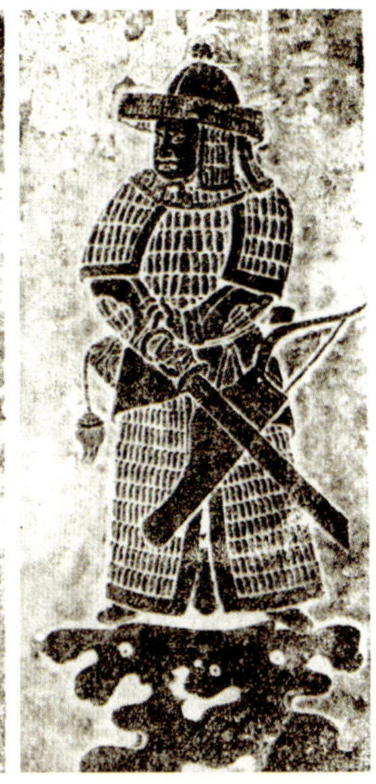

图 72
南宋　四川彭山虞公著墓环首刀形象

图 73
金　山西稷山县马村金代墓砖雕

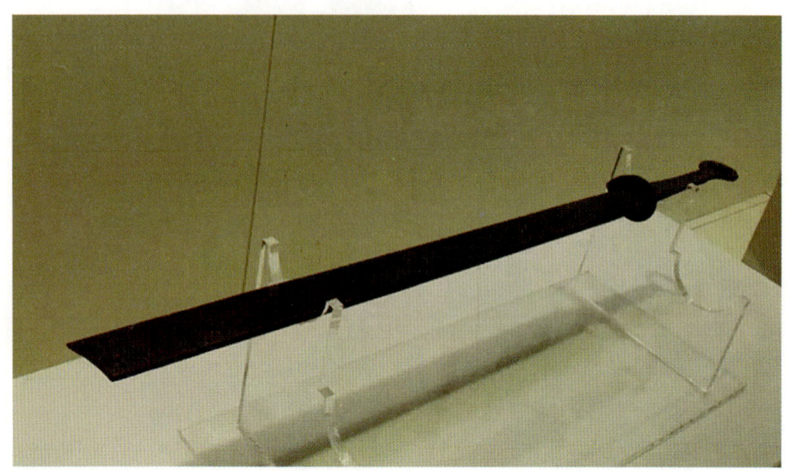

图 74-1、74-2
中国人民革命军事博物馆藏南宋环首刀

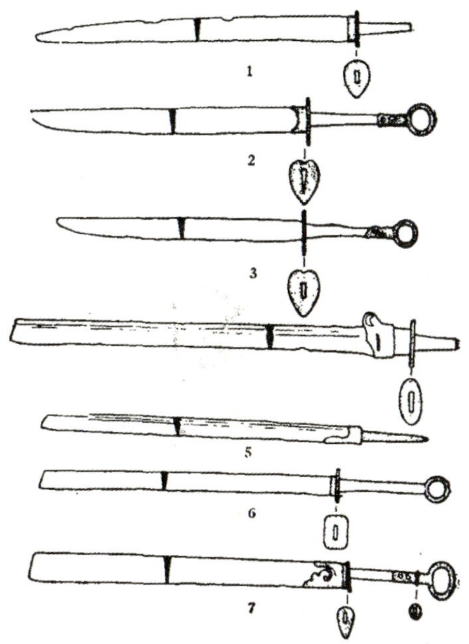

图 75
宋　淳安出土之兵器

图 76
杭州工艺美术博物馆藏宋刀

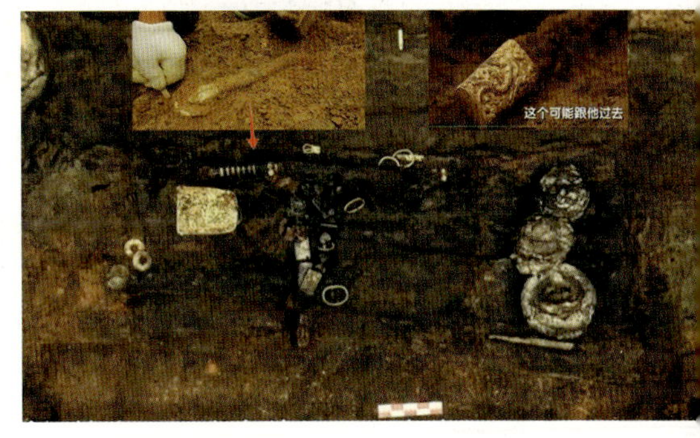

图 77-1、77-2
南宋　杨价墓出土包金环首直刀

图 78
珞珞如石先生藏环首刀

图79　明　《明宣宗行乐图》(局部)

图 80
明 《出警图》(局部)

图 81
明 《三才图会》中
班剑、仪刀

图 82
明 梁庄王墓出土
环首直刀

图 83
清朝苗民所用环首刀

图 84
清 《苗蛮图绘》(局部)

图 85
唐 《会计历》
“三十八口陌刀”

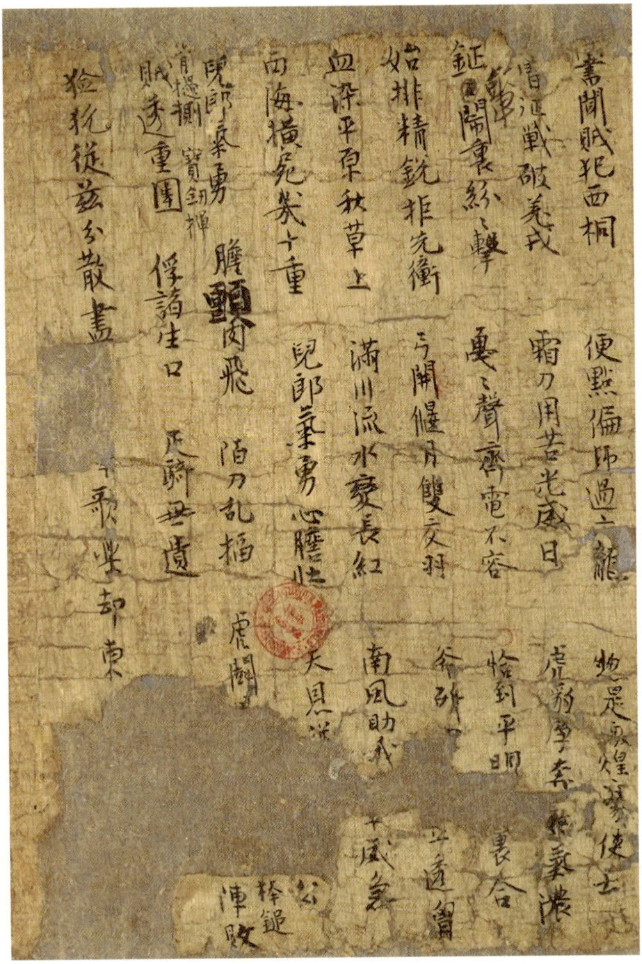

图 86
唐 《张淮深变文》
“陌刀乱揊”

图 87
隋　史射勿墓壁画

图 88
隋　潼关税村隋墓壁画

图 89
唐　李寿墓石雕

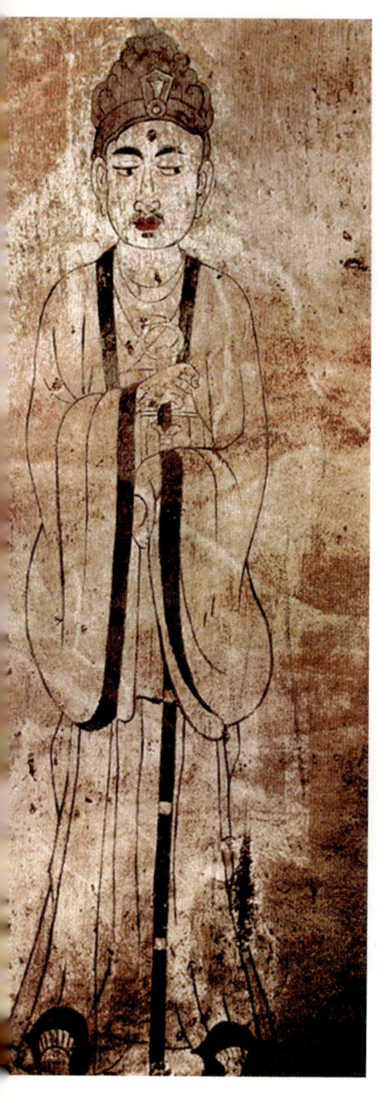

图 90
唐　韦贵妃墓壁画

图 91
唐　唐肃宗李亨之建陵石翁仲

图 92
隋　潼关税村墓壁画

图 93、图 94
隋　潼关税村墓壁画中横刀刀环式样

图 95
隋　广元皇泽寺
对窟中出土横刀

图 96
隋　山东博物馆藏
徐敏行墓武士像

图 97
隋　河南省博物
馆藏裲裆甲武士

图 98
唐　李寿墓壁画

图 99
唐　长乐公主墓壁画

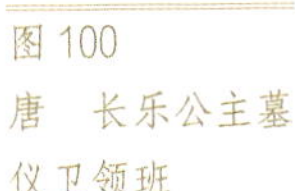

图 100
唐　长乐公主墓
仪卫领班

图 101
唐　韦贵妃墓壁画中侍
者所佩横刀出现刀格

图 102-1、102-2
唐　榆林窟第 25 窟毗沙门天王像

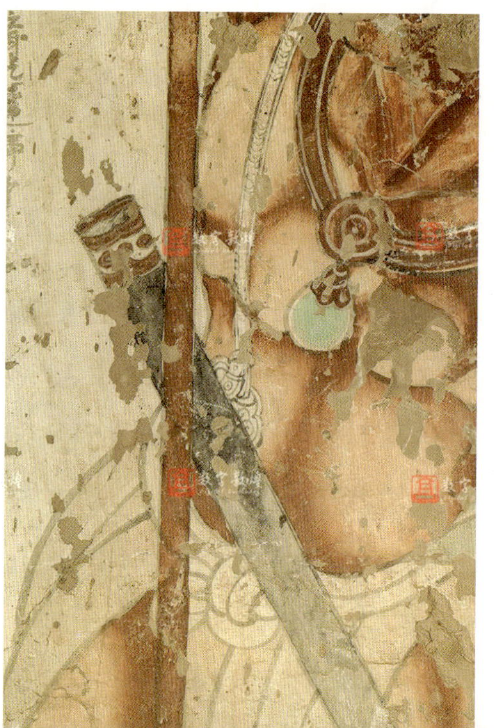

图 103-1、103-2
唐　榆林窟第 25 窟
南方天王像

图 104
鹤鸣山石窟隋唐时期石雕

图 105
唐　日本奈良国立博物馆藏《绘因果经》

图 106
北齐　徐显秀墓壁画

图 107
北齐　娄睿墓壁画

图 108
北齐　斛律彻墓中武士俑

图 109
武周　山西焦化厂墓葬壁画

图 110
唐　懿德太子墓中横刀

图 111
唐　西安郭杜镇唐墓壁画

图 112
唐　章怀太子墓墓道西壁《仪卫图》(局部)

图 113
唐　段元哲墓中出土横刀

图 114
唐　窦皦墓出土横刀

图 115
唐　窦皦墓出土横刀铭文

图 116
唐　窦皦墓出土横刀手柄部分

图 117
唐　窦皦墓出土横刀刀环旁的水晶猪坠

图 118
唐　窦皦墓出土横刀

图 119
唐　窦皦墓出土横刀刀尖

图 120
美国　纽约大都会博物馆藏品

图 121-1、121-2
美国　纽约大都会博物馆藏品（局部）

图 122
唐　大明宫三清殿遗址出土环首

图 123
唐　莫高窟第 57 窟壁画

图 124
唐刀

图 125
唐　龙门博物馆藏横刀

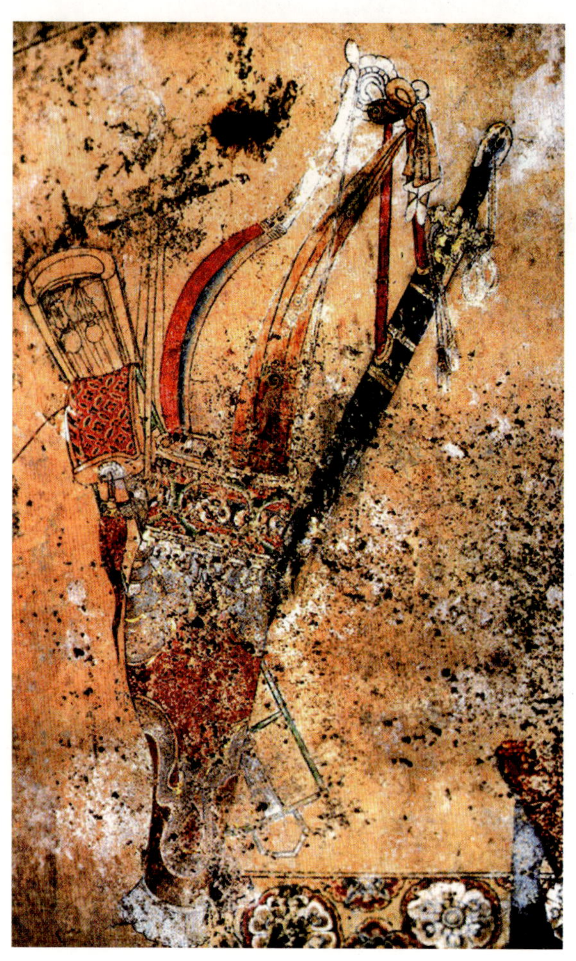

图 126
辽　宝山 1 号辽墓
壁画

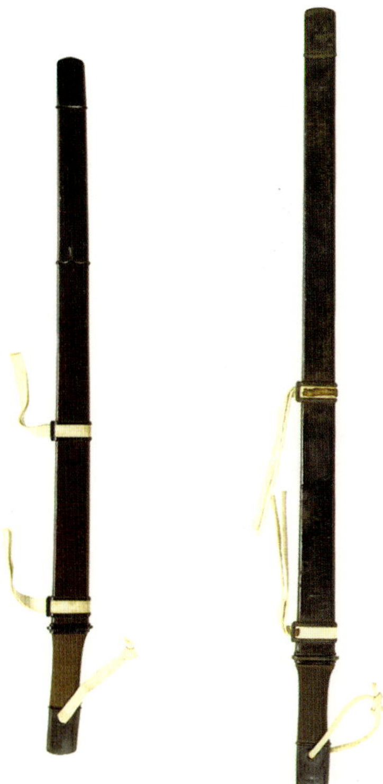

图 127-1
日本　正仓院横刀

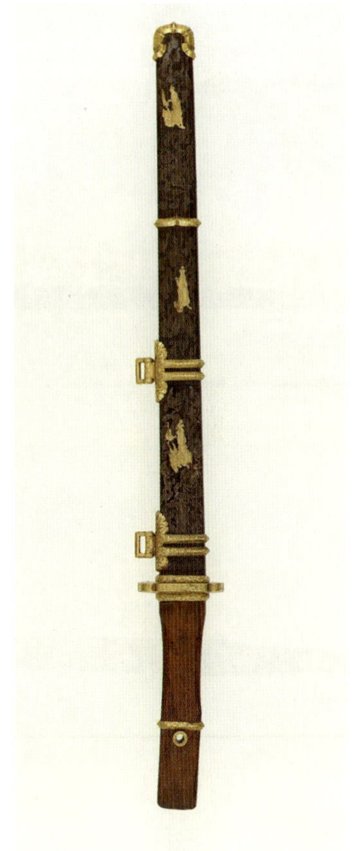

图 127-2
日本　正仓院金银庄横刀

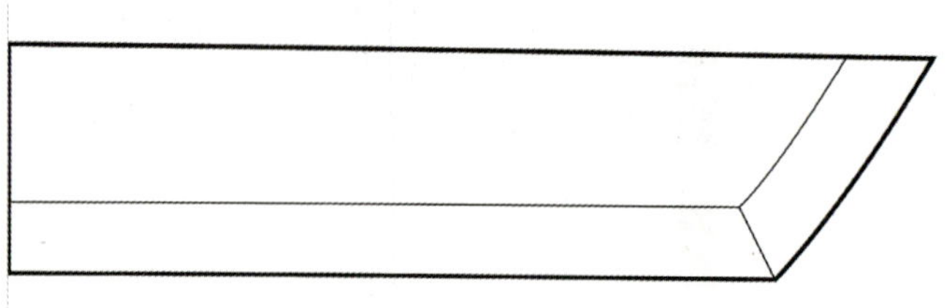

图 128
斜直刀尖

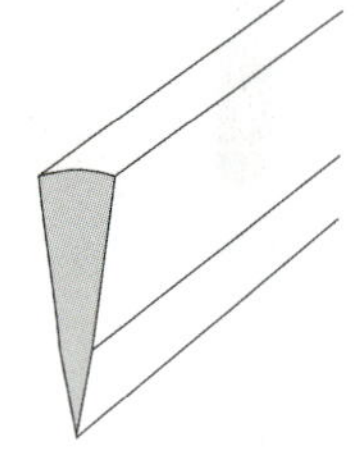

图 129
斜直刀尖刃体横截面

图 130
辽宁省博物馆藏唐刀

图 131
唐　渤海国刀刃

图132　日本
丙子椒林剑

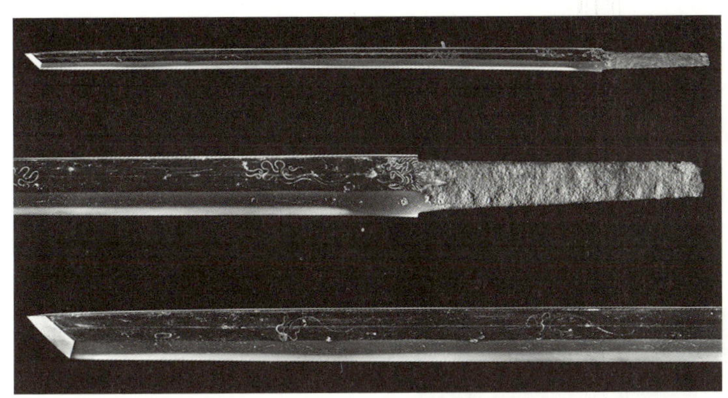

图133　日本
七星剑

图134　日本
东京国立博物馆
藏水龙剑

图135　日本
正仓院藏金银庄
唐刀

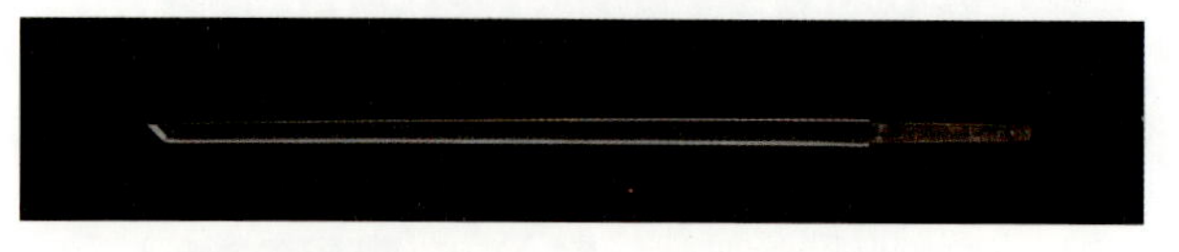

图 136
日本　正仓院藏
漆塗鞘御杖刀

图 137
日本　正仓院藏
吴竹杖刀

图 138
日本　正仓院藏
破阵乐大刀

图 139
唐刀刀尖

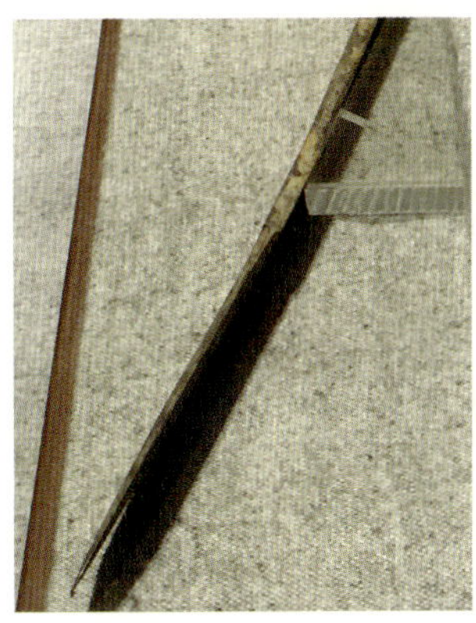

图 140-1、140-2
扬州博物馆藏剑尖型唐刀

图 141
龚剑收藏之唐刀

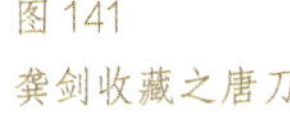

图 142-1、142-2
日本　正仓院金银钿装唐大刀

图 143
公元 8-10 世纪
时卡扎尔人佩刀

图 144
卡扎尔人佩刀

图 145-1、145-2
唐　剑南道环首刀

图 146
西汉　徐州狮子山楚
王汉墓出土环首铁刀

图 147-1、147-2、147-3
唐环首

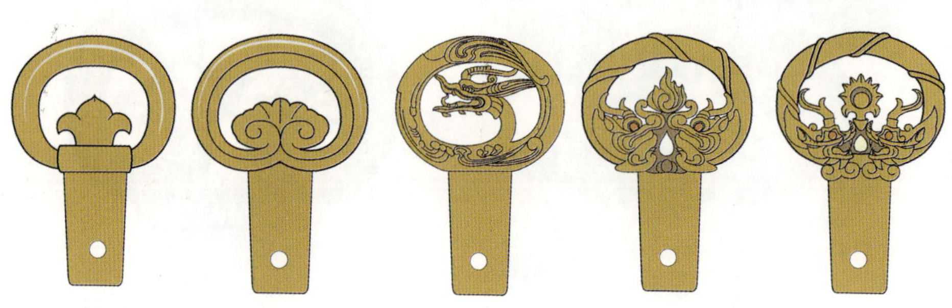

图 148
唐刀环首造型

图 148
隋、初唐环首长刀

图 150-1、图 150-2
北朝　佩刀附耳形式

图 151
国内留存唐刀的附耳形式

图 152
日本正仓院、高松冢古坟唐刀附耳

图 153
唐刀刀格

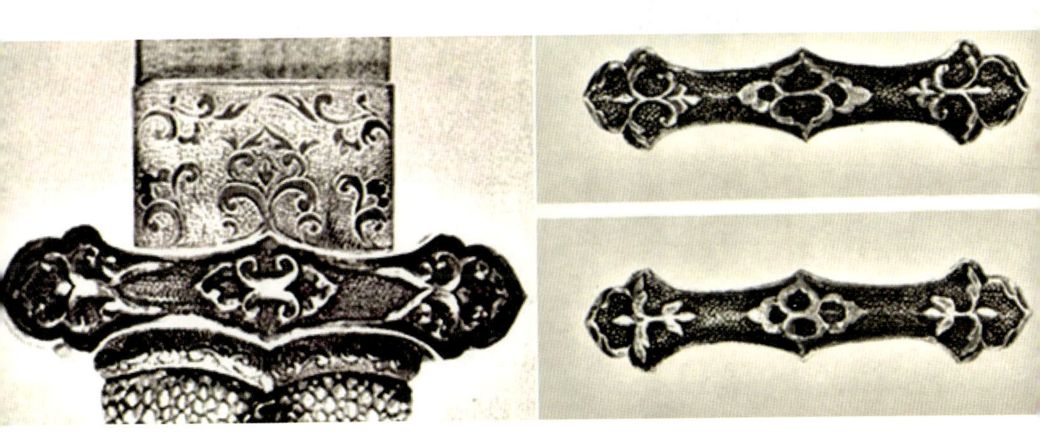

图 154
日本　正仓院藏唐大刀刀格

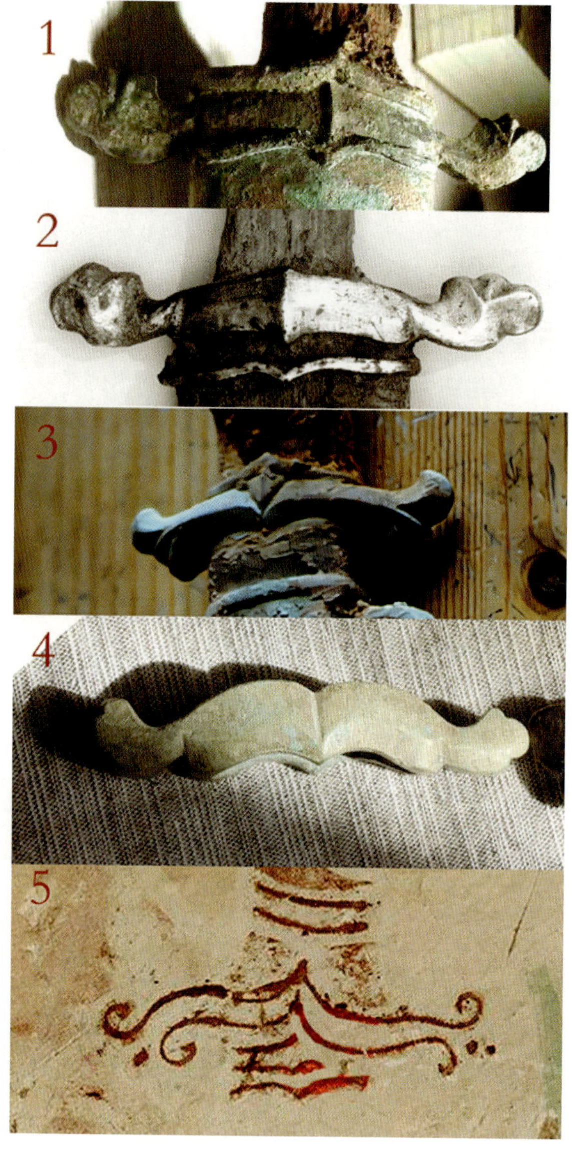

图 155
主体为扁十字星型唐刀刀格

图 156
龙门唐刀刀格（图片摄影：@南极瞌睡熊）

图 157
俄罗斯　艾尔米塔什
博物馆藏粟特人银盘

图 158
新疆　阿尔卡特墓出土突厥石人

图 159
加拿大　多伦多博物馆藏突厥磁人（图片摄影：@sergio1968）

图 160
唐　大英博物馆藏丹丹乌里克木版画

图 161
俄罗斯　艾尔米塔日博物馆藏阿瓦尔剑十字格

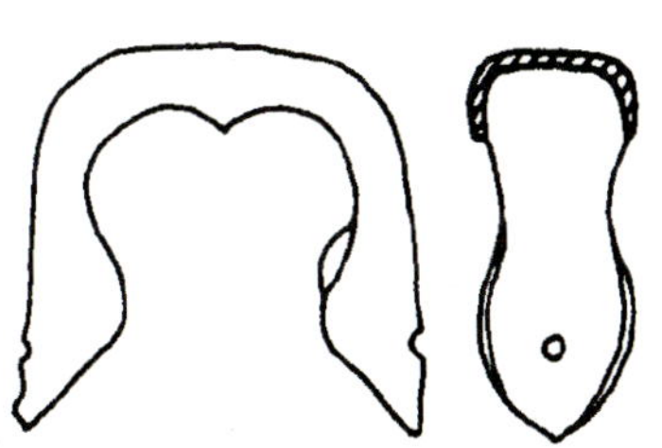

图 162
唐　大明宫遗址出土唐
圭形刀首

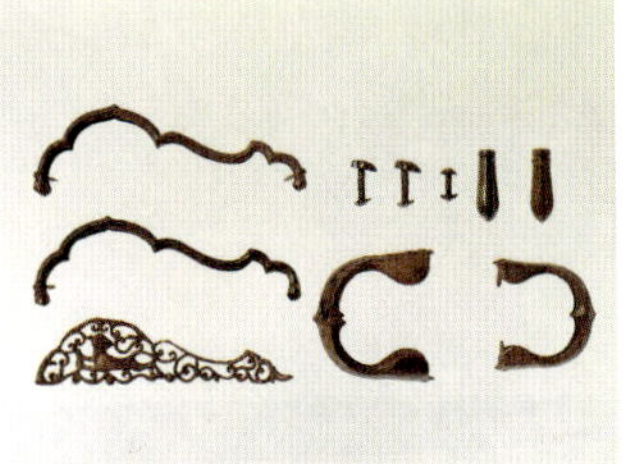

图 163
日本　高松冢古坟出土唐刀
银装具

图 164
唐　长刀

图 165
唐　长刀

图 166
辽　耶律羽之墓出土铁刀

图 167
辽　长岗村辽中晚期墓葬中出土长刀

图 168
徐州博物馆藏辽代双手长柄刀

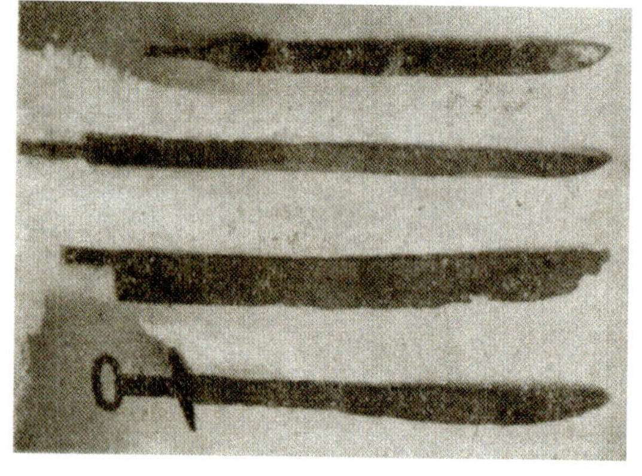

图 169
肇东县八里城遗址出土金刀

图 170
辽代祖陵出土铁刀

图 171
黑龙江省七台河市勃利县数字博物馆藏金刀

图 172
黑龙江省七台河市勃利县数字博物馆藏金刀

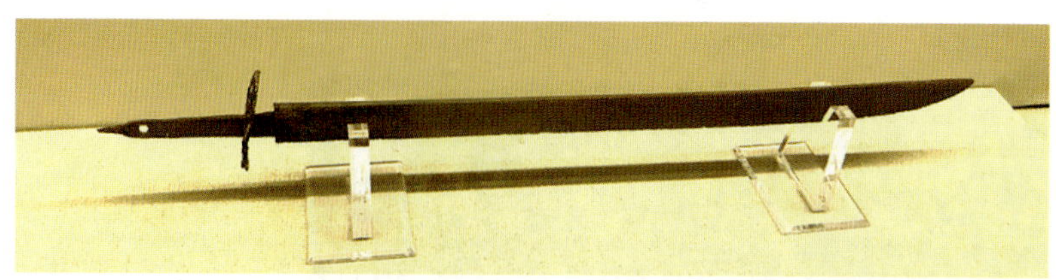

图 173
黑龙江省博物馆藏金大定二十九年（1189）战刀

图 174
山西繁峙岩山寺金朝壁画

图 175
金　山西稷山县马村段氏墓砖雕中环首刀的形象

图 176
金　耶律羽之墓出土铁刀的错金银装饰

图 177
辽　宝山村 1 号墓中壁画

图 178
潘赛火先生所藏辽直刀

图 179
渤海国唐刀

图 180
皇甫江先生藏水晶柄辽刀

图 181
辽朝　陈国公主墓壁画

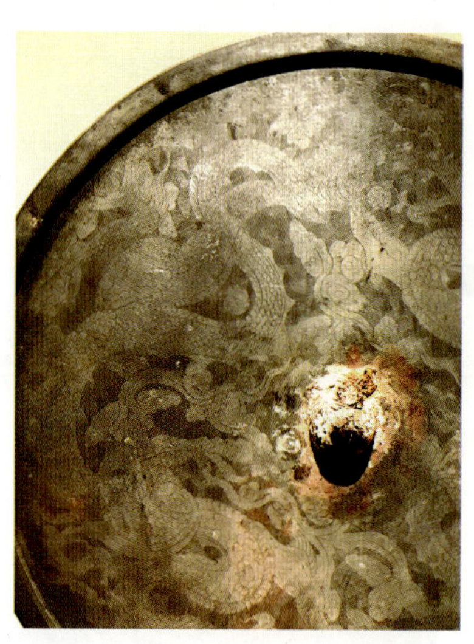

图182
辽宁省博物馆
藏辽铜镜

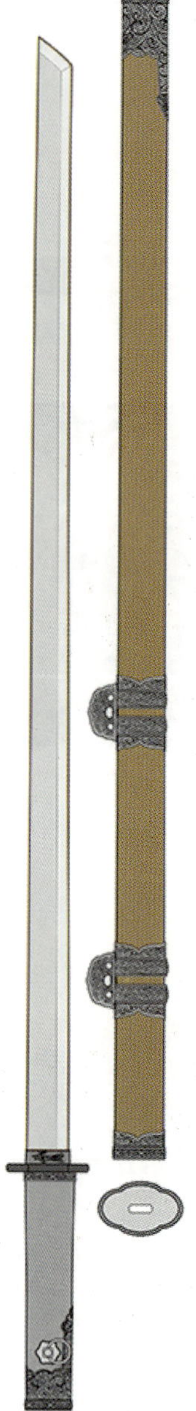

图183
辽早期佩刀

图 184

日本　正仓院金银钿装唐大刀

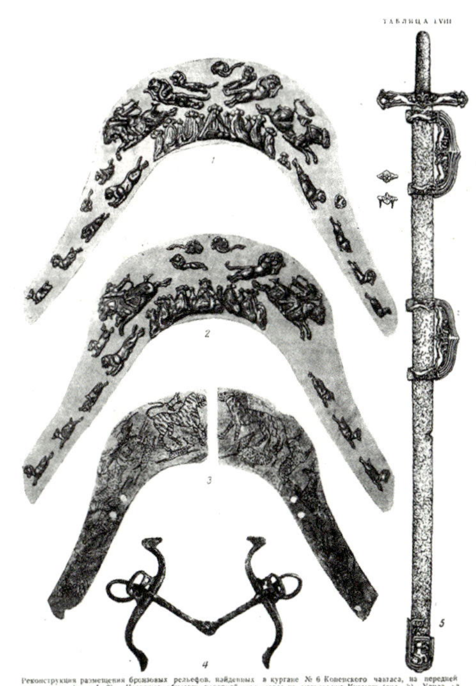

图 185

突厥马鞍、刀

图 186
皇甫江先生收藏之辽刀

图 187
唐　敦煌绢画天王像

图 188
五代　《曹议金供养图》(局部)

图 189
北宋　太平兴国六年（981）　敦煌绢画

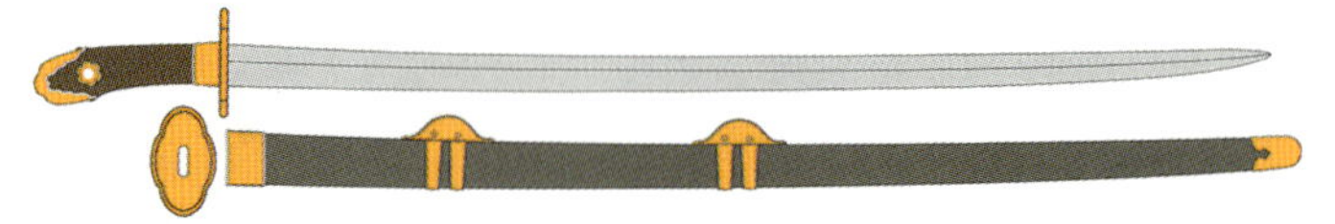

图 190
辽刀

图 191、图 192　辽刀

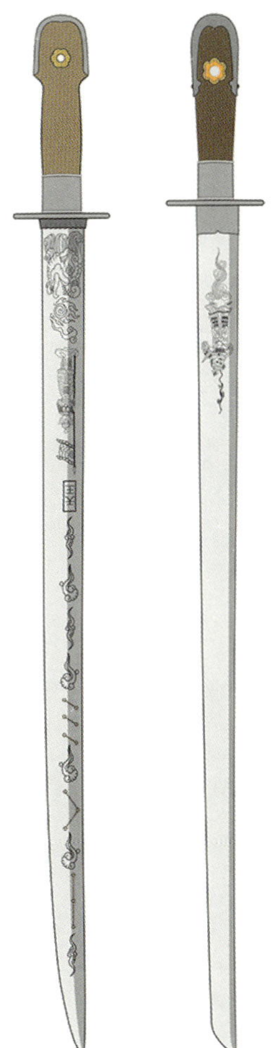

图 193
辽刀錾刻天王

图 194

辽　萧和墓墓室两侧的旗帜

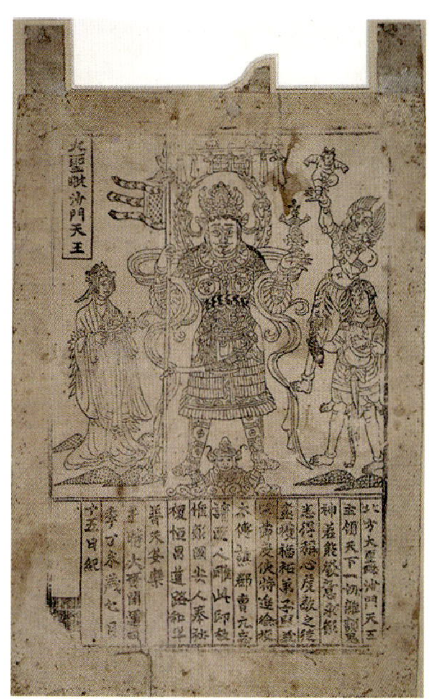

图 195

五代　毗沙门天王形象

图 196、图 197　辽刀

图 198
北亚游牧民族所用刀刀型

图 199
辽刀

图 200
杨勇先生收藏之辽刀线描图

图 201-1、202-2 辽刀

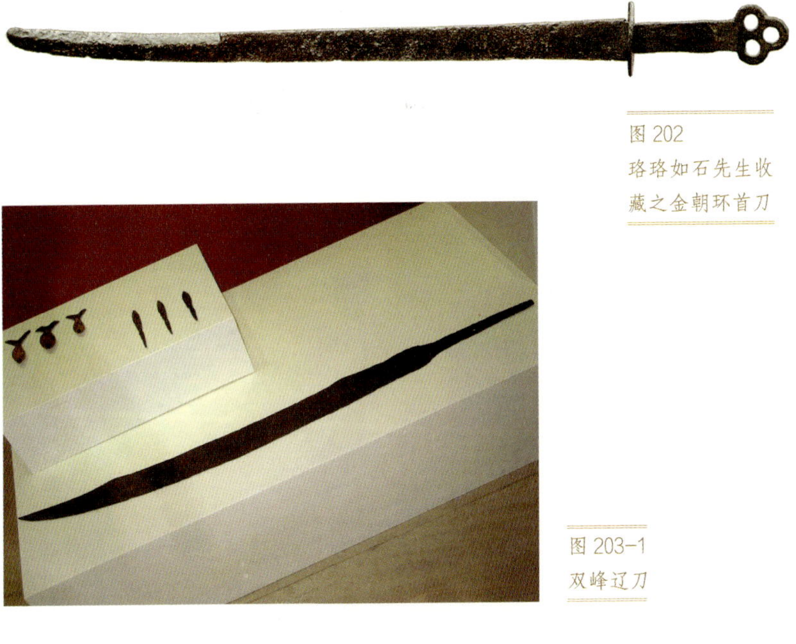

图 202
珞珞如石先生收藏之金朝环首刀

图 203-1
双峰辽刀

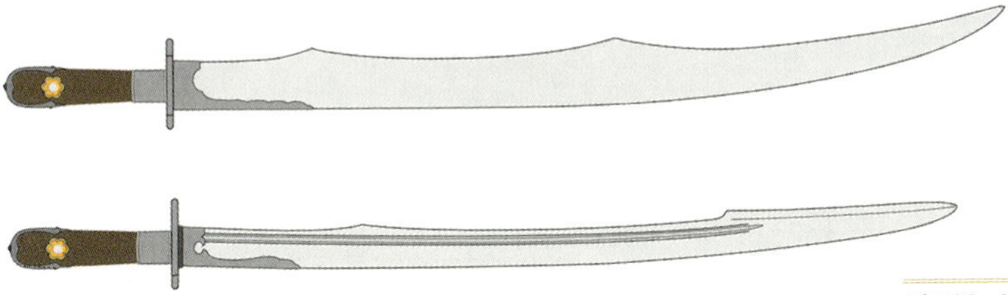

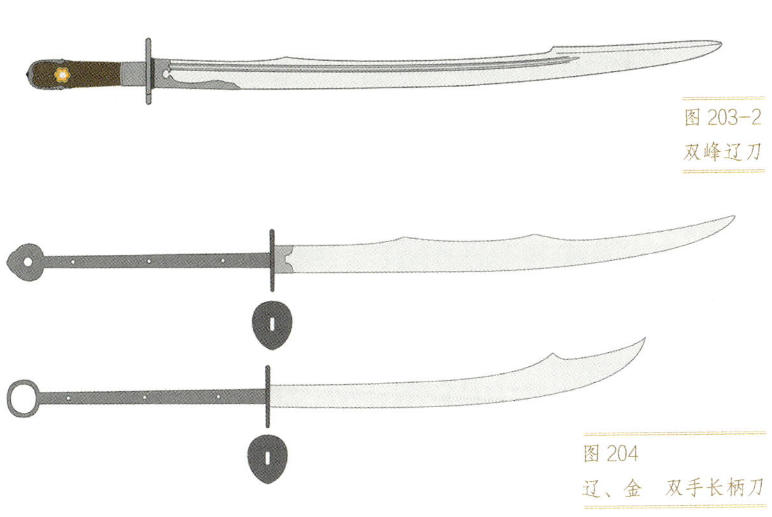

图 203-2
双峰辽刀

图 204
辽、金　双手长柄刀

图 205
易水寒先生收藏之金刀

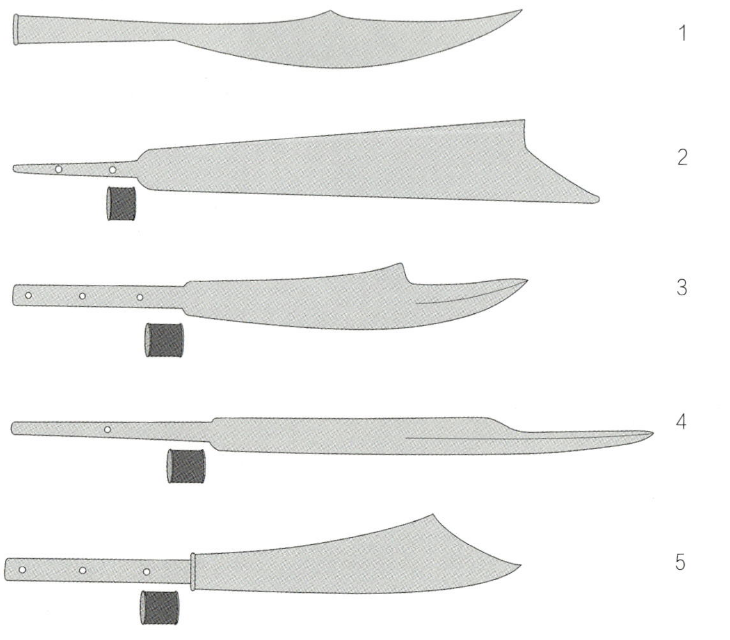

图 206
长杆辽刀

"刀之小别，有筆刀，軍中常用。其間健鬥者，竸爲異製以自表，故刀則有太平、定我、朝天、開陣、劃陣、偏刀、車刀、匕首之名。掉則有兩刃山字之制，要皆小異，故不悉出。"（見武經總要）

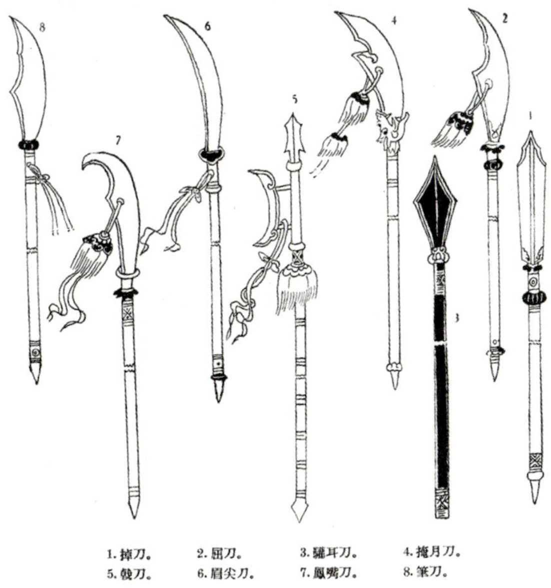

图 207
北宋 《武经总要》屈刀

图 208 金 马村段氏墓地砖雕

图 209
金上京历史博物馆藏金刀

1

2

图 210-1、210-2
辽　圭形刀首

图 211
辽　盔形刀首

图 212
辽、金　浅十字格刀格

1

2

图 213-1、213-2
辽、金　圆形刀格，铁锤先生藏品

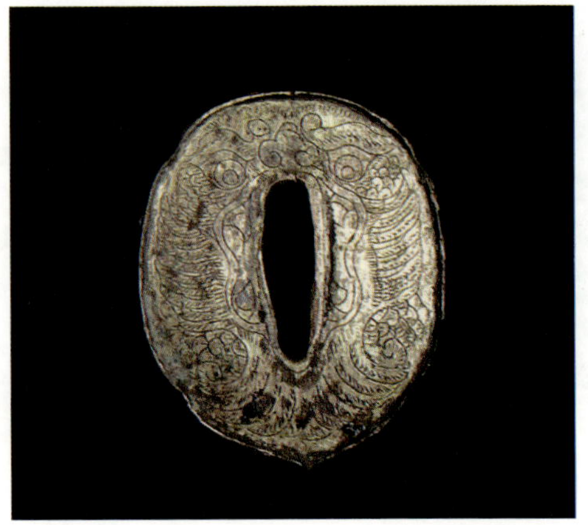

图 214-1、214-2
辽　柿蒂纹格（铁锤先生收藏）

1

2

3

4

5

图 215-1、215-2、215-3、215-4、215-5
辽　菱形刀格

图 216
辽、金　桃形挡手

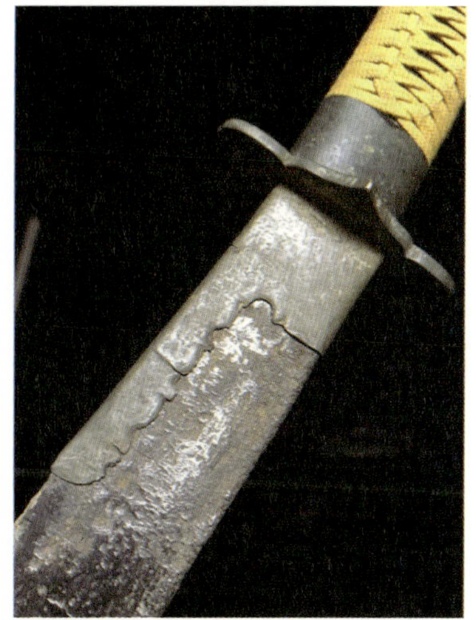

图 217
辽、金　山形格

图 218
一字格

图 219
辽、金　错银刀剑

图 220
辽、金　错银马镫

图 221
辽、金　错金带饰

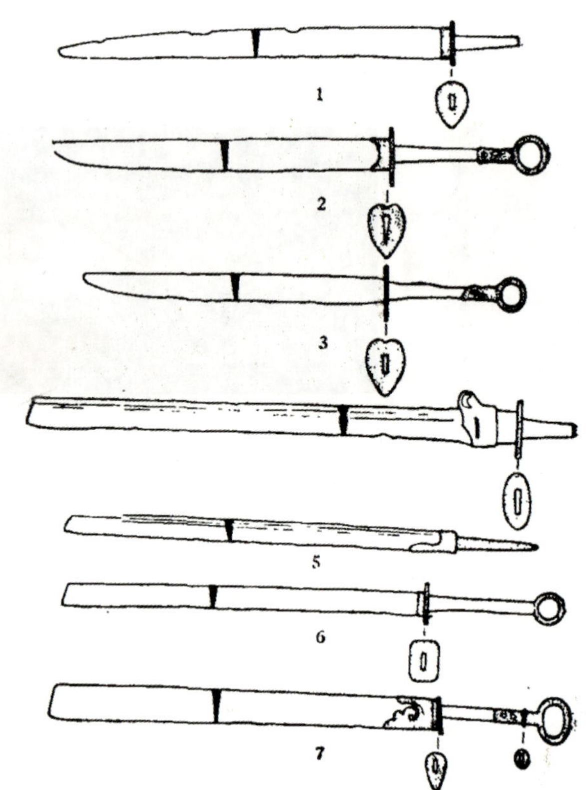

图 222
淳安县出土宋刀

1
2

图 223
宋　南充“宝祐乙卯四川制置副使蒲大监内造”铁刀

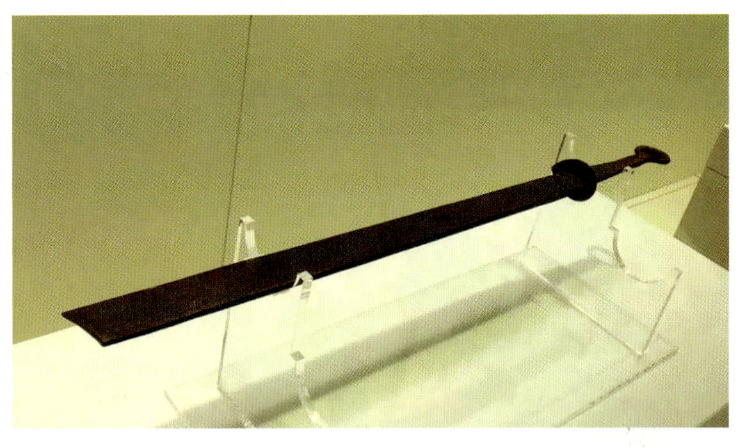

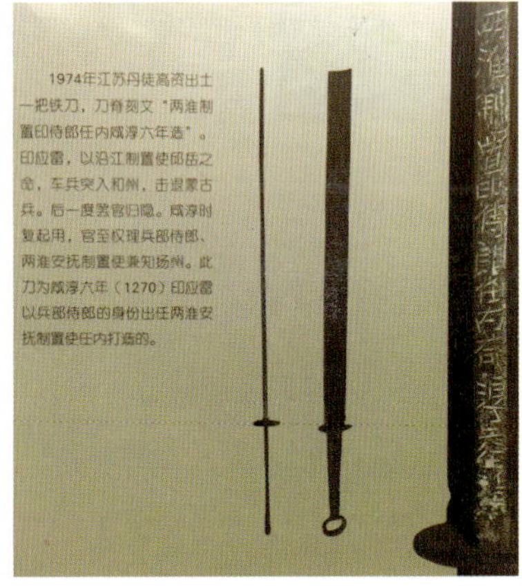

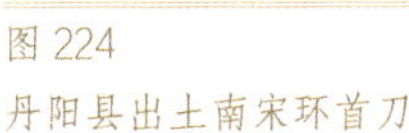
图 224
丹阳县出土南宋环首刀

图 225
“辛亥二月枢密院提督所造”宋刀

图 226
扬州博物馆藏宋刀

图 227
三明市宋铁刀

图 228
宋　四川彭山虞公著墓石雕武士像

图 229
北宋　台北故宫博物院藏苏汉臣《货郎图》（局部）

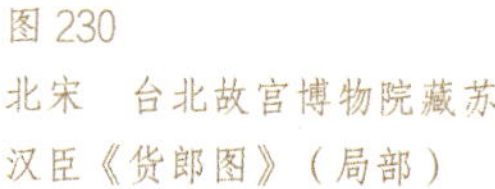

图 230
北宋　台北故宫博物院藏苏汉臣《货郎图》（局部）

图 231
北宋　台北故宫博物院藏李公麟《免胄图》（局部）

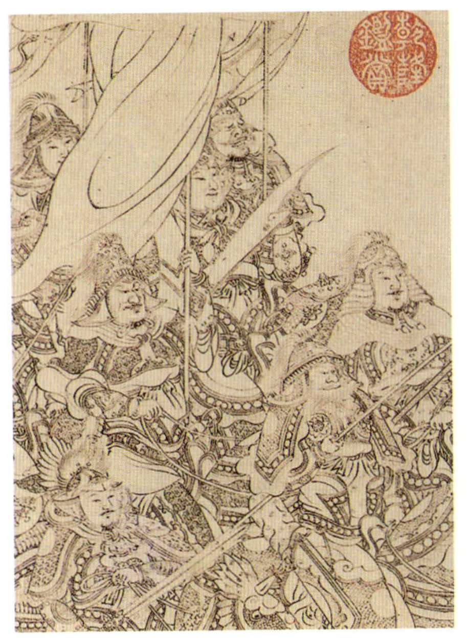

图232
北宋　台北故宫博物院藏
李公麟《免胄图》（局部）

图233
宋　美国克里夫兰博物
馆藏《道子墨宝》（局部）

1. 掉刀。　2. 屈刀。　3. 驩耳刀。　4. 掩月刀。
5. 戟刀。　6. 眉尖刀。　7. 鳳嘴刀。　8. 笔刀。

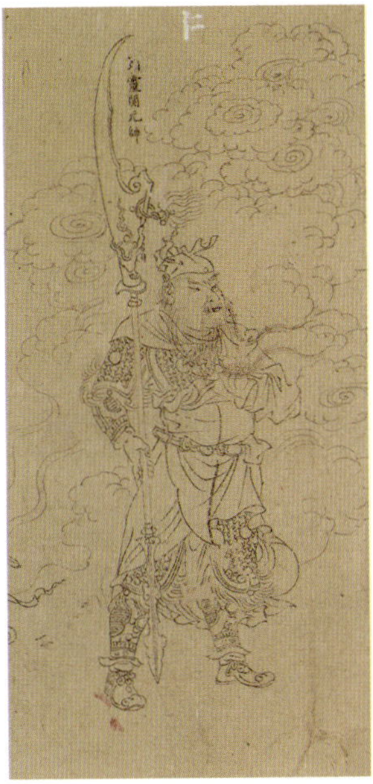

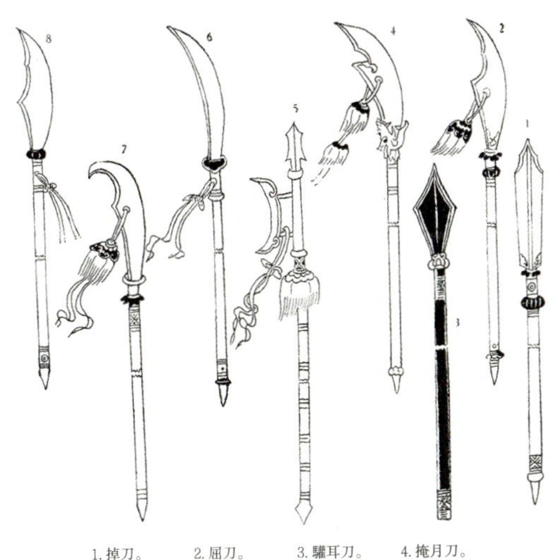

图234
北宋　《武经总要》
中长柄刀形制

图 235
宋　“官田宋墓”
兽首人身武士石雕

图 236
宋刀

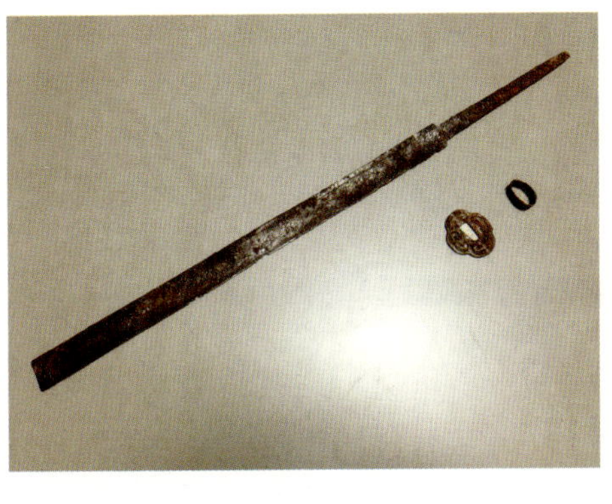

图 237
藏家宋刀

图 238
杨勇先生所藏宋刀

图 239
南宋　广西地区
长茎宋刀

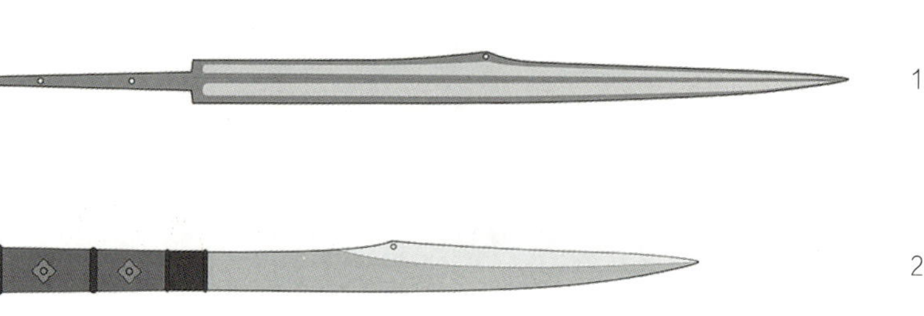

图 240
宋　长柄刀

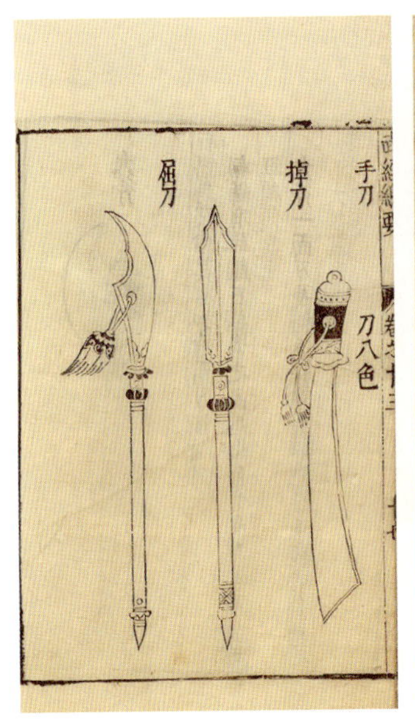

图 241-1
明刻本《武经总要》掉刀

图 241-2
《免胄图》 三尖刀

图 241-3
平阳董明金代墓砖雕

图 241-4
金代武士砖雕

图 241-5
《社火图》砖雕

图 241-6
《竹马图》砖雕

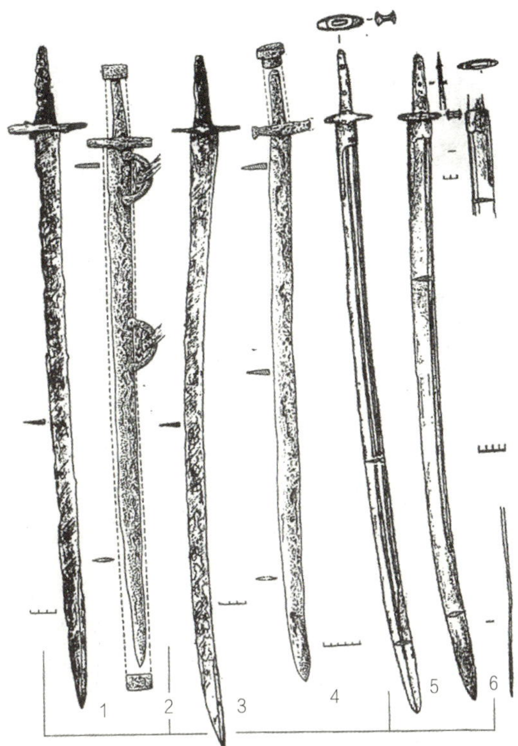

图 242
俄罗斯考古发现的不同风格的弯刀

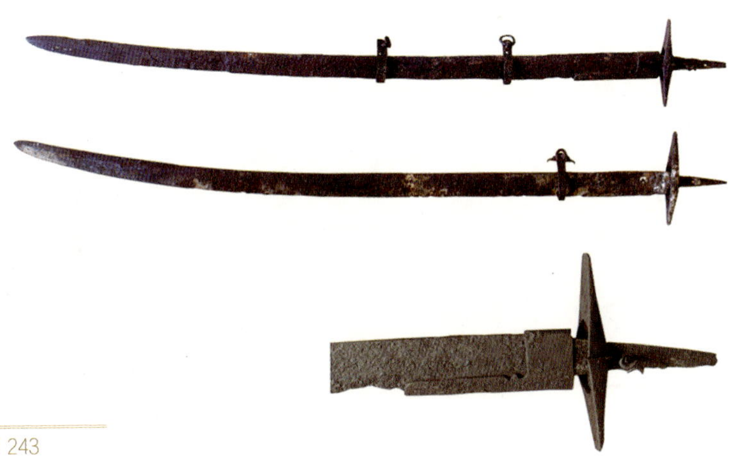

图 243
北亚风格弯刀

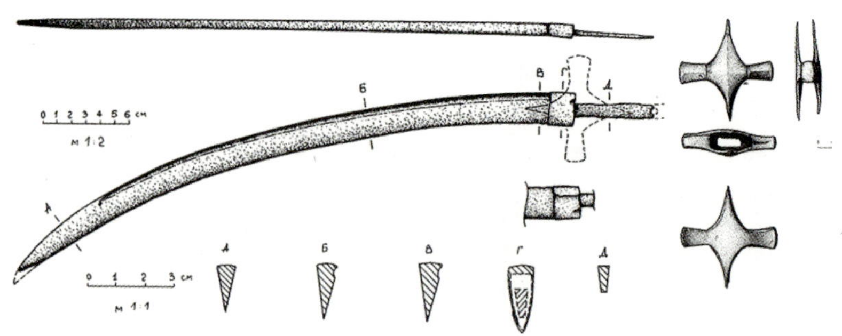

图 244
金帐汗国刀

图 245-1
纽约大都会博物馆藏大不里士宫廷画院作品

图 245-2
美国　弗利尔博物馆藏细密画

图 246、247
柏林国立图书馆藏“蒙古军攻陷巴格达”细密画

图 248
柏林国立图书馆藏《蒙古宴会图》（局部）

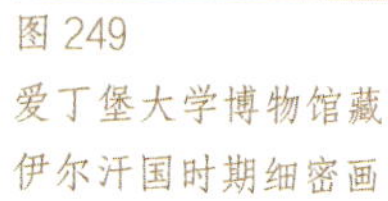

图 249
爱丁堡大学博物馆藏
伊尔汗国时期细密画

图 250
帖木儿时代
佩刀

图 251
沽源“梳妆楼”
墓出土元刀

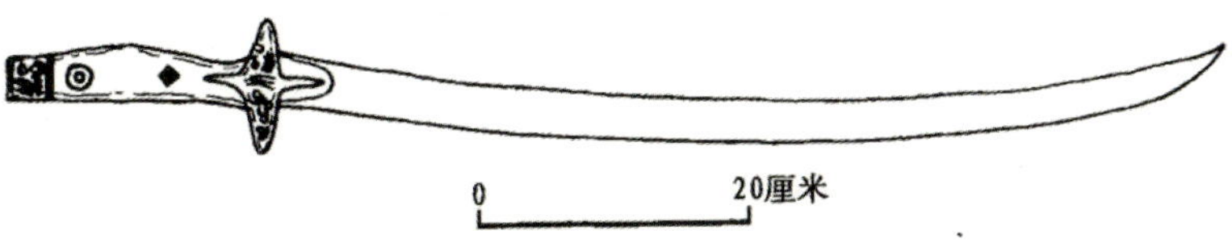

图 252
明　康茂才墓出土十字格刀

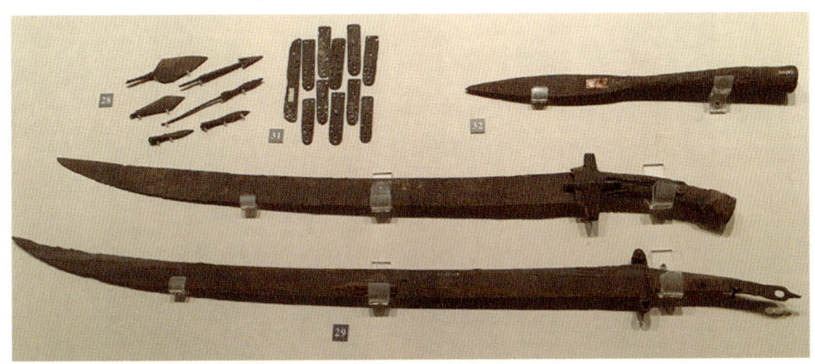

图 253
山东博物馆藏洪武时期元刀

图 254 蒙古国国家博物馆藏蒙古刀

图 255
《第五十八往古顾典婢奴弃离妻子孤魂众》(局部)

图 256
《事林广记》中射箭人物

图 257
元　刘黑马家族墓出土陶笠帽

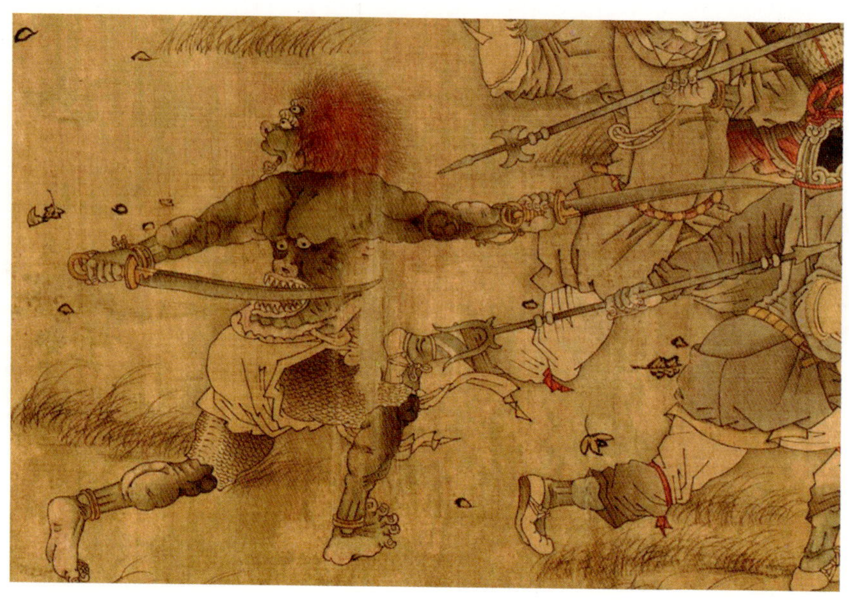

图 258
《二郎搜山图》（局部）

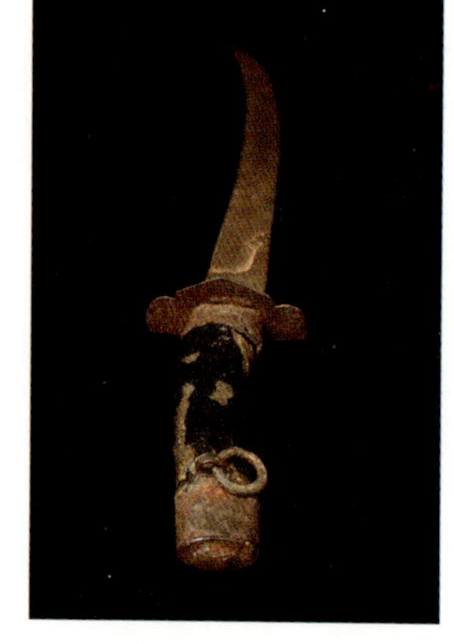

图 259
贵子哥收藏元刀

图 260　铜装元刀

图 261
铜装元刀

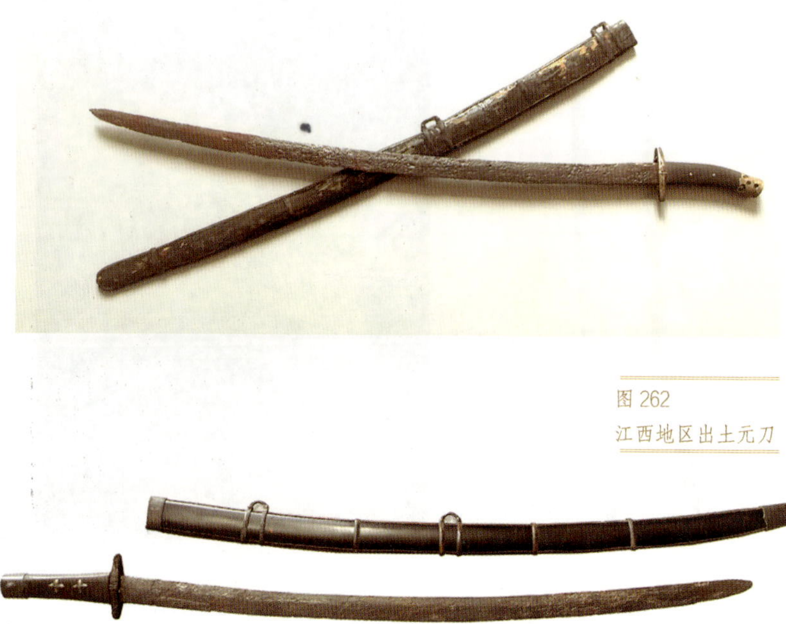

图 262
江西地区出土元刀

图 263
龚剑先生收藏之元刀

图 264
元朝　永乐宫壁画

图 265
元　《下元水官图》（局部）

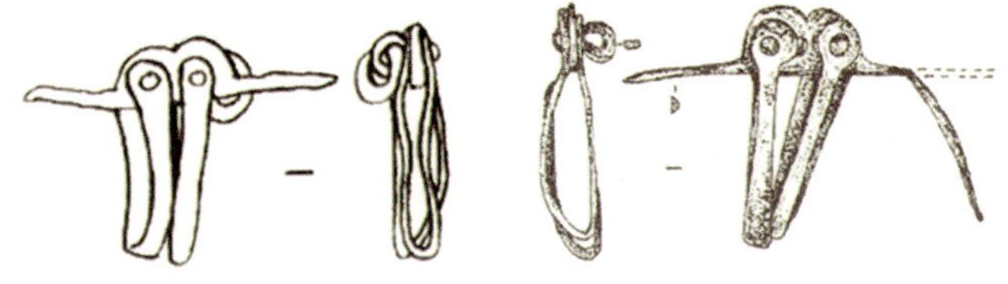

图 266
俄罗斯考古出土双鞘束提挂

图 267
伊尔汗国细密画

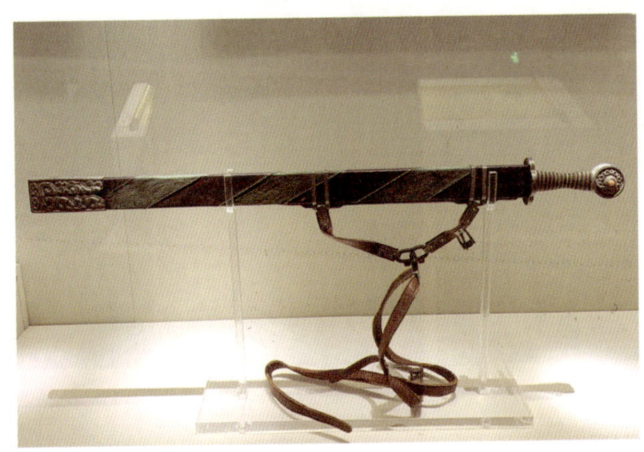

图 268
清　渥巴锡祖传腰刀

图 269
贵子哥藏十字格元刀

1

2

图 270-1、270-2
元　青铜十字格

图 271
伊朗　13-14 世纪蒙古佩刀

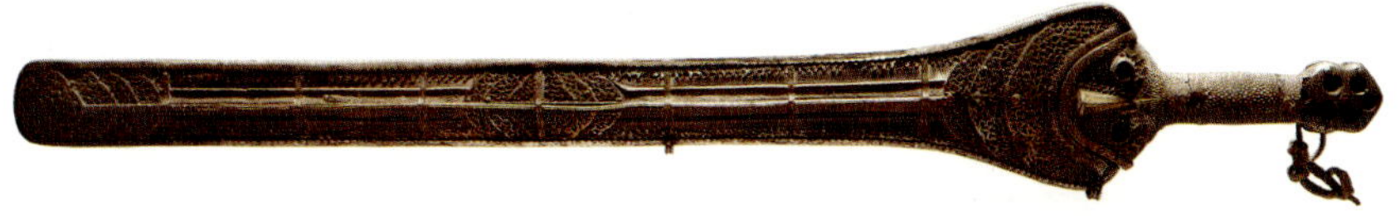

图 272
《复兴之路》展陈呼拍

图 273
明　内蒙古博物馆藏
呼拍腰刀

图 274
多层旋焊锻造纹理

图 275
双面铁雕镂空龙纹
鋄金佩十字格佩刀

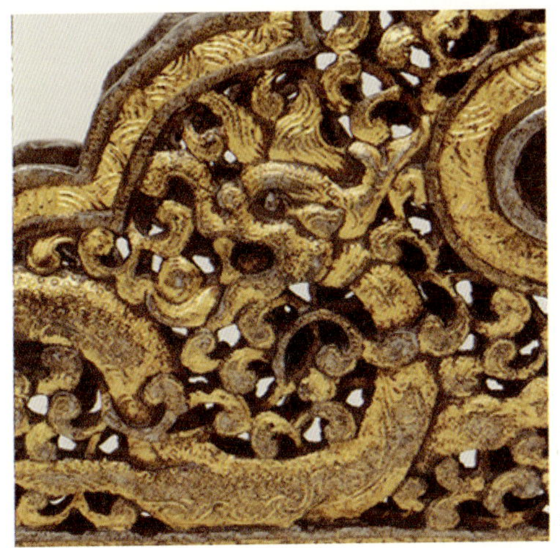

图 276
十字格护手刀
中龙纹比较

图 277
俄罗斯埃尔米塔什博物馆藏阿瓦尔人十字格

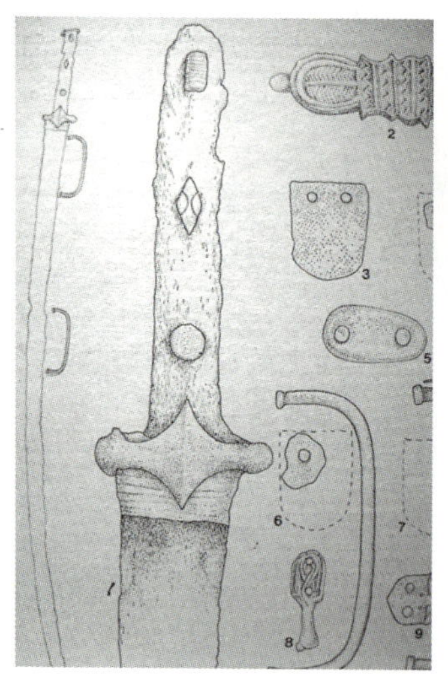

图 278
阿瓦尔人刀剑之十字格

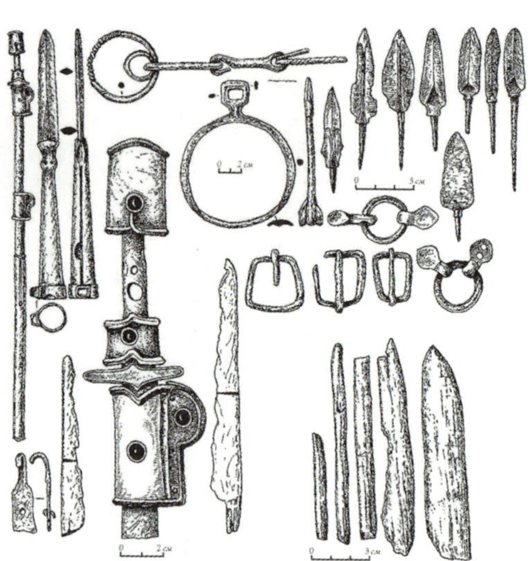

图 279
阿瓦尔人弯刀十字格

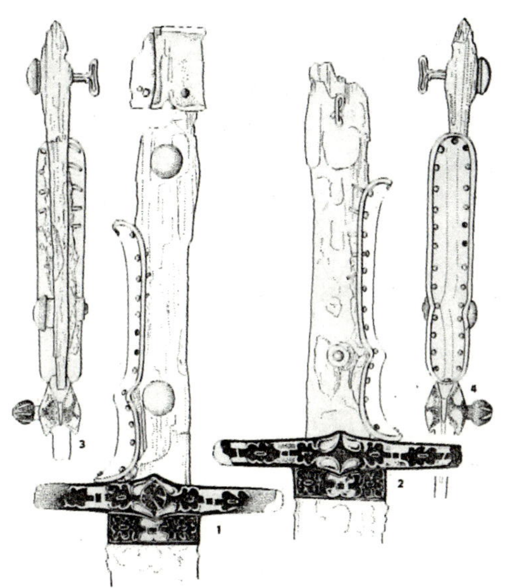

图 280
可萨突厥系佩刀十字格

Час, роки	Група II			
	Типи			
	Тип I, з фігурним закінченням		Тип II, з гострим закінченням	
	Варіанти		Варіанти	
	а, цибулиноподібні	в, круглі або овальні	а, звужені	в, паралельні
660–680	A			
680–	B, C, D, E		G	
–725	F, 2		H, 1	
725–760			1, або, 2	1, або, 2
760–800	3	3, 5	3	3
800–			4	

图 281
北亚考古出土的十字格

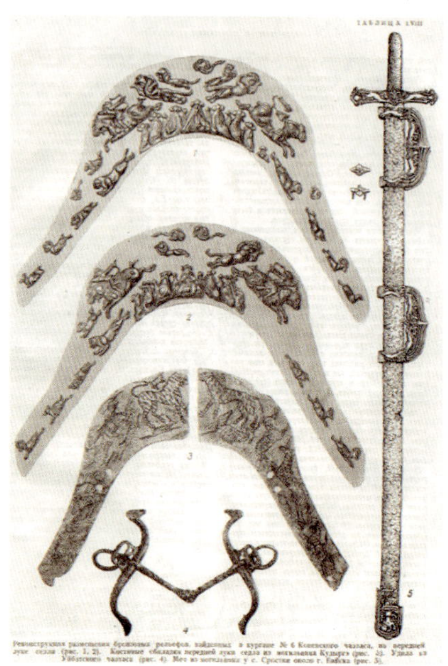

图 282
突厥人佩刀十字格

图 283
银盘中的粟特武士像

图 284
哈萨克斯坦 Murtuk
洞窟壁画

图 285
新疆阿尔卡特墓出土突厥石人

图 286
唐　建陵石翁仲

图 287
唐格

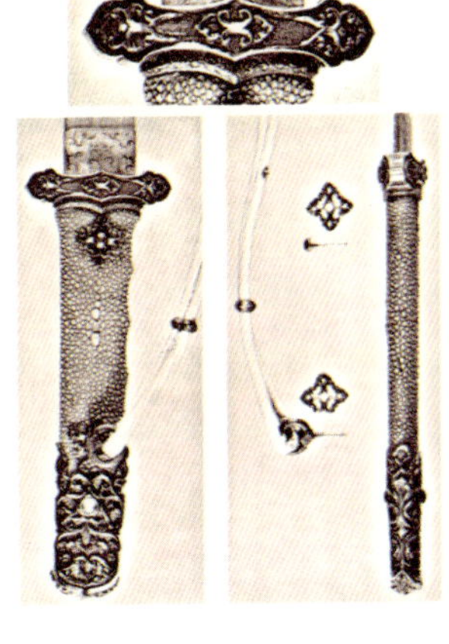

图 288
日本　正仓院“金银钿庄唐大刀”

图 289
伊朗　9 世纪刀剑十字格

图 290
潘赛火先生收藏之辽刀

图 291
辽　宝山村 1 号墓壁画

图 292
《索谏图》(局部)

图 293
北宋　《免胄图》(局部)

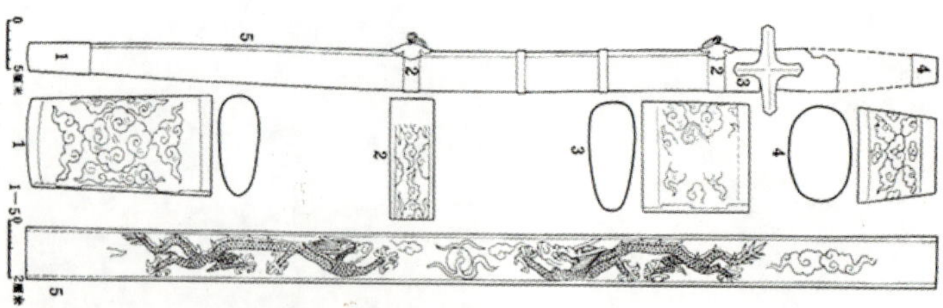

图 294
明　万历定陵随葬十字格护手刀

图 295
十字格护手刀

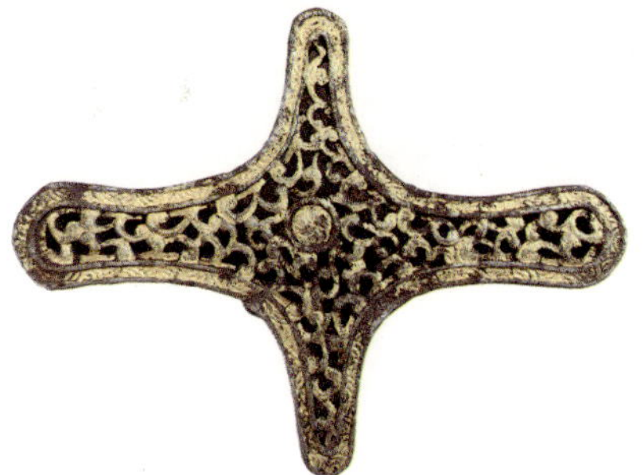

图 296
西藏十字格

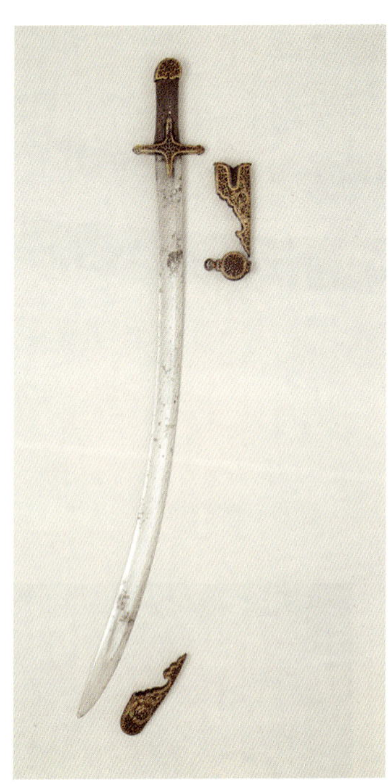

图 297
大都会博物馆藏
十字护手刀

图 298
清　乾隆二十年（1755）厄鲁特台吉达什瓦之妻遣部人厄齐尔，以准噶尔故台吉巴罕策楞敦多克所遗佩刀来献（巴罕策楞敦多克佩刀）

图 299
英国　皇家军械博物馆藏克里奇弯刀

图 300
帖木儿时期细密画

图 301
美国　纽约大都会博物馆藏莫卧儿王朝弯刀

图 302　故宫藏马鞍套股子皮

图 303　山东博物馆藏明鲁荒王铁鋄金扣件

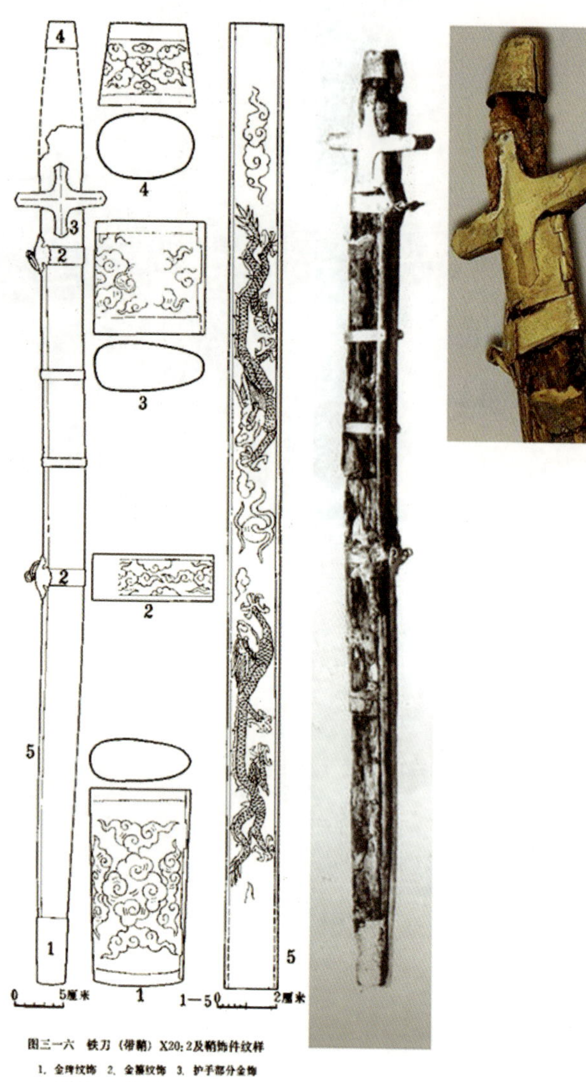
4
3
2
2
5
1
0 5厘米
4
3
2
1
1—5 0 2厘米
5
图三一六 铁刀（带鞘）X20:2及鞘饰件纹样
1. 金琫纹饰 2. 金箍纹饰 3. 护手部分金饰
4. 刀首金饰 5. 脊部金饰

图 304

明 万历佩刀

图 305
明　十三陵神道武将石翁仲

图 306
元　永乐宫壁画

图 307
明　十字护手

图 308
汗青先生藏十字格直刀

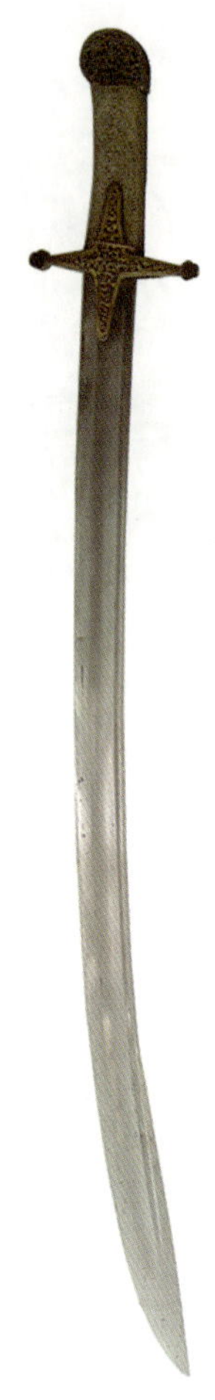

图 309
军事博物馆藏十字护手佩刀

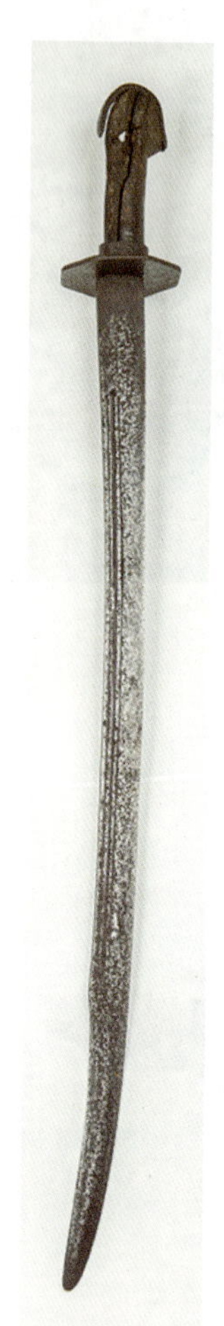

图 310
杨勇先生藏八角档“鱼头刀”

图 311
奥斯曼帝国“基利”型刀

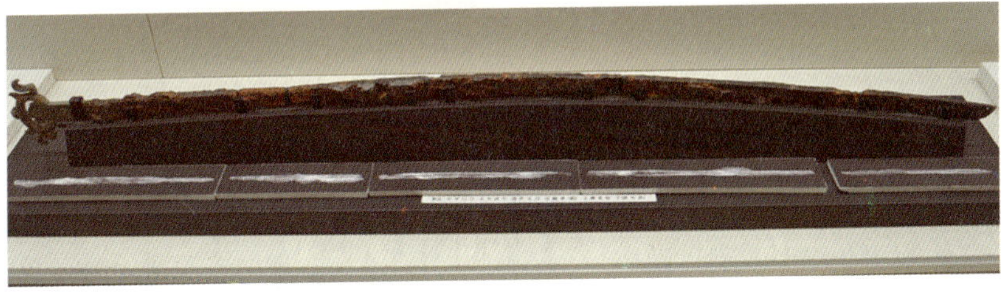

图 312
日本　东大寺山古墓出土东汉环首刀

图 313
明　仇英《倭寇图卷》（局部）

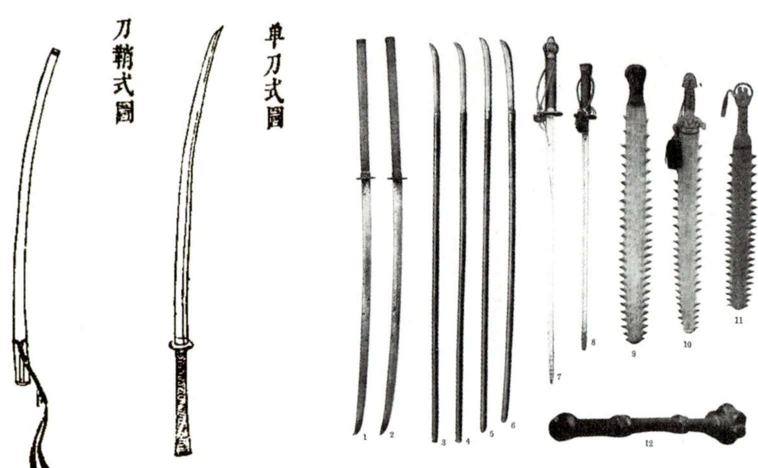

图 314
《武备要略》单刀

图 315
周纬《中国兵器史稿》中收录图示

图 316
明　故宫博物院藏长柄倭滚刀

图 317
日本国　宝高造

图 318
明　制日本风格长刀（杨勇先生收藏）

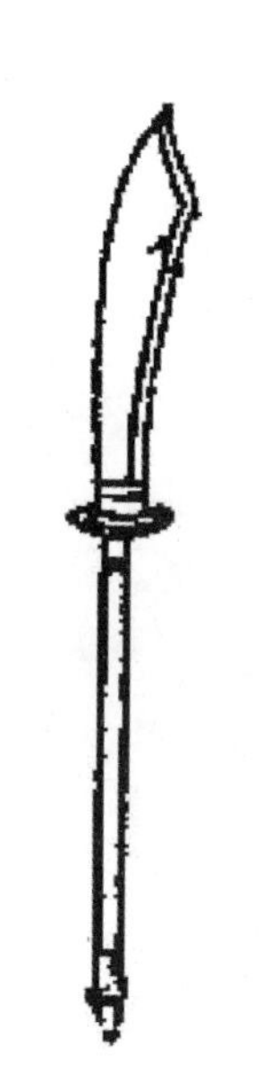

图 319-1
明　《四镇三关志》斩马刀

图 319-2
明　《武备要略》斩马刀

图 320
明　《四镇三关志》腰刀

图 321
明　直刀

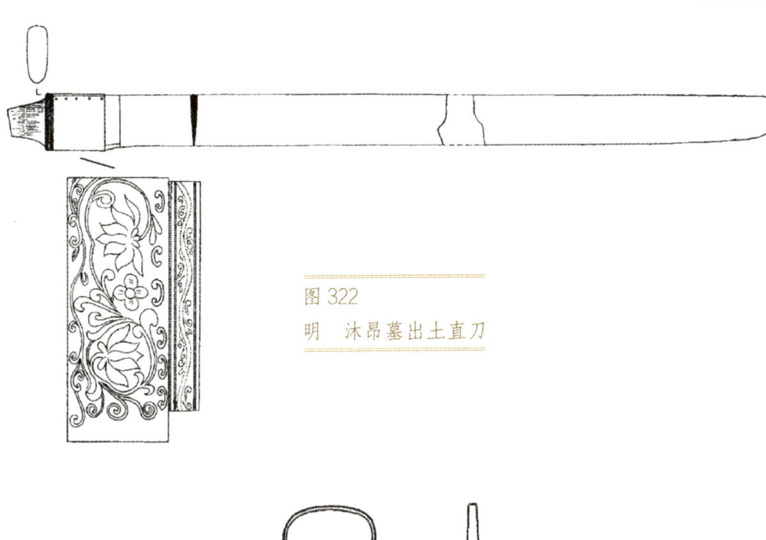

图 322
明　沐昂墓出土直刀

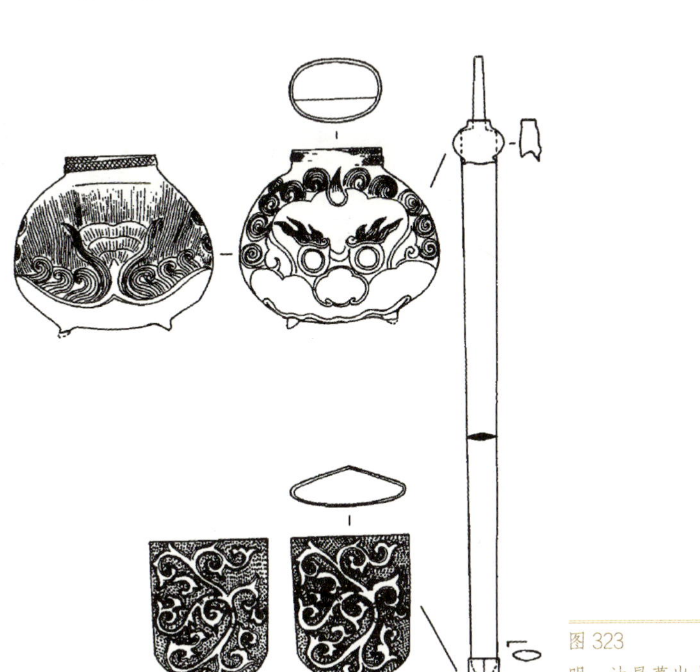

图 323
明　沐昂墓出土剑

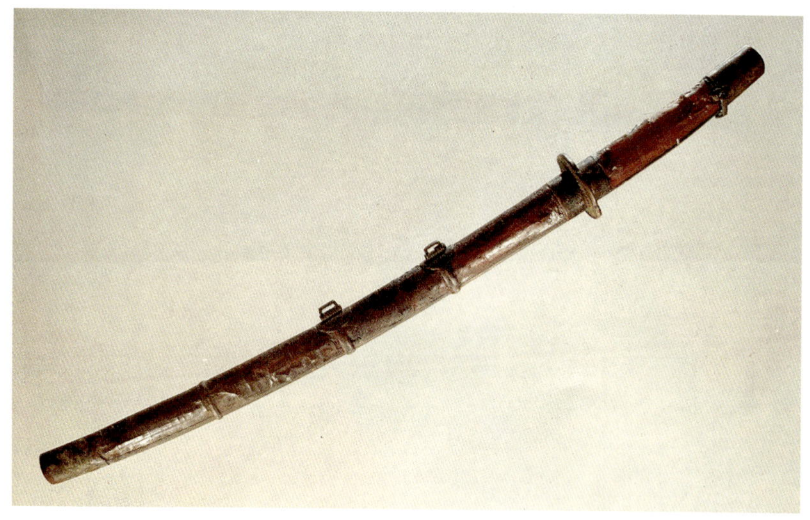

图 324
明　蜀王世子朱悦燫墓出土带鞘铁刀

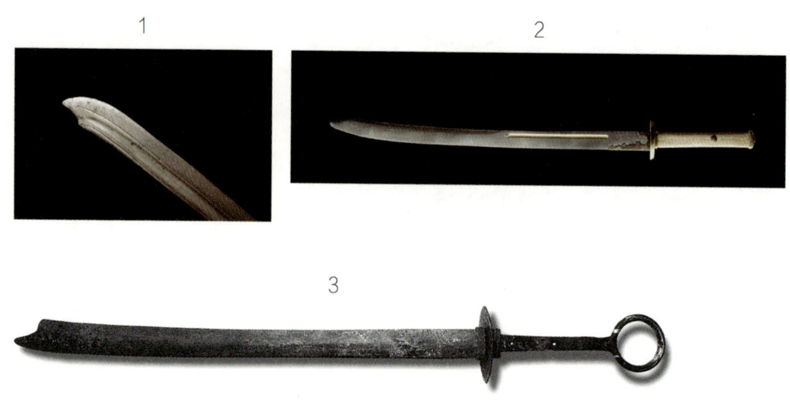

图 325-1、图 325-2（周柱尊先生收藏鹁鸽头佩刀）、325-3（铁锤先生藏品）

图 326-2

明　工部制造　腰刀铭文

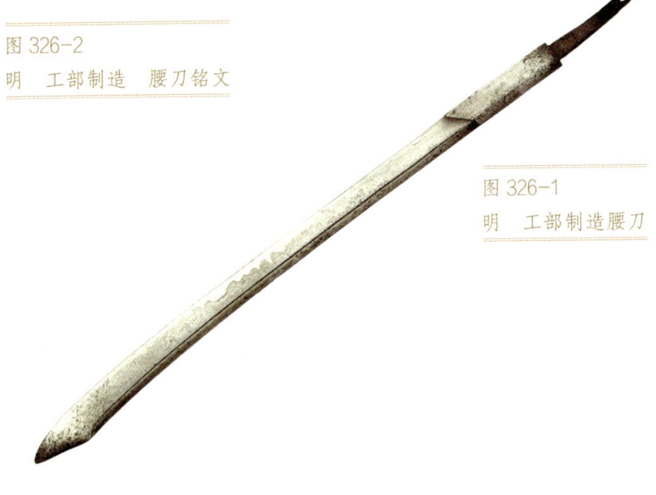

图 326-1

明　工部制造腰刀

图 327

明　《出警入跸图》(局部)

图 328
杨勇先生藏双手仪刀

图 329
刀背行龙

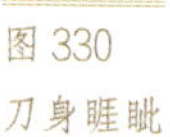

图 330
刀身睚眦

图 331
挡手龙首

图 332
元　钦安殿石雕龙纹

图 333
明　永宣瓷器上的散尾夔龙

图 334
清　皇太极御用腰刀

图 335
龙纹刀挡

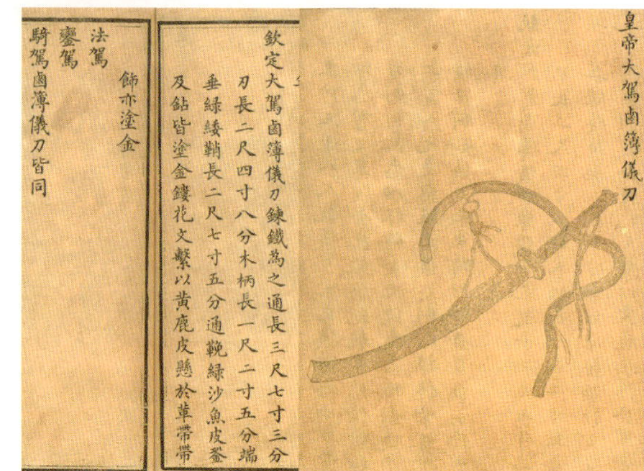

皇帝大駕鹵簿儀刀

欽定大駕鹵簿儀刀鍊鐵爲之通長三尺七寸三分
刃長二尺四寸八分木柄長一尺二寸五分端
垂綠綫鞘長二尺七寸五分通鞔綠沙魚皮蚤
及鉆皆塗金鏤花文繫以黃鹿皮懸於革帶帶
飾亦塗金

法駕
鑾駕
騎駕鹵簿儀刀皆同

图 336
清　《皇朝礼器图式》仪刀

图 337
沈阳故宫藏清朝仪刀

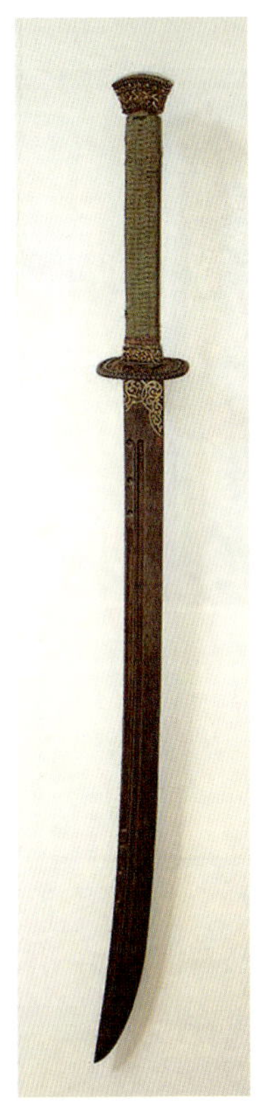

图 338
美国 Scott M. Rodell
藏清朝仪刀

图 339
清 乾隆后期宫廷仪刀

337

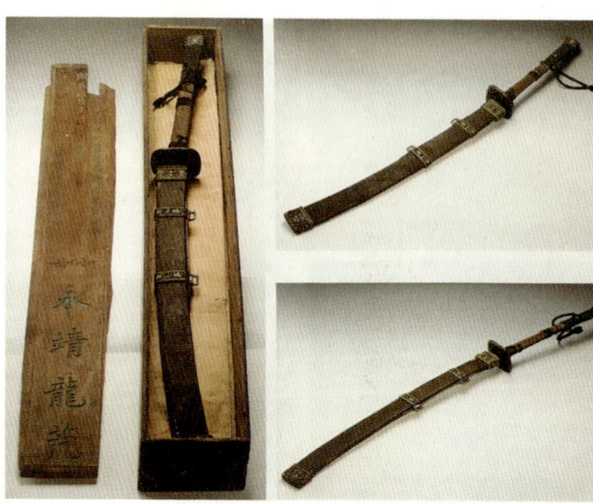

338

图 340、图 341
清　康熙战刀

图 342
清　《满洲实录》

图 343
清　军事博物馆藏“背衔金龙”佩刀

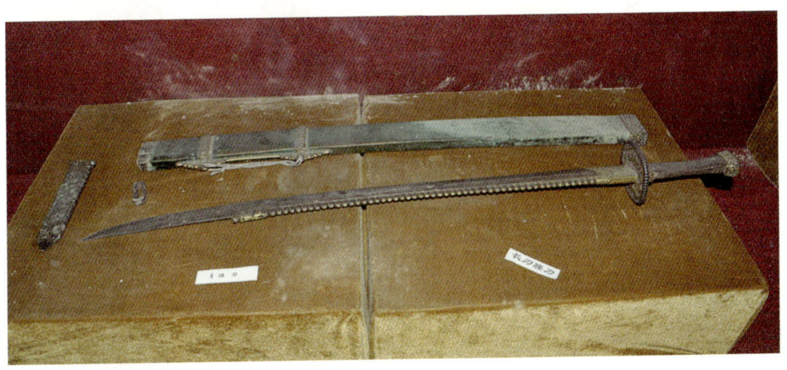

图 344　五当召寺藏清刀

图 345
香港拍卖清刀

图 346
皇甫江先生藏
清龙背刀

图 347
美国藏家藏清龙背刀

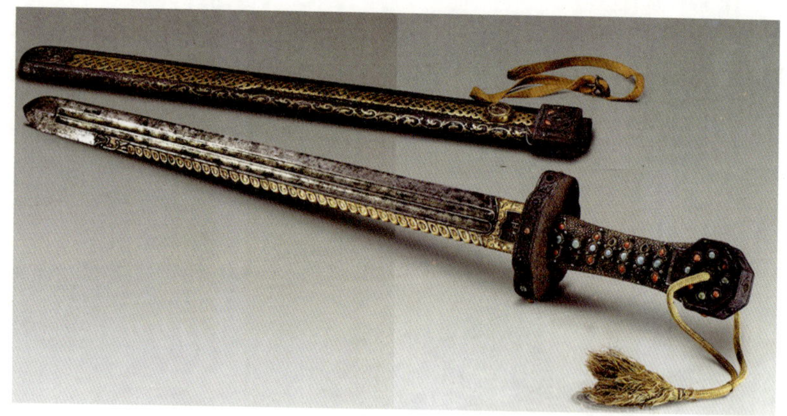

图 348
清　故宫博物院
藏剑形直刃刀

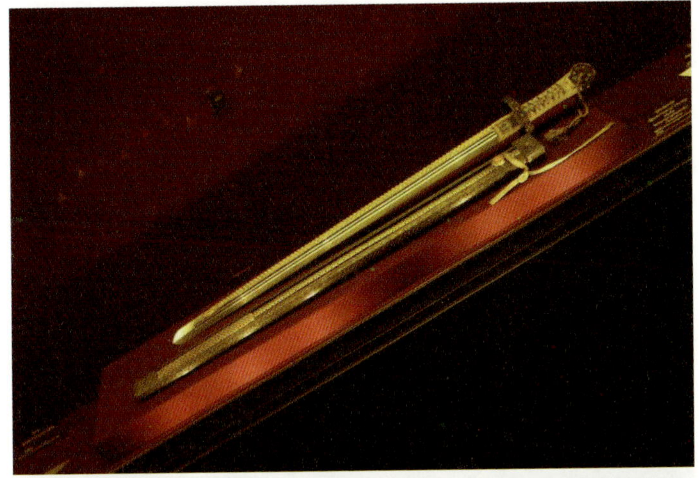

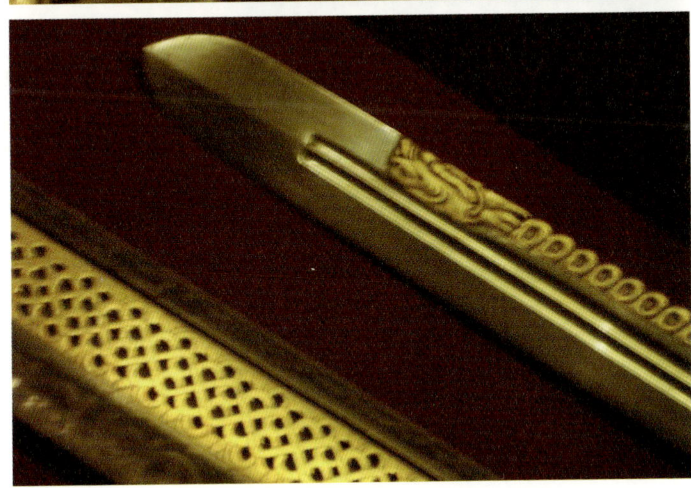

图 349
清　法国军事博物馆藏“神锋剑”，皇甫江拍摄

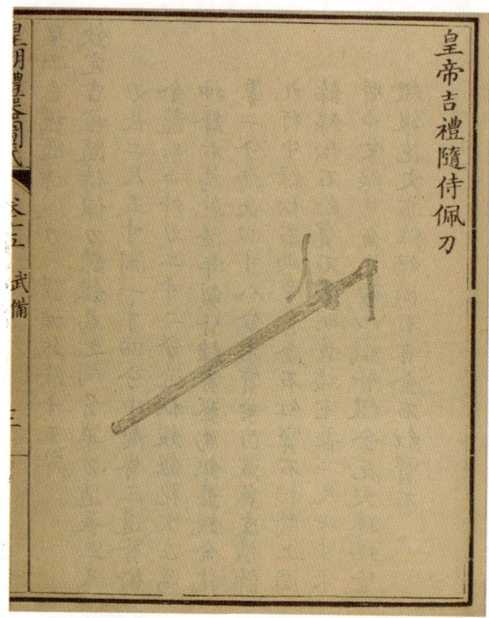

图 350
清　皇帝吉礼随侍佩刀

图 351
清　金川土司佩刀

图 352
唐 《各国王子举哀图》

图 353
五代 敦煌莫高窟第61窟主室东壁壁画

图 354
五代　敦煌莫高窟第 61 窟主室南坡壁画

图 355
大英博物馆藏十一面观音像

图 356
法国　吉美博物馆藏天王像

图 357
唐　《降魔成道图》(局部)

图 358
法国　吉美博物馆藏敦煌绘画

图 359
唐　敦煌绢画
中的天王像

图 360
Murtuk 洞窟壁
画中的天王像

图 361、图 362
大英博物馆藏千
手观音像

图 364
唐　山西大佛光寺壁画

图 363
唐　泰陵石翁仲

图 365
广目天王像

图 366
莫高窟第 57 窟壁画

1

3

2

图 367-1、367-2、367-3
榆林窟第 25 窟南方天王像

图 368
唐　巴中水宁寺摩崖石刻第二龛

图 369
唐　巴中水宁寺摩崖石刻第八龛

图 370
唐　安岳玄妙观石雕

图 371
唐　山西五台山
佛光寺天王像

图 372
莫高窟第 12 窟壁画

图 373
唐　大足摩崖石刻
毗沙门天王造像

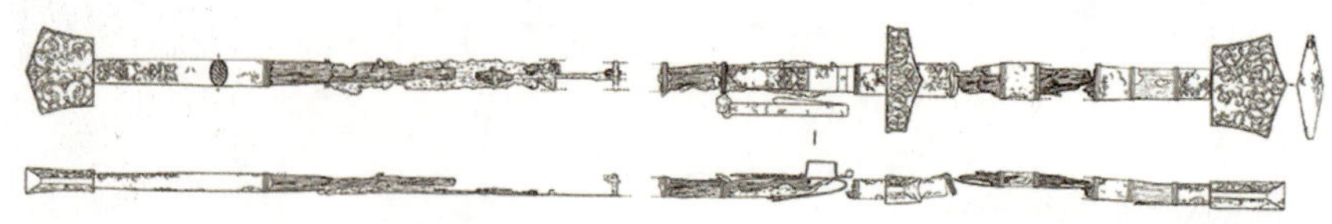

图 374
刘智夫妇墓出土班剑

图 375
李勣墓出土班剑

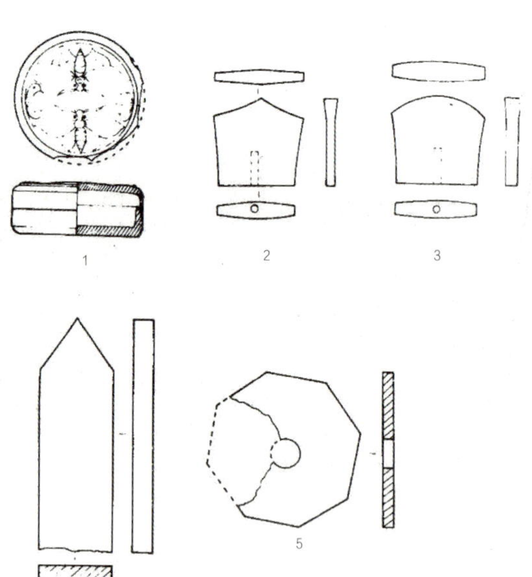

1. 石盒。 2. 佩饰顶一。 3. 佩饰顶二。 4. 圭。 5. 璜。（3为1/2 余均1/4）

图 376
惠昭太子墓出土
班剑配件

图 377
大明宫出土唐剑

图 378
隋唐洛阳城出土铁剑

图 379
杨勇先生藏隋剑

图 380
那罗延神王像

1

图 381-1、381-2
八字格唐剑

2

图 382-1、382-2
元宝格环首唐剑

图 383-1、383-2
唐剑锻造，马郁惟先生藏品

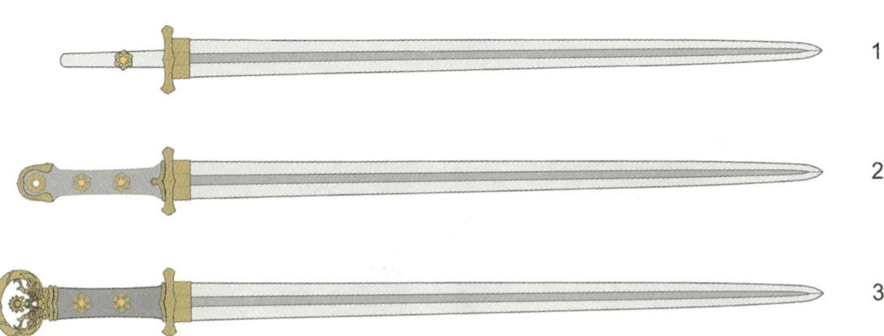

图 384
洛阳唐剑

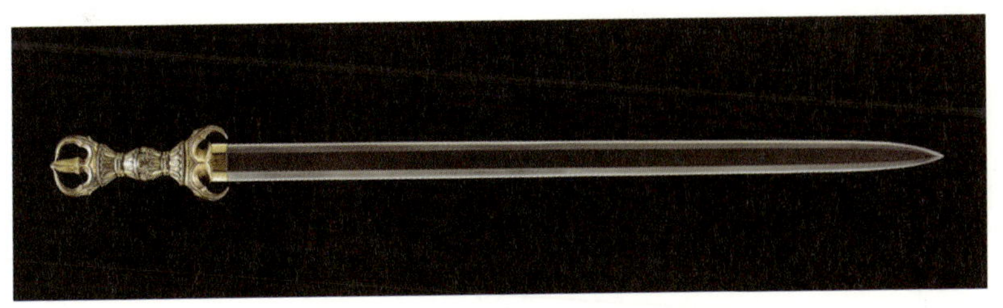

图 385
日本国宝"无铭黑漆宝剑"

图 386
日本　唐剑

图 387
日本　坂上田村麻呂佩剑

图 388
唐剑横截面 1

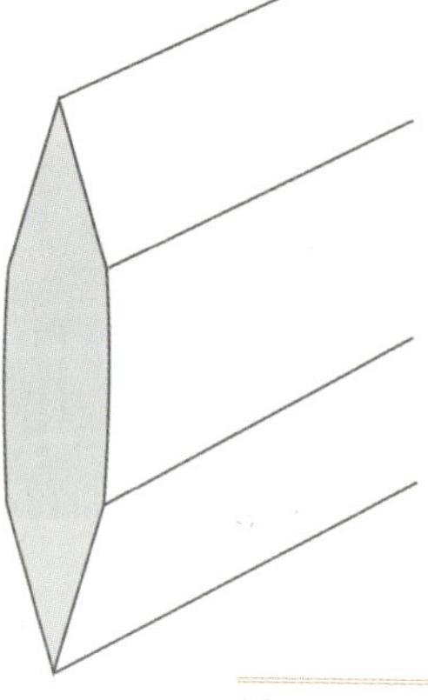

图 389
唐剑横截面 2

图 390

五代　王处直墓墓门石雕

图 391
青龙武士剑

图 392
朱雀武士剑

图 393
千手观音绢画

图 394
南唐　李昪墓武士浮雕

图 395
后周　长治大云院七宝塔石雕

图 396
唐　李茂贞
陵石翁仲

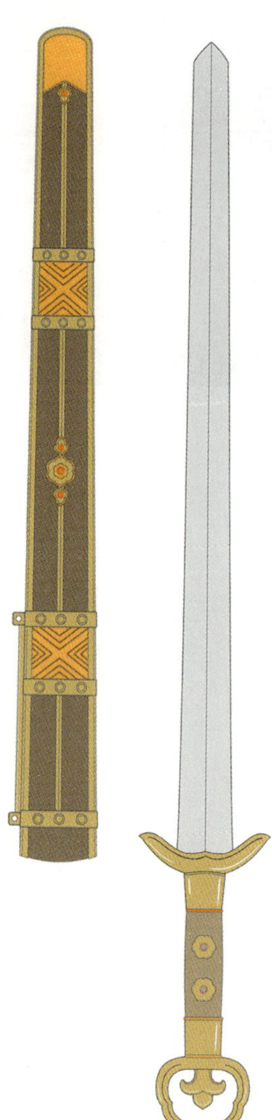

图 397
李茂贞陵石翁仲手中
环首剑线描图

图 398
五代 《苏李别意图》(局部)

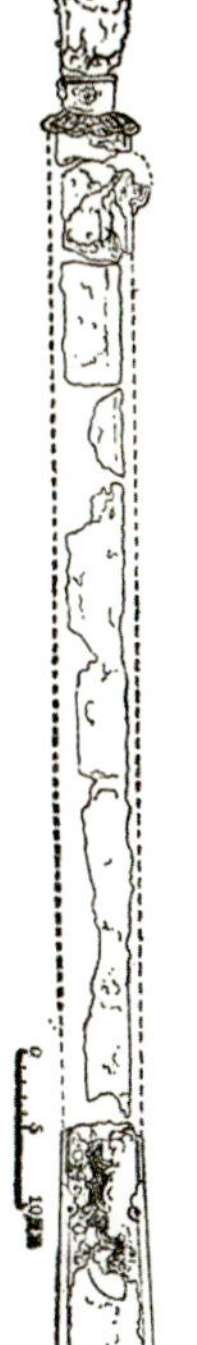

图 399
苏州七子山墓葬
出土之刀鞘

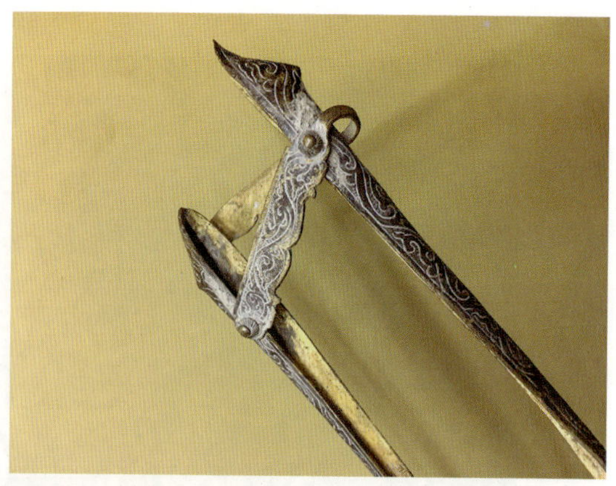

图 401
五代剑　包边鞘錾刻卷草纹

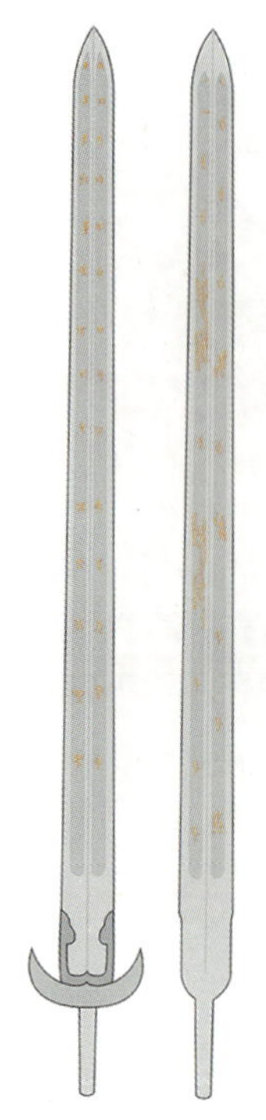

图 400
五代剑　内错金二十八星宿

图 402
五代剑　錾刻卷草纹

图 403
马郁惟先生藏五代剑

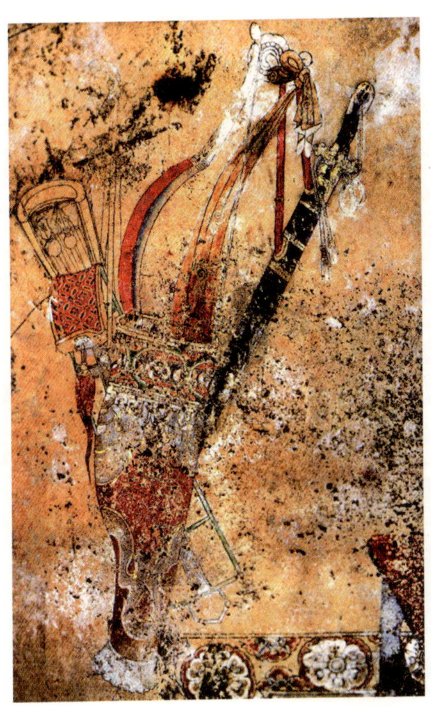

图 404
辽 宝山村 1 号墓壁画

图 405
辽 耶律羽之墓中天王像

图 406

辽　大同下华严寺天王像

图 407

辽　庆州白塔石雕

图 408
辽　朝阳北塔出土
银棺錾刻天王像

图 409
辽　《仪卫图》(局部)

图 410
辽宁阜新辽墓壁画

图 411
山西觉山寺辽塔天王像

图 412
东龙观村金墓壁画

图 413
山西晋南金墓中砖雕

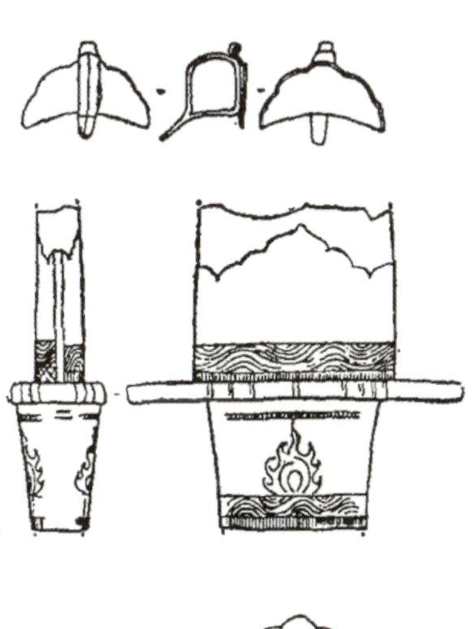

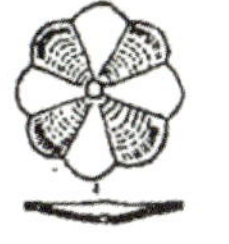

图 414
沙子沟辽墓出土器物

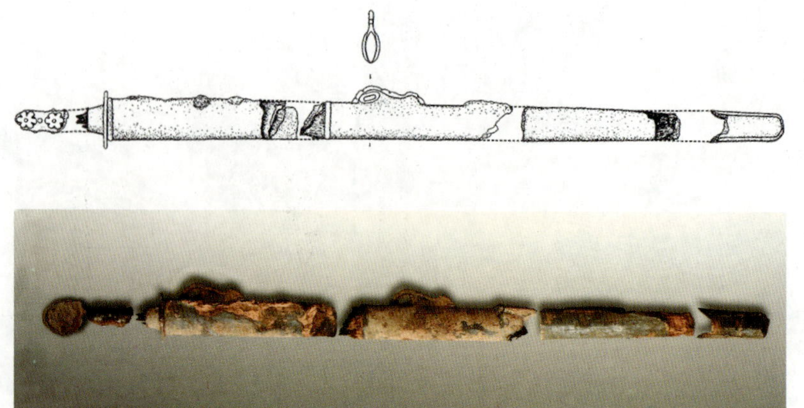

图 415-1、415-2
凌源小喇嘛沟辽墓辽剑

图 416
科左后旗呼斯淖契丹墓出土辽剑

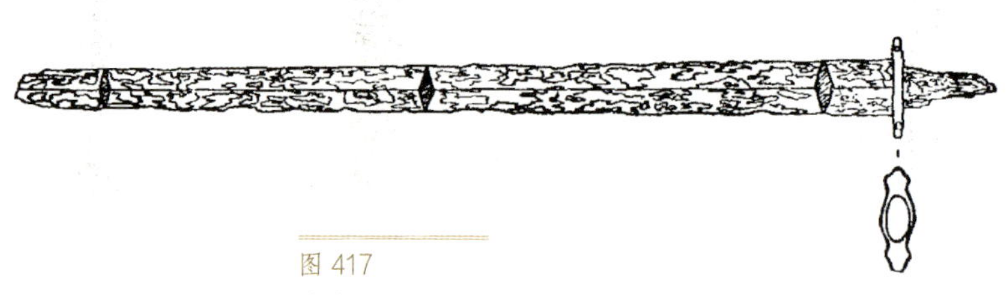

图 417
前窗户村辽墓出土辽剑

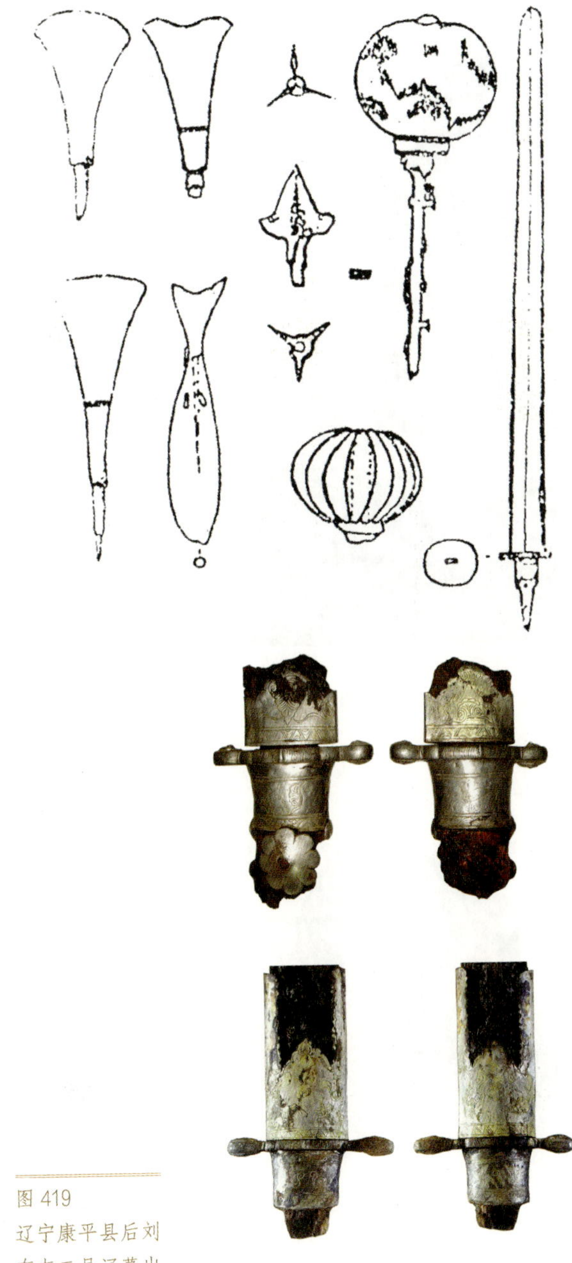

图 418
辽宁朝阳姑营子辽耿氏墓出土器物

图 419
辽宁康平县后刘东屯二号辽墓出土铁剑

图 420（上）、图 421（下）
辽剑剑格

图 422
三曲环辽剑

图 423-1
圭首形制辽剑

图 423-2
辽剑剑柄

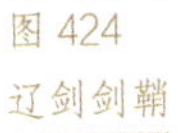

图 424
辽剑剑鞘

425

426

图 425、图 426
辽剑提挂

图 427
辽剑错银纹样

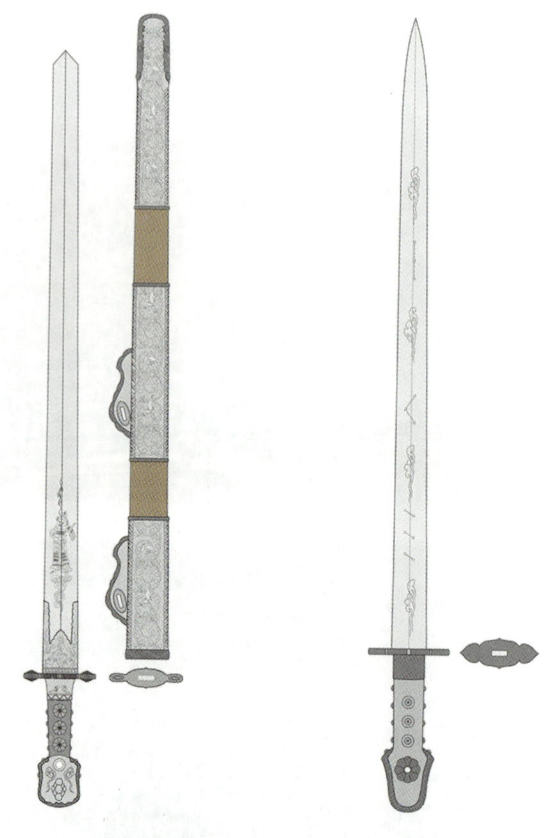

图 428
辽剑

图 429
辽剑

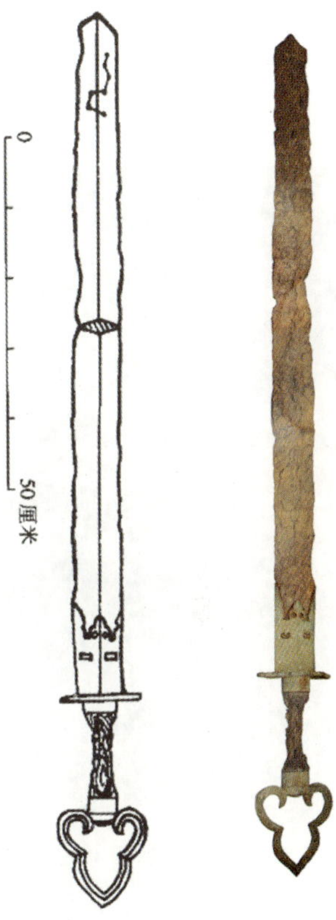

图 430
金　睿陵陪葬墓出土铁剑

图 431
剑环纹

图 432
金朝铁剑

图 433
金　环首剑

图 434
五代　李茂贞墓石翁仲

图 435
五代　王处直墓武士石雕

图 436
北宋历代皇陵石翁仲

图 437
宋　永裕陵
石翁仲

图 438
宋　永昌陵
石翁仲

图 439
宋　郑州开元寺
塔地宫浮雕武士

图 440
宋　富弼墓壁画

图 441
宋太宗元德李后陵
地宫线刻武士图

图 442-1
宋　《朝元仙仗图》
中的威剑神王

图 442-2
宋　《朝元仙仗图》
中的天丁神王

图 443
宋 《二郎搜山图》(局部)

图 444
宋 《中兴四将》(局部)

图 445
宋 《二郎搜山图》(局部)

图 446
宋 安岳毗卢洞石窟雕像

图 447
泸县南宋墓石雕武士

图 448
合川南宋墓石雕武士（图片摄影：木岛主）

图 449-1
宁波博物馆藏南宋石雕武士

图 449-2
宋 东钱湖石雕博物馆中陈列石雕武士

图 450
辽宁博物馆藏宋代双剑铜镜

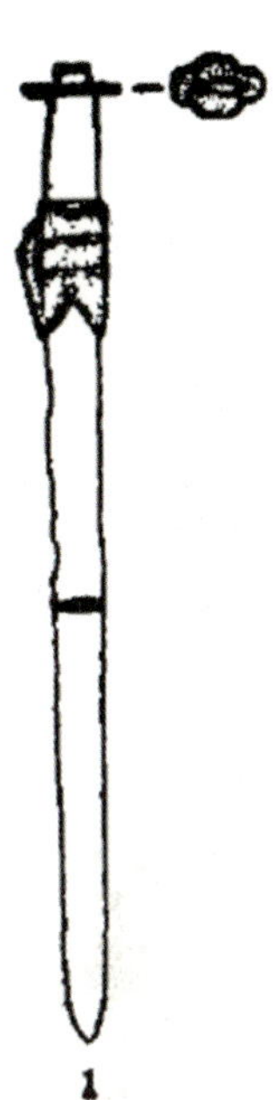

图 451
宋剑

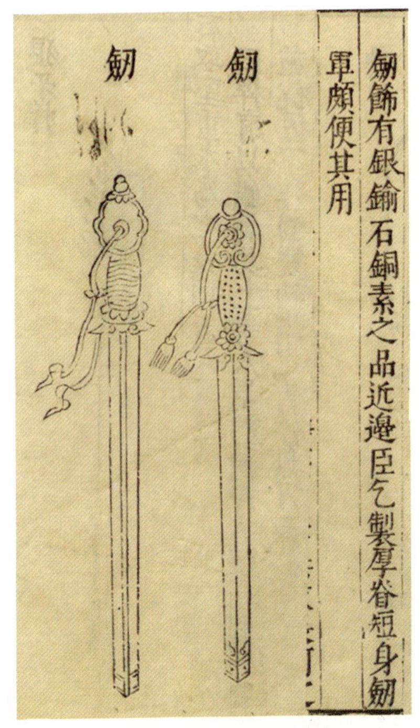

劍飾有銀鍮石銅素之品近邊臣乞製厚脊短身劍軍頗便其用

图 452
宋 《武经总要》中所示之剑

图 453
铁锤先生收藏之宋剑铭文“宣和乙巳”

图 454
蓝定先生收藏之宋剑

图 455
龚剑先生收藏之宋剑

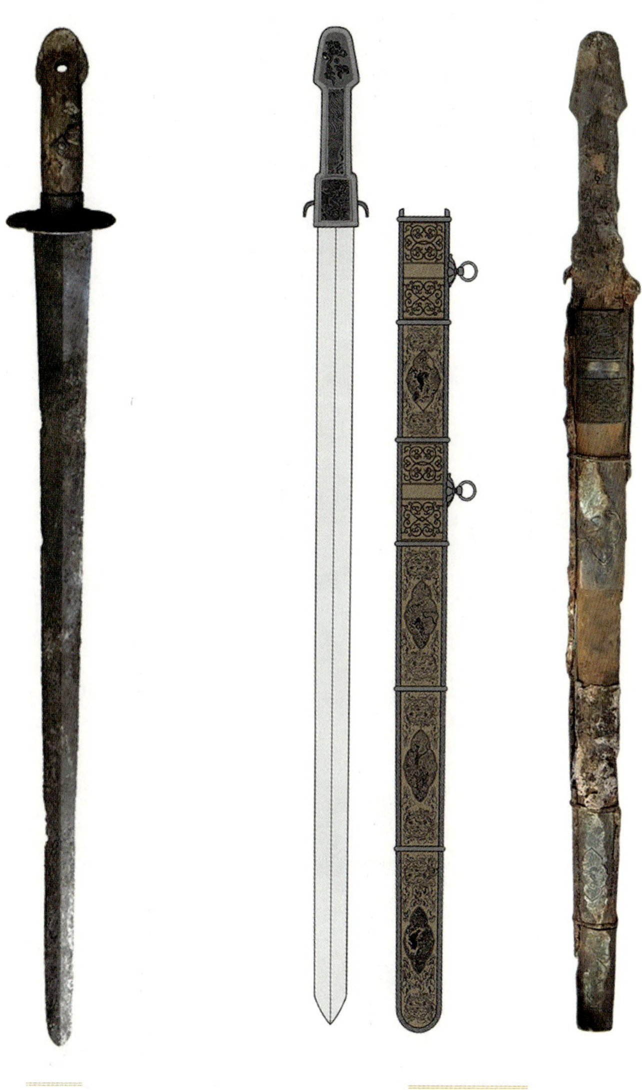

图 456
宋剑

图 457-1
江西出土宋剑

图 458
明　南薰殿张飞像

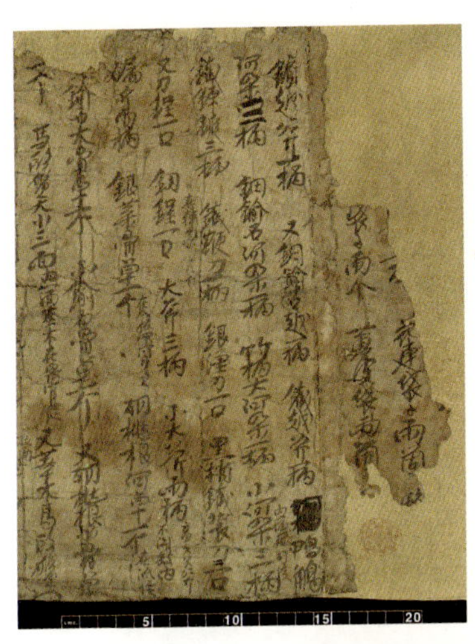

图 459
明 《沙州官衙什物点检历》

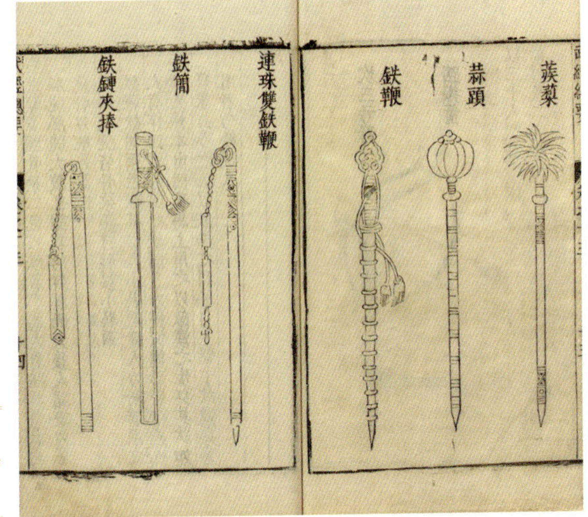

图 460
宋 《武经总要》中的鞭、锏

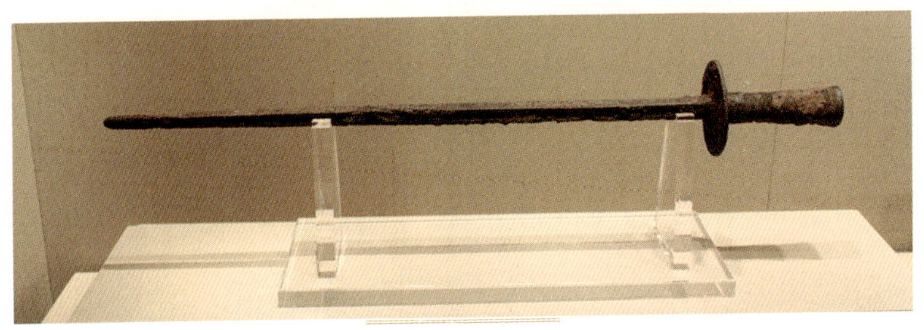

图 461
徐州博物馆藏唐锏

图 462
唐 《牧马图》(局部)

图 463-1
宋 《道子墨宝》(局部)

图 463-2
宋 《道子墨宝》中的宋鞭

图 464-2
泸县南宋石雕

图 464-1
金　平阳砖雕

图 465-1
金　平阳砖雕

图 465-2
泸县南宋石雕

图 466
宋 《道子墨宝》(局部)

图 467
宋鞭

图 468
宋锏

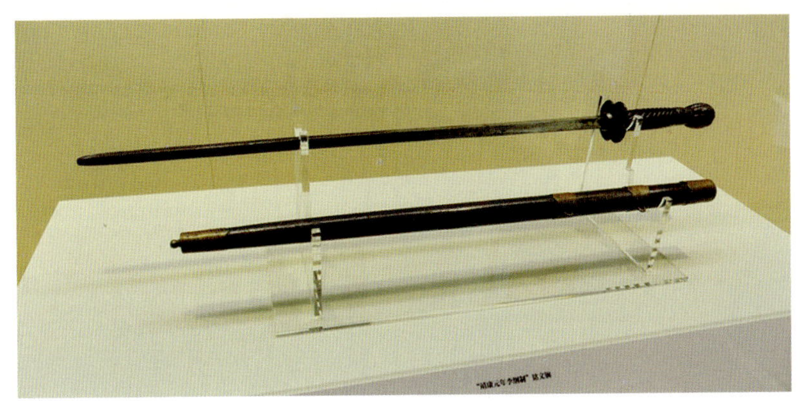

图 469
宋　李纲锏

图 470
珞珞如石先生收藏林冲锏

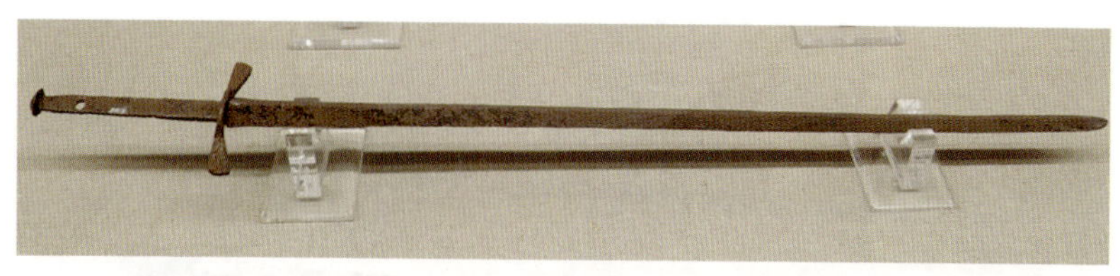

图 471
黑龙江省博物馆藏金朝铁锏

图 472
徐开宏先生藏金朝铁锏

图 473
元　居庸关云台持国天王石雕

图 474
五塔寺元代石翁仲

图 475
元 《下元水官图》(局部)

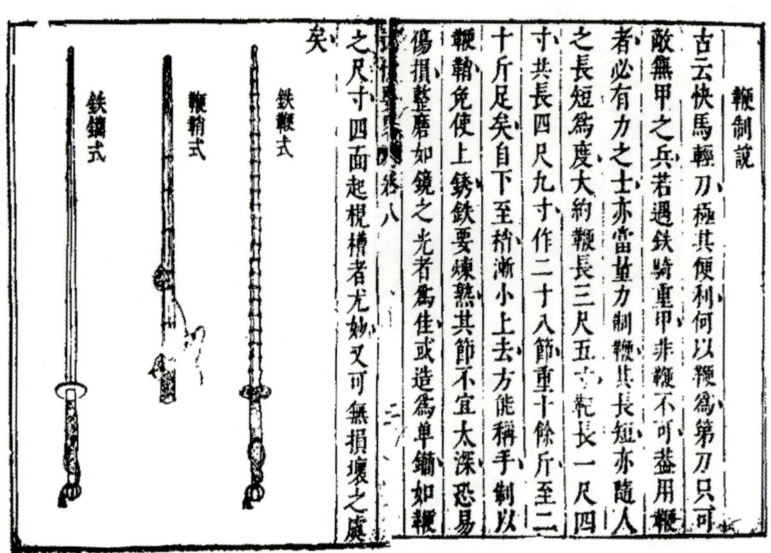
鞭制說

古云快馬輕刀極其便利何以鞭為第刀只可敵無甲之兵若遇鉄騎重甲非鞭不可益用鞭者必有力之士亦當量力制鞭其長短亦隨人之長短為度大約鞭長三尺五寸靶長一尺四寸共長四尺九寸作二十八節重十餘斤至二十斤足矣自下至梢漸小上去方能稱手制以鞭韜免使上銹鉄要煉熟其節不宜太深恐易傷損整磨如鏡之光者為佳或造為单鐗如鞭之尺寸四面起棱槽者尤妙又可無損壞之處矣

武備要略　卷八

鉄鞭式

鞭梢式

鉄鐗式

图 476
明　《武备要略》鞭、锏

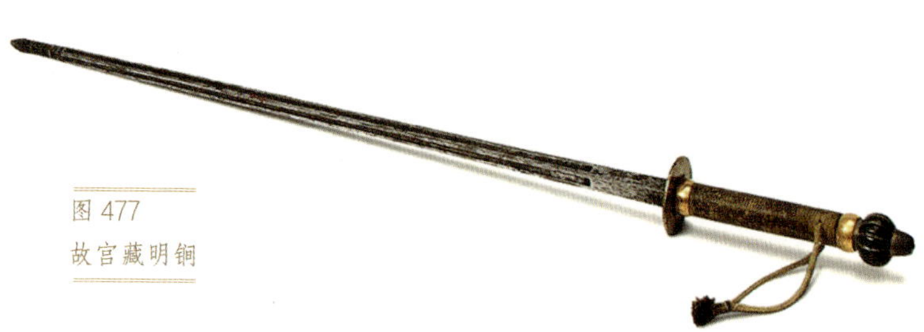
图 477
故宫藏明锏

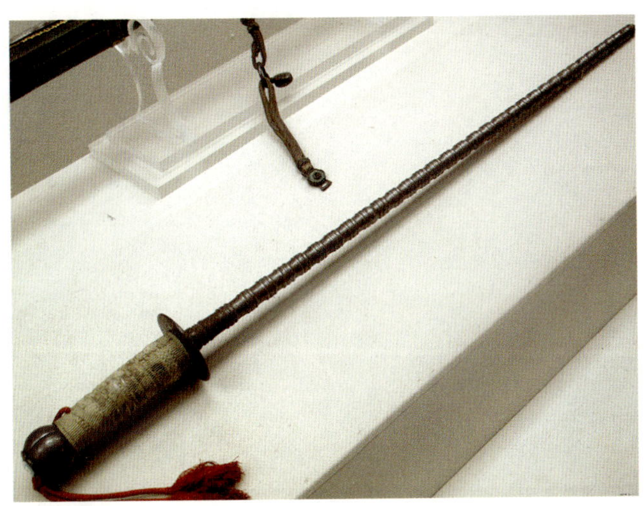

图 478
内蒙古博物馆藏明鞭

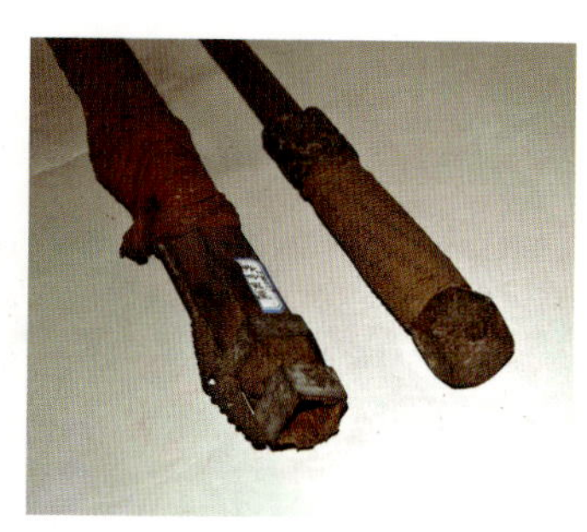

图 479
曲阜市数字博物馆藏唐鎏金铁锏

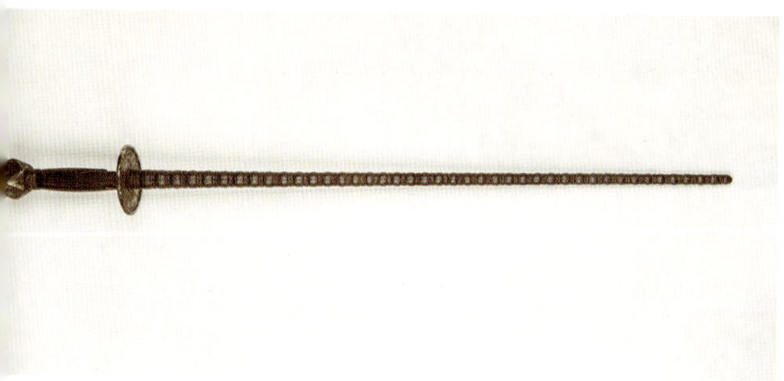

图 480
杨勇先生藏明鋄银铁鞭

綠營雙鐧

欽定四庫全書　卷十五

綠營雙鐧　謹按宋史兵志楊偕獻所製鐵鐧張玉傳玉單持鐵鐧出鬭金史烏延查剌傳查剌左右手持兩鐵鐧鐧重數十觔人號為鐵鐧萬戶茅元儀武備志四棱者謂之鐵鐧言方棱似簡形

本朝定制綠營雙鐧鍊鐵為之左右雙持通長各二尺七寸一分五釐鐧長各二尺一寸圭首方棱銎為鐵盤厚一分五釐重各一觔六兩有奇柄各長六寸圍三寸木質髹朱末鉆以鐵

图 481
绿营双锏

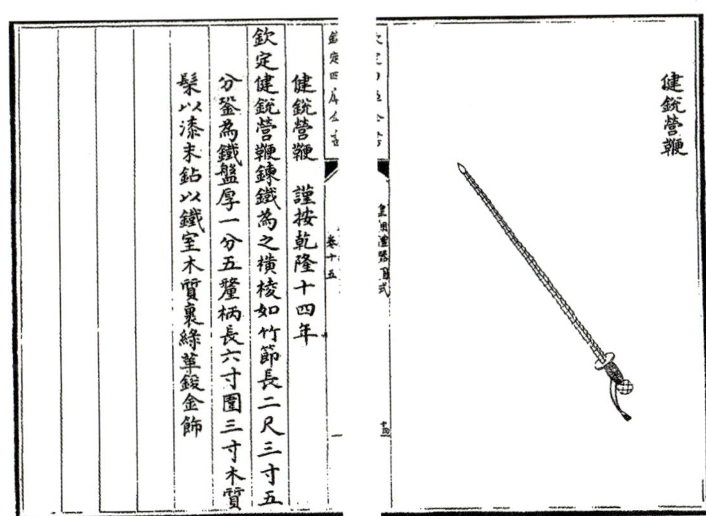
健銳營鞭

欽定四庫全書　卷十五

健銳營鞭　謹按乾隆十四年

欽定健銳營鞭鍊鐵為之橫棱如竹節長二尺三寸五分銎為鐵盤厚一分五釐柄長六寸圍三寸木質髹以漆末鉆以鐵室木質裹綠革鈒金飾

图 482
健锐营鞭

图 483
清　铁鞭

图 484
清　杵柄铁鞭

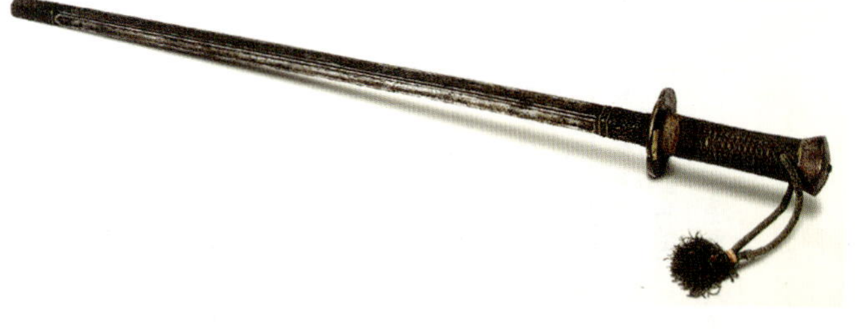

图 485
清　铁锏

图 486
清　铁锏

图 487
清　龙首铁锏

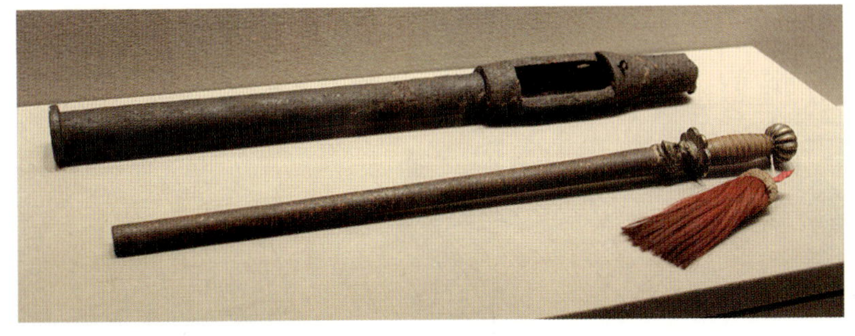

图 488
清　徐州博物馆藏雷火鞭

图 489
宋　具装铠

图 490
辽　重甲骑兵

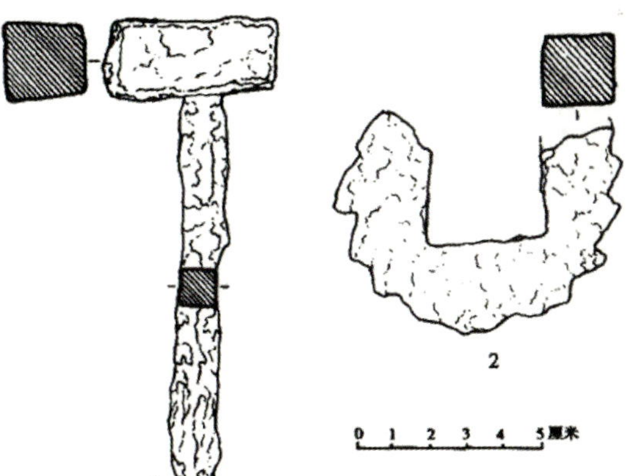

图 491
《汉长安城武库》锤

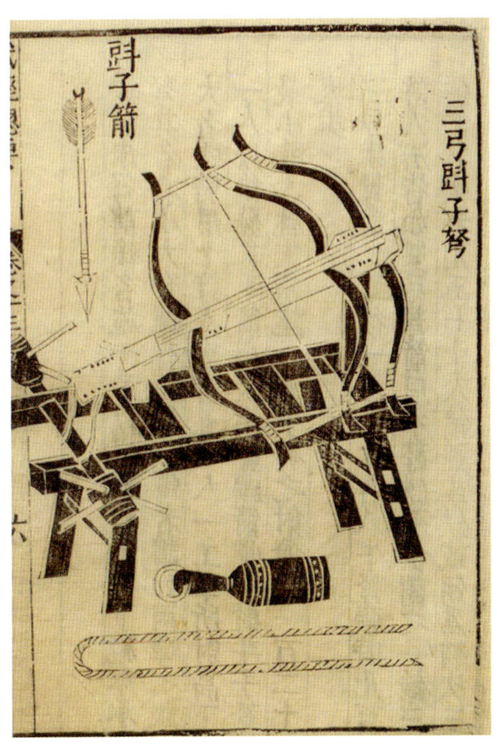

图 492
宋 《武经总要》弩机

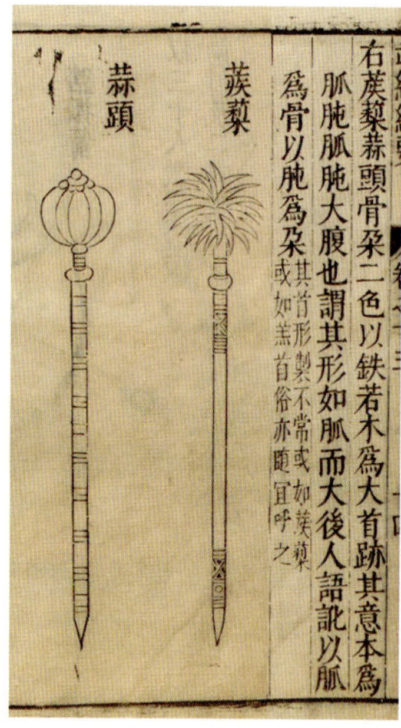

右蒺藜蒜頭骨朵二色以鐵若木爲大首跡其意本爲胍肫胍肫大腹也謂其形如胍而大後人語訛以胍爲骨以肫爲朵其首形製不常或如蒺藜或如羔首俗亦隨宜呼之

图 493
宋 《武经总要》骨朵、蒺藜

图 494
清 《皇朝礼器图式》绿营双椎

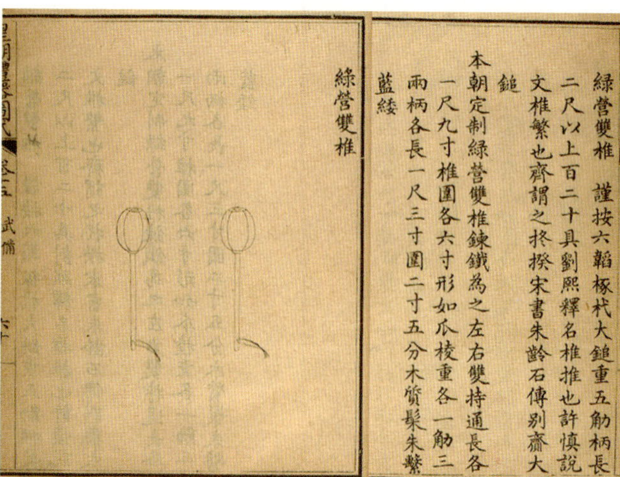
綠營雙椎 謹按六韜椓杙大鎚重五觔柄長二尺以上百二十具劉熙釋名椎推也許慎說文椎繫也齊謂之柊揆宋書朱齡石傳別齋大鎚

本朝定制綠營雙椎鍊鐵爲之左右雙持通長各一尺九寸椎圜各六寸形如瓜稜重各一觔三兩柄各長一尺三寸圜二寸五分木質髹朱繫藍綫

图 495
五星形骨朵

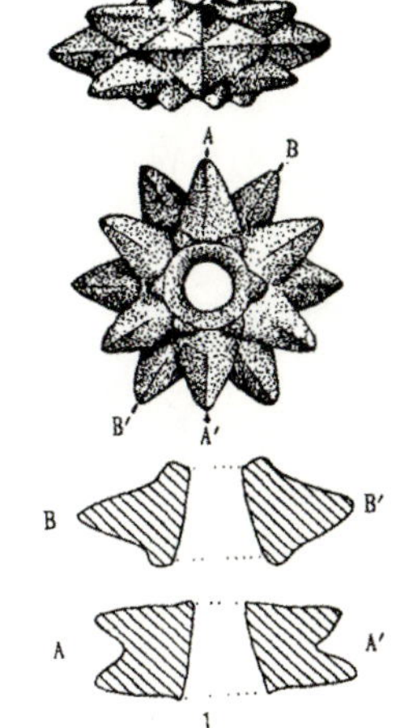

图 496
通河县出土多角形石骨朵

图 497
石器时代、青铜器时代骨朵

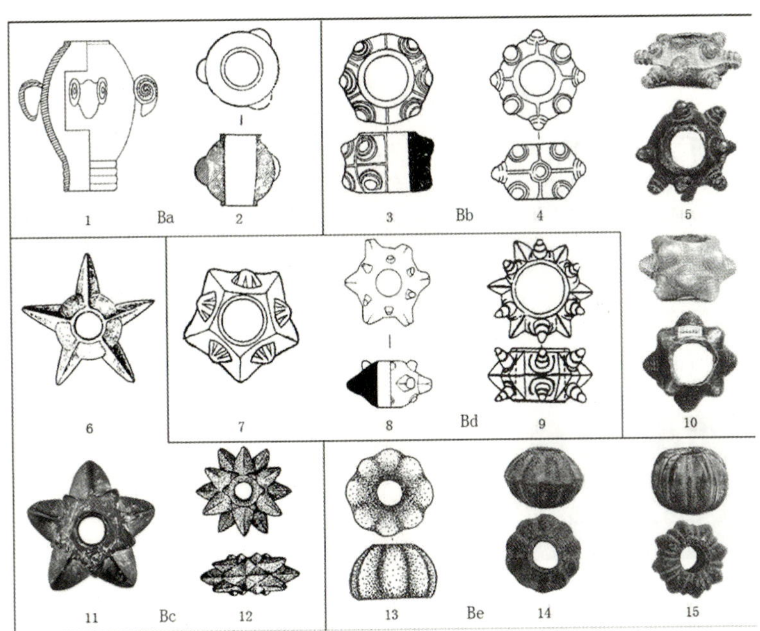

1. 玉门火烧沟　2. 宝鸡竹园沟　3. 固原西吉　4. 鄂尔多斯征集　5、10、14、15. 东京国立博物馆藏　6. 扶风伯或墓　7. 固原西郊　8. 扶风召公　9. 绥远购入　11. 南宝力皋吐　12. 哈尔滨通河县　13. 那斯台

图 498
东周　芮国墓出土黄金骨朵

图 499
辽　陈国公主驸马墓壁画

图 500
塔子山辽墓壁画

图 501
金代墓室壁画

图 502
辽　陕西历史博物馆藏鎏金龙纹银骨朵

图 503
国家博物馆藏鎏金龙凤纹银骨朵

图 504
金　哈尔滨新香坊墓葬出土银质仪仗骨朵

图 505
宋 《道子墨宝》(局部)

图 506
宋 《却坐图》(局部)

图 507
宋 赵匡胤像

图 508
宋 《迎銮图》(局部)

图 509
敖汉旗萨力巴乡水泉辽墓出土多棱体玉骨朵

图 510
克什克腾旗二八地辽墓出土水晶骨朵

图 511
内蒙古自治区乌兰察布市商都县数字博物馆辽骨朵

图 512
内蒙古自治区乌兰察布市化德县数字博物馆辽铁骨朵

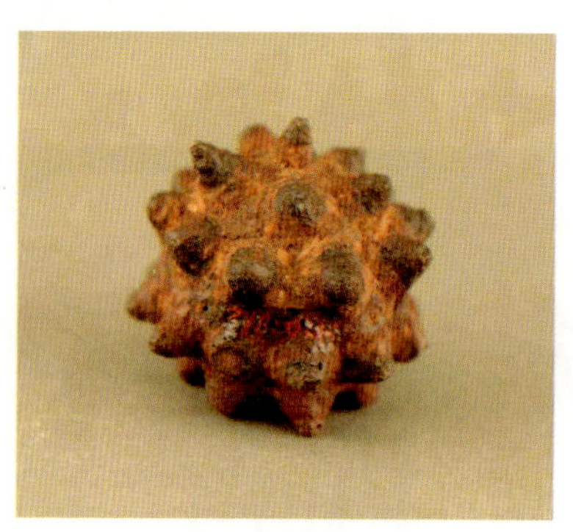

图 513
肇源博物馆藏金朝骨朵

图 514
黑龙江省哈尔滨市宾县数字博物馆金朝铜骨朵

图515
宋 《道子墨宝》(局部)

图 516、图 517、图 518
四川泸县南宋石刻

图 519
赤峰博物馆藏布鲁

图 520
宋 《道子墨宝》(局部)

图 521
明 萨祖灵官雷将众

图 522、图 523
台北故宫博物院藏《货郎图》(局部)

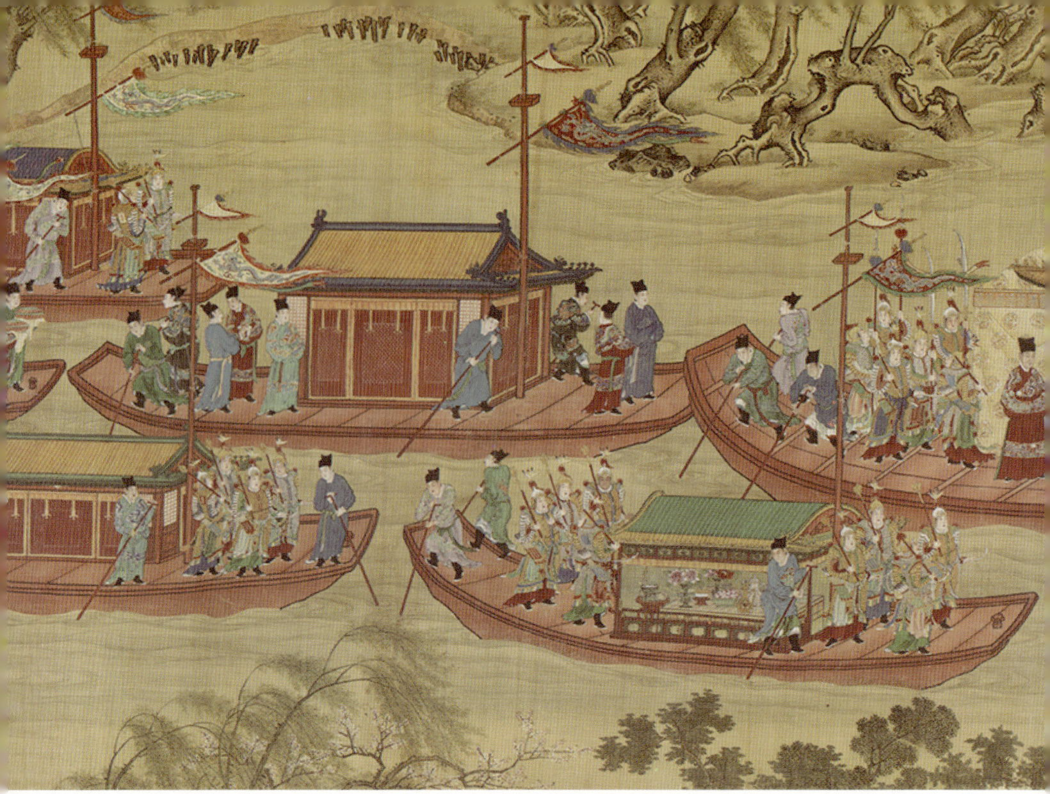

图 524
明 《出警入跸图》（局部）

图 525
明 康茂才墓出土八叶铁锤

图 526
潘塞火先生
藏青铜骨朵

图 527
珞珞如石先生藏金朝铁杆锤

图 528
錾筒骨朵

图 529
铁杆铜锤

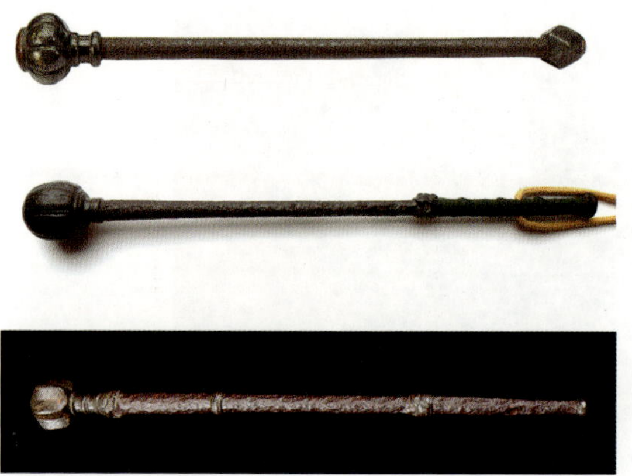

图 530（上）、图 531（中）、图 532（下）
铁杆铜锤

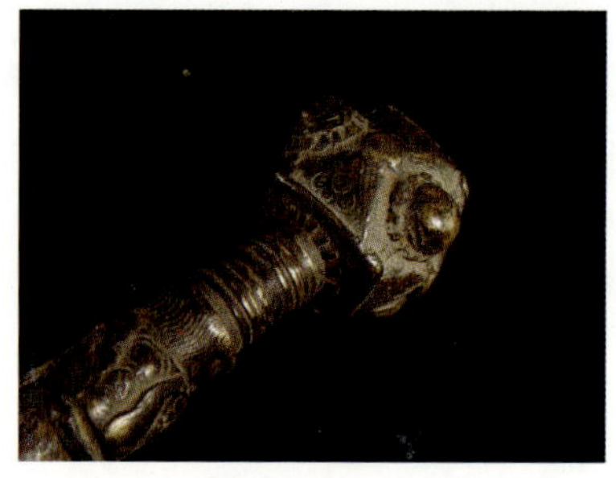

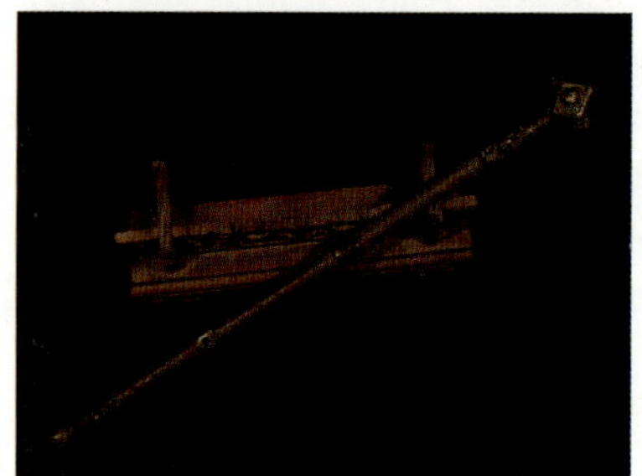

图 533
方头刺角

图 534
《刀兵相见》锤

图 535
叶锤

图 536
皇甫江先生藏鎏筒铜锤

图 537-1、2
徐晖先生藏铜锤

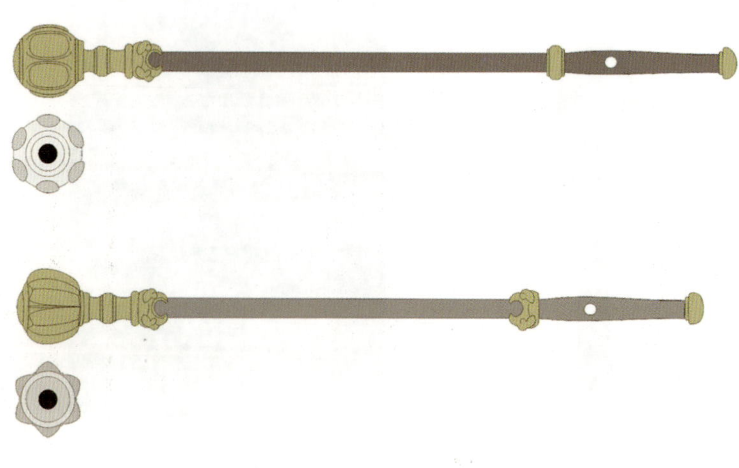

图 538
锤头军器标准图

图 539
清　故宫博物院藏锤

图 540
清　锤

图 541
大英博物馆藏敦煌唐天王像

图 542
唐 《天王道行图》(局部)

图 543-1
平遥双林寺宋韦驮像

图 543-2
平遥双林寺宋韦驮像（细节）

图 544
杭州南宋武士石翁仲

图 545
明 十三陵武将石翁仲

图 547
军事博物馆藏锁子甲

图 546
《中国历代甲胄》
唐甲

图 548
四川南宋武
士石雕

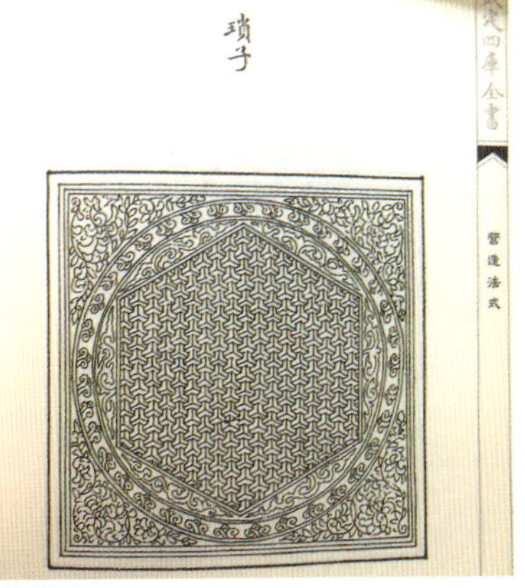

图 549
宋 《营造法
式》锁子

图 550
宋 《维摩诘辩经图》(局部)

图 551
敦煌莫高窟第194窟天王像

图 552
上海博物馆藏天王像

图 553
唐　榆林窟第 25 窟毗沙门天王像

图 554-1
唐　榆林窟第 25 窟南方天王像

图 554-2
唐　榆林窟第 25 窟毗沙门天王像甲裙细节

图 555
法国　吉美博物馆藏敦煌毗沙门天王像

图 556
五代　法国国家图书馆藏敦煌毗沙门天王像

图 557
宝鸡出土唐天王像

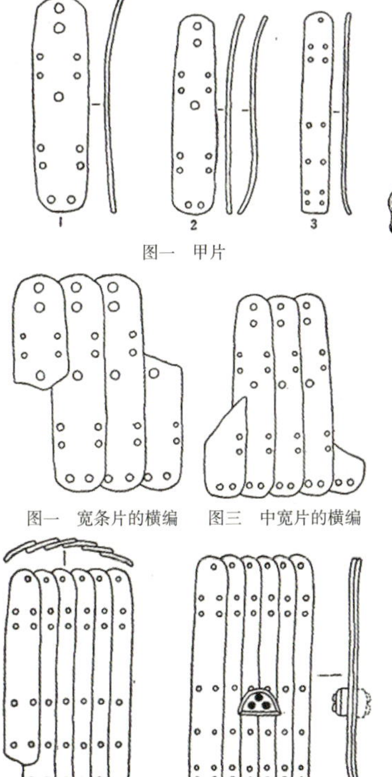

图 558
西安曲江出土唐甲片

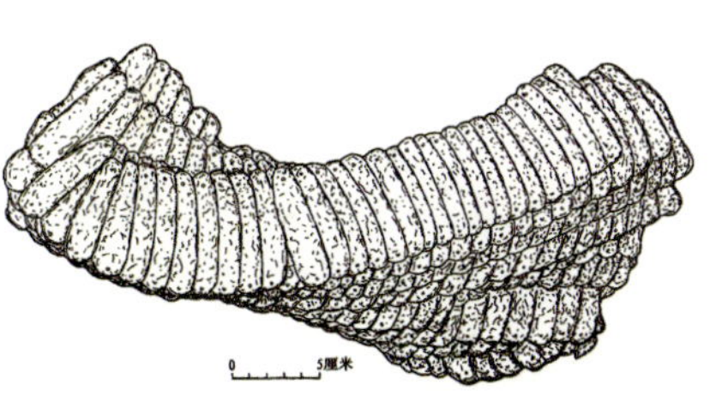

图 559
大明宫出土唐甲片

图 560
唐　新疆丹丹乌里克出土天王像

图 561
俄罗斯　艾尔米塔日
博物馆藏粟特人银盘

图 562
片治肯特壁画线描

图 563
新疆焉耆明屋出土唐代武士塑像

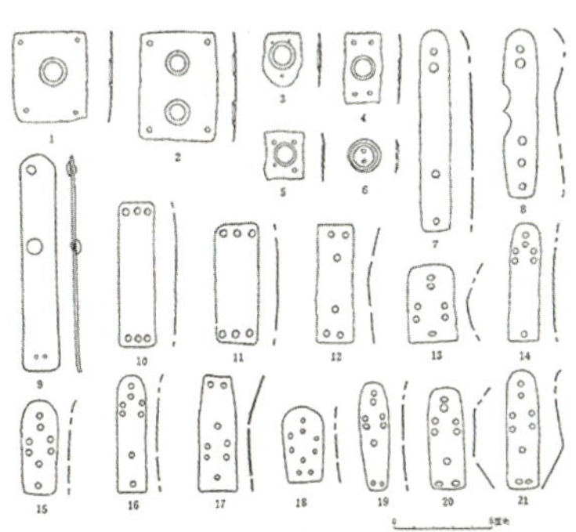

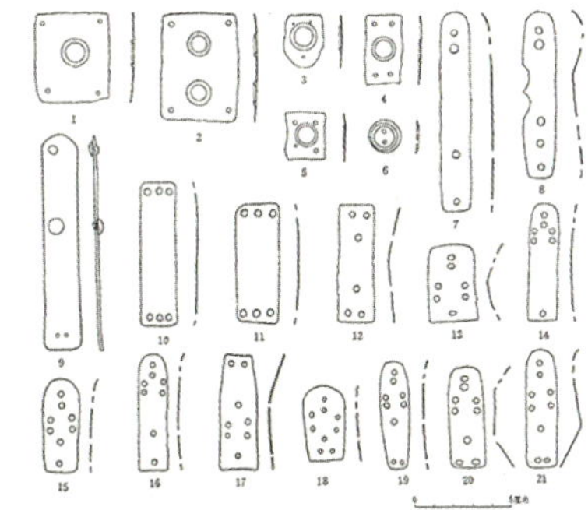

图 564
古格曲边甲片

图 566
古格曲边甲片

图 565
古格曲边甲裙

图 567
吐蕃曲边甲片

图 568
纽约　大都会博物馆藏膝盖甲

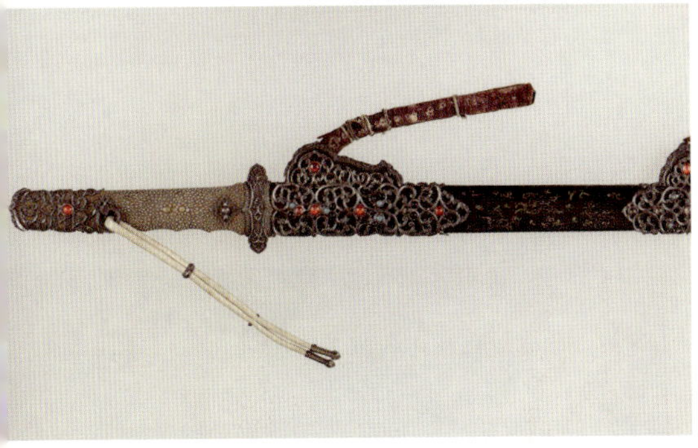

图 569
金银钿庄唐大刀

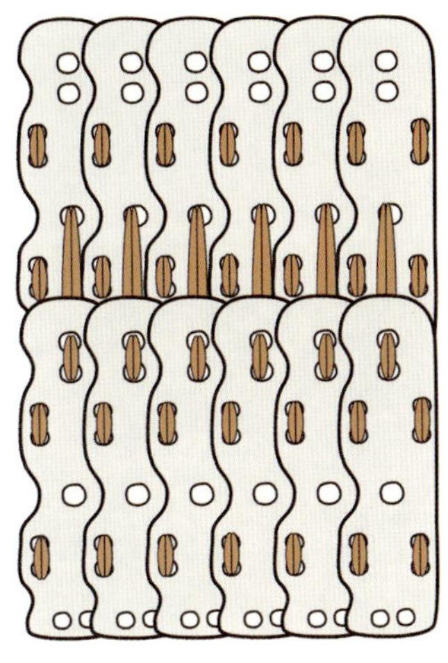

图 570
“山文甲”编缀示意图

图 571
后蜀　武士俑

图 572
大足石门山 宋石雕曲边甲

图573
唐　水晶坠金字铁刀

图574
唐剑纹路

图575
突厥弯刀

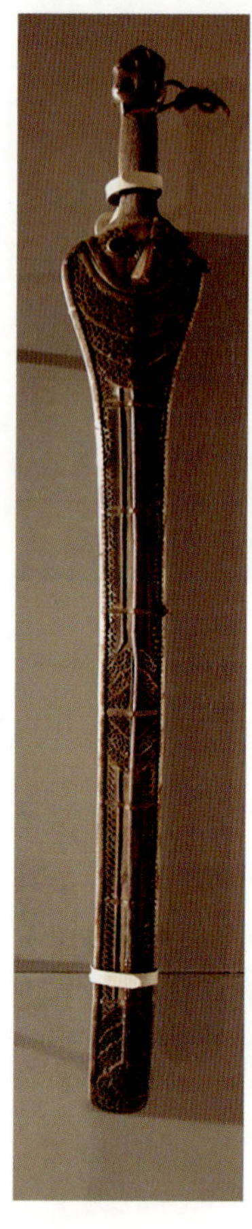

图 576
中国国家博物馆藏呼拍

图 577
多层旋焊锻造纹理

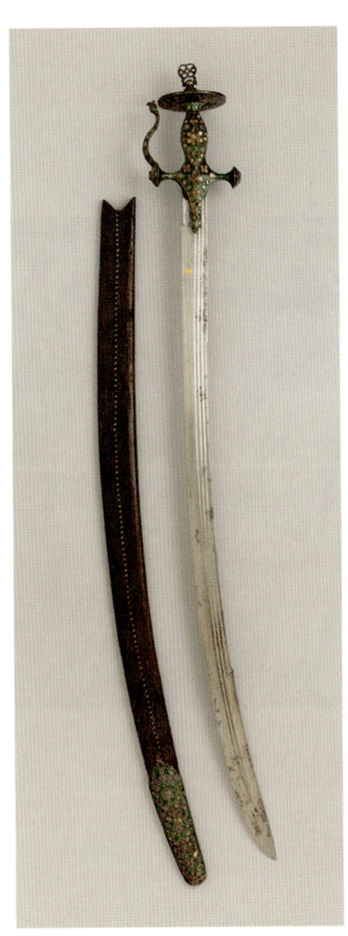

图 578
印度　塔瓦

图 579
南印度长刀

图 580
大都会博物馆藏古藏刀

图 581
敦煌 360 窟壁画

图 582
敦煌 231 窟壁画

图 583
吐蕃　大昭寺
壁画武士像

图 584
吐蕃　武士狩猎黄金片

图 585
西藏 Tsakali

图 586
“匝噶利”唐卡绘画

图 587
“松穷瓦”佩带长剑

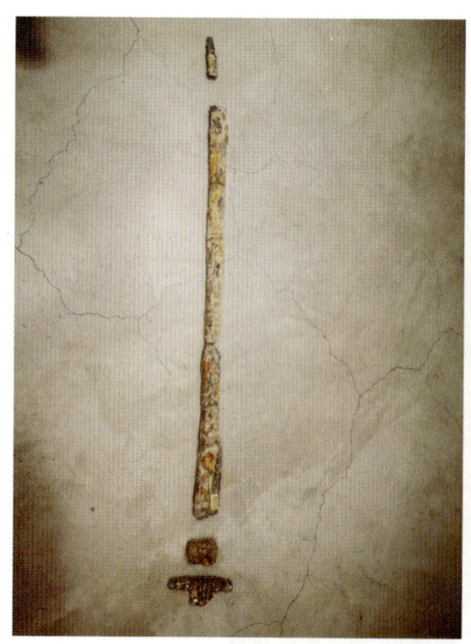

图 588-1
大长岭唐墓出土吐蕃剑

图 588-2
大长岭唐墓出土吐蕃剑零件

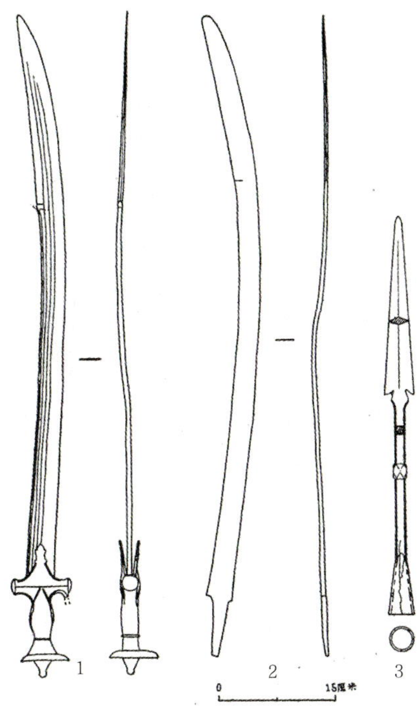

1. 铁刀（D：征1） 2. 铁刀身（Ⅱ：采4）
3. 铁矛头（Z：征1）

图 589
古格考古出土兵器

图 590
萨迦寺金刚殿出土兵器

图 591
晚唐　藏剑

图 592
吐蕃壁画与青海都兰武士剑比较

图 593
西方毗楼勒叉天王

图 594
敦煌莫高窟第 57 窟前室西壁剑鞘与唐剑鞘比较

图 595
玄妙观石雕与藏剑比较

图 596
清　瓦寺土司佩刀

图 597
德格土司佩刀

图 598
康巴刀

图 599
清　金川土司刀

图 600
清　御前神锋

图 601
安多短刀

图 602
中国国家博物馆藏呼拍

图 603
英国　利物浦博物馆
藏呼拍

图 604
英国　V&A 博物馆
藏呼拍

图 605
台湾省奇美博物馆藏呼拍

图 606
大都会博物馆藏呼拍

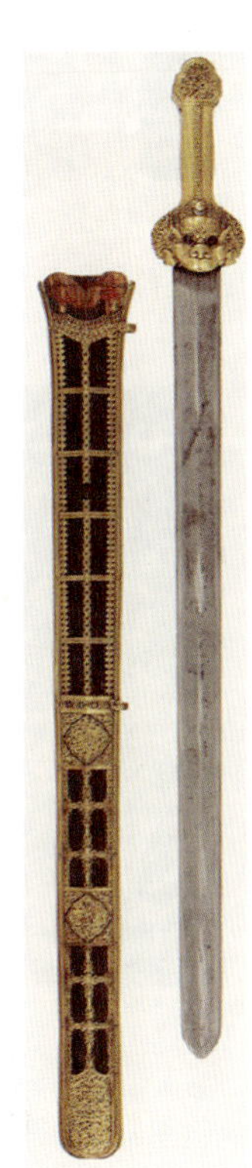

图 607
利兹皇家军械博物馆藏藏剑

图 608　龙纹比较

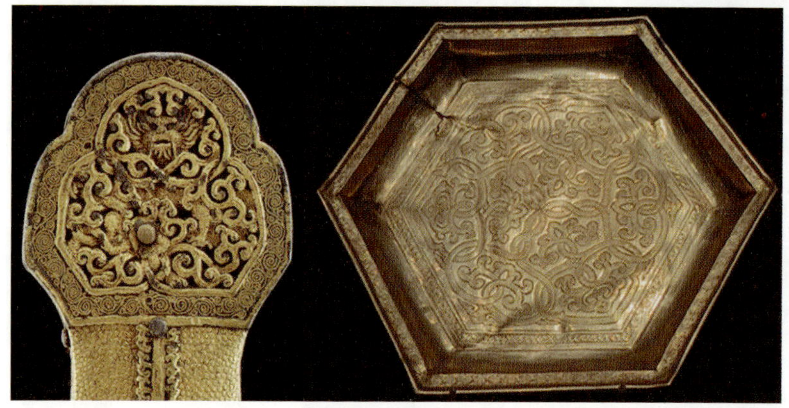

图 609　剑首缠枝纹

图 610　花纹比较

图 611　莲花形纹饰

图 612　金刚杵比较

图 613　元　首都博物馆藏石雕麒麟四连弧开先毬路纹桥栏板

图 614
金　马镫

图 616
大昭寺十字格佩刀

图 615
传召大法会

图 617
龚剑先生藏十字格佩刀

图 618
纽约　大都会博物馆藏十字格佩刀

图 619
军事博物馆藏十字格佩刀

图 620
雍和宫藏色勒穆，汗青先生拍摄

图 621
清　萨迦寺盔、甲

图 622
清　甘丹寺乾隆甲

中国刀剑史

The History of Chinese Sword

龚剑 著

中华书局

图书在版编目(CIP)数据

中国刀剑史/龚剑著. —北京:中华书局,2021.4
(2025.3 重印)
ISBN 978-7-101-14949-4

Ⅰ.中… Ⅱ.龚… Ⅲ.冷兵器-历史-中国 Ⅳ.E922.8

中国版本图书馆 CIP 数据核字(2020)第 253674 号

书　　名	中国刀剑史(全二册)
著　　者	龚　剑
责任编辑	傅　可
装帧设计	崔欣晔
责任印制	管　斌
出版发行	中华书局 (北京市丰台区太平桥西里 38 号　100073) http://www.zhbc.com.cn E-mail:zhbc@zhbc.com.cn
印　　刷	北京盛通印刷股份有限公司
版　　次	2021 年 4 月第 1 版 2025 年 3 月第 6 次印刷
规　　格	开本/920×1250 毫米　1/32 印张 18¾　插页 4　字数 250 千字
印　　数	24001-27000 册
国际书号	ISBN 978-7-101-14949-4
定　　价	88.00 元

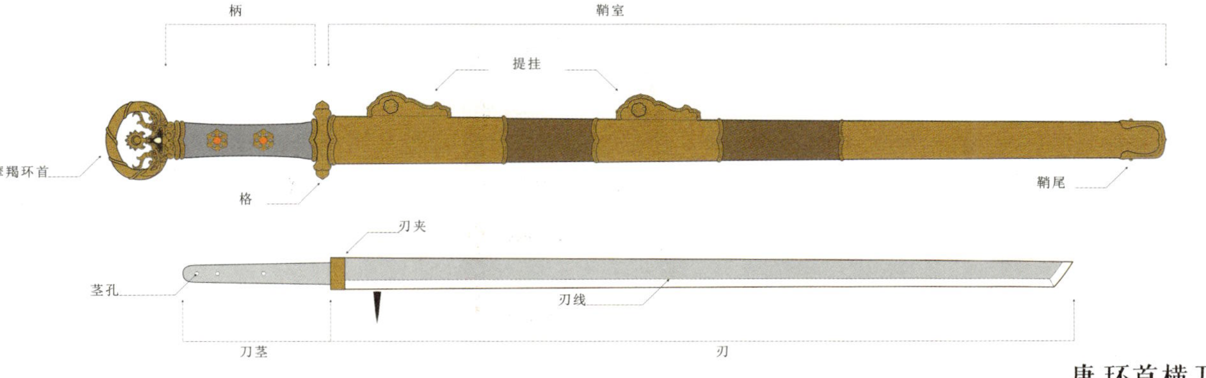

唐环首横刀

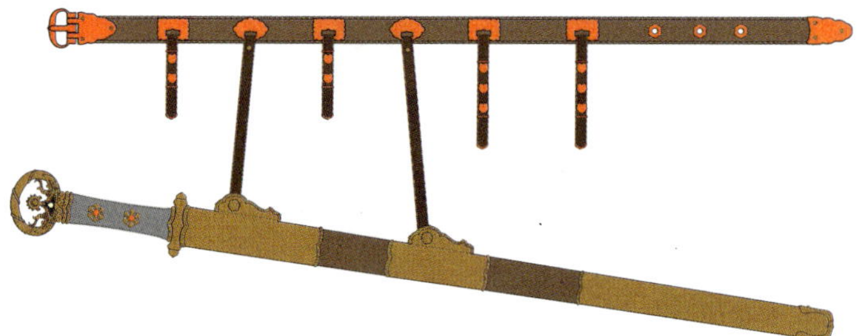

唐蹀躞悬挂横刀

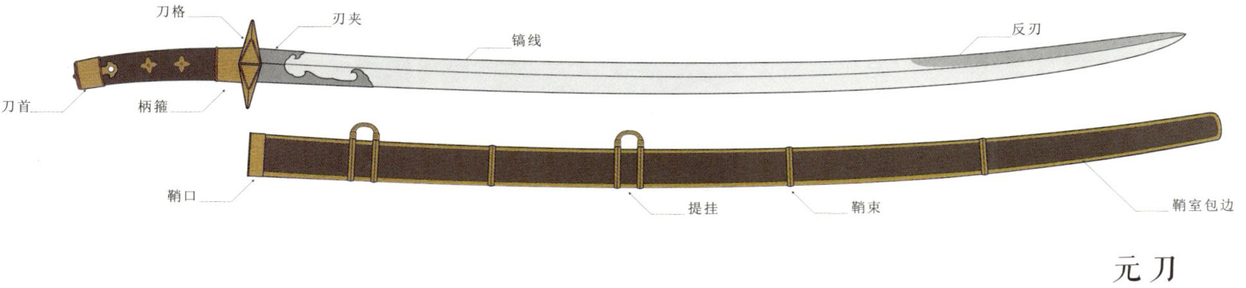

元刀

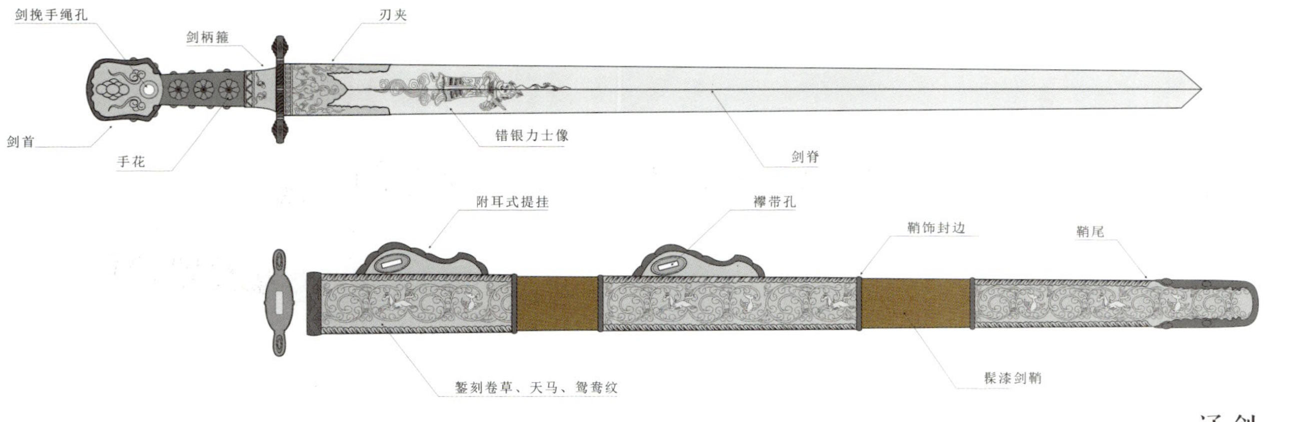

辽剑

序　言

从事中外武备研究已然二十年时间，零零散散的文章写过不少，去年得武备收藏界挚友和出版社朋友的帮助，将多年潜心研究的成果正式纳入了阶段性出书计划之中。

本书着重于中国钢铁兵器研究。钢铁兵器出现于战国晚期，至汉代因钢铁冶炼技术的发展成熟而全面取代了商、西周和春秋战国时期的青铜兵器。到了清朝晚期则火器彻底取代了冷兵器。本书通过我对大量古籍史料的研读，并与现有历代出土的武备实物和诸多收藏家的藏品进行反复考证以后，归纳、解析了跨越两千年的中国古代武备。

在人类文明史中，每一个民族除了据地而居、休养生息、繁衍子嗣，更重要的一笔就是各部族、各国家之间的战争史。它在组成本民族历史重要部分的同时，也钩沉了其他民族的记忆。在不断的征战中，集精神、智慧、技术、财富于一体的武备文化得到了长足的发展，每个阶段武器的制作水平都是当时社会生产力发展最为突出的标记，它们拥有着极其重要的历史意义和文化价值。两千年来，在中国土地上所发生过的每一场战争、出现过的每一种武备，都可以撰文成为中华各民族之间不断交流融合的传奇。

本书用十四个章节梳理历代武备，其中：刀——共六章，细分为环首刀、唐刀、辽金刀、宋元刀、明清刀；剑——共四章，细分为唐剑、五代剑、辽金剑、宋剑；鞭、锏、锤——合两章；甲胄——一章，详细解读唐朝山文甲；最后一章是西藏武备。

在本书的各个章节中，我根据不同历史时期发生的事件所记载，对同时期出现的代表性武备都做出了细致的描述讲解。例如环首刀，明确阐述了其形制的诞生、历代不同形制的演化及其在两千年历史中对东亚地区的影响；又如唐陌刀，在唐朝与突厥的战争、建立安西都护府后与吐蕃的战争，以及安史之乱后安西军平叛等战争中，陌刀都成为唐军的重要武器。根据史料记载和目前收藏家手中的唐长刀，我对陌刀的形制和使用战术进行了分析，在唐刀的章节中尝试了还原；再比如甲胄一章，唐代山文甲由于史料中并未记载其形制，一直是近现代考古和收藏界一个非常有争议的话题，在后世的研究中都只是望文生义，我从大量唐代绘画、塑像等资料入手，结合考古实物，并综合考虑了安西都护府建立后唐朝与萨珊和粟特人的贸易关系、与突厥的战争关系等因素，最终准确地分析和描述了山文甲产生的历史原因和其形制细节。

在本书中，唐朝武备的章节映射出唐朝以一种前所未有的广阔胸怀将南北朝、西域地区诸多风格融合，形成了一个中国武备发展的高峰期。而宋、辽、金是中国武备历史上的后三国时代，辽、金两朝都是少数民族建立的王朝，在此阶段这三国的刀、剑形制各有不同，彼此相互影响，本书用四个章节对其形制进行了归纳。鞭、锏、锤类打击兵器出现在战场也是在这个阶段，一直延续至清朝，本书用两个章节对这一类兵器进行了归纳整理。最后提到的西藏武备起源于吐蕃时期，吐蕃王朝与唐朝在两百余年间时战时和，既有文成、金城二公主与吐蕃联姻，又有唐朝、吐蕃在安西、青海的连年血战，这个神奇的王朝在整个华夏的史册上圈出了自己重要的位置。自吐蕃王朝土崩瓦解后，这片土地在千余年中并无大的战争，所以西藏地区保存下来大量武备实物。我在收藏研究西藏武备的过程中，发现西藏武备完好地保留了大量唐、宋时期的武备形制，堪称是中国中古时期武备的活化石，在中国武备史上具有极其重要的地位。

历史的真相往往无法探究，但是史料中记载的诸多战争通常都会隐匿在武备器物的背后，每一件兵器都弥漫着那个时代的气息，每一件兵器上的每一个纹饰都是那个时代科技和艺术的体现，任何一种兵器的形制、纹样都不是凭空而来，也不会无端消失，它必然承前启后，也必然随着时代变化而变化。每一个时代兵器形制的改变都有其重大历史背景，这些历史背景往往包含中国历史上不同国家、民族之间的战争，也正是这样的战争才使中国历代武备不断发生着变化。

中国古代兵器的研究自民国时期周纬先生起，后经杨泓先生、孙机先生等人不断增补，形成了中国古代兵器研究的基本框架。近二十年来，随着中国古兵器考古资料的日渐丰富，部分朝代的武备细节逐渐清晰，我在二十年的古代兵器收藏过程中，通过大量查阅古籍、参观各地博物馆和古迹、拜访诸多收藏家，力求历史和器物对应考证的严谨性，并用这些遗存的实物细节做拼图，去解读古代兵器背后的历史故事，准确还原它们的形制与细节。今年应中华书局之邀，将自己对这个领域的认知和研究记录下来，与诸师友共同探讨。

武备是历史与人之互证、自然之孕育、文化之源流，乃至个人生命之淬炼。我们将以毕生的精力赋予它们一个可以延续的灵魂、一段可以追溯的历史、一份可以畅想的豪情。

目录

第一章 环首刀

第二章 唐刀

第三章 辽、金刀

第四章 宋刀

第五章 蒙、元刀

第六章 明、清刀

第七章 唐剑

第八章 五代剑

第九章 辽、金剑

第十章 宋剑

第十一章 鞭、锏

第十二章 骨朵、锤

第十三章 唐朝「山文甲」

第十四章 西藏刀剑

第一章 环首刀

永初六年五月丙午造卅湅大刀吉羊

从人类社会发展史来看，军事战略、作战样式、作战能力和具体作战运用需求，会从不同层次牵引着武器装备向前发展，每一种新式武器的诞生都是为了满足上述条件的诉求。环首刀从汉代成为中国最重要的刀型后，两千年以来对中国刀产生了深远影响，影响了中国周边诸多国家的刀剑形制。

一、汉代环首刀的诞生

1. 诞生的背景

商、周、战国青铜时代的军队格斗兵器都是以青铜剑为主，青铜剑整体尺寸基本为50厘米左右，此尺寸是受到了青铜自身物理性质的限制，在保证强度的条件下只能做到此长度。兵马俑出土的秦剑是目前已知最长的青铜剑，整体长度81—94厘米不等。近年兵马俑博物馆的专家撰文认为，秦青铜剑长而薄，合金成分含锡、铅含量高，属于脆性材料，整体不具备战阵使用的能力，秦剑属于将军俑礼仪佩剑。

春秋时期，钢铁兵器开始出现，近年考古成果显示，在燕国（河北燕下都遗址）、楚国（长沙火车站春秋墓）都出现不同形制的铁剑。钢铁剑的物理性能远胜青铜剑，在尺寸上全面超越青铜剑，湖南多地出土的楚铁剑长度多接近100厘米，最长的铁剑超过140厘米。

汉朝，中国兵器全面进入钢铁时代，汉军开始大规模装备环首刀，这是一种新型的兵器。环首刀重要的特征是刃体为直刃或轻微下弧刃，刃体与柄贯通无格，柄首有扁环。随着大量的考古实物的出土，证明在西汉初期，环首刀已经替代剑，成为军队的主要兵器。《释名·释兵》载：

刀，到也，以斩伐到其所，乃击之也。其末曰锋，

> 言若蜂刺之毒利也。其本曰环，形似环也。其室曰削，削，峭也，其形峭杀裹刀体也。室口之饰曰琫，琫，捧也，捧束口也。下末之饰曰琕，琕，卑也，在下之言也。短刀曰拍髀，带时拍髀旁也。又曰露拍，言露见也。

《释名》成书于东汉，是一部专门探求事物名源的著作，《释兵》篇最早对“刀”这一兵器做出了详细解释。“以斩伐到其所，乃击之也”一句说明了刀的使用方式是以劈砍斩伐为主；刀首有环，“其本曰环，形似环也”；“其室曰削，”鞘室名为“削”；鞘室口部饰件为“琫”；鞘尾饰件为“琕”；短环首多为书刀、帛刀，由于此类短刀都是挎于身侧，行走、起立“拍髀旁”，“髀”为大腿，故称短刀为“拍髀”。

汉环首刀的出现，与当时的军事战略、作战样式、作战能力需求紧密相关。汉朝统一天下后，立刻就遭到了北方匈奴的威胁。匈奴骑兵是汉军要打击的重要目标。为了有效对抗骑兵，汉军也大量发展骑兵，为配合骑兵独有的高速作战方式，对新型骑兵马上使用的兵器诉求随即提出。战国时期虽然有骑兵出现，但是骑兵数量较少，当时的骑兵是一种骑马进行迅速机动的步兵，使用剑、戟等兵器作战并无太多问题。

随着汉朝骑兵规模的扩大，骑兵用剑变得较为不合理，由于双方冲击速度较快，长剑靠刺击杀伤对手的技术实现起来变得更为困难——尖锐锋利的剑尖无形中功能被减弱，劈砍反而成为更有效的杀伤方式。剑刃虽然可以做适度地劈砍，但是由于是两侧施刃，冲击过程中只有一侧刃面能发挥作用，故而剑变得非常不适合马上作战。

青铜剑的制作主要是使用铸造技术，铸造完成后，剑刃经过磨砺后就可以使用。而钢铁兵器的制作相对较为复杂，首先需要锻造成型，然后须淬火增加刃口硬度，再进行磨砺，工序比青铜剑更加复杂。所以钢铁剑已经完全不适应骑兵之间的对抗了。

于是，更适合骑兵劈砍的武器登上了历史舞台。适合骑兵作战特点的格斗武器须满足下列条件：单手使用，便于劈砍，单刃厚脊，保证足够的强度同时具有良好的锋利性，同时要比剑的制作工艺简单，方便大量生产。由此，西汉军队开始制作满足这样特点的兵器，环首刀应运而生。环首的意义在于可在环内捆绑手绳套于手腕，在冲击劈砍中可有效保证刀不脱手。汉朝初期环首刀基本定型——刃直而狭，刃略有内弧，柄裹竹木，缠丝缑，环首内有丝绳挽手可绕于腕，鞘室竹木，内衬丝绸，外髹漆，鞘室尾端有一金属鞘尾。

笔者认为，军制的长环首刀是由短环首刀逐渐发展形成的，战国时期的青铜小型环首刀多做为生活用刀或竹简削刀。至战国晚期，钢铁冶炼技术发展，此类小环首刀多替换为钢铁材质，在实际使用中，短环首逐渐放大加长，由此被军中所重视。随着战争模式和对手的变化，进而在短环首刀的基础上加长，逐步改良，形成了西汉初期环首刀的造型。

2. 两汉时期

战国至汉朝初期，剑是近身格斗的主要兵器。《史记》中载秦末战争中，刘邦、项羽、萧何、樊哙等人都佩剑。

刘邦反秦时“拔剑击斩蛇”，战英布时称：“吾以布衣提三尺剑取天下，此非天命乎？”（《史记·高祖本纪》）《史记·项羽本纪》载：

"项籍少时，学书不成，去学剑，又不成；"鸿门宴中，"项庄拔剑起舞，项伯亦拔剑起舞，常以身翼蔽沛公，庄不得击，"樊哙冲入欲护卫刘邦，"即带剑拥盾入军门。"鼎定天下后叙功以萧何为第一，"于是乃令何第一，赐带剑履上殿，入朝不趋，"（《汉书·萧何曹参传》）剑此时也是宫廷礼仪中重要的符号。

到了汉武帝时期，汉军中的名将都配环首刀，环首刀此时已经成为军中主流装备。李广随卫青北击匈奴，在沙漠中迷路，延误了战机，导致单于突围逃走。漠北大战结束后，李广部才和卫青主力部队会合，李广因此犯失机之罪，受到卫青责问，不愿受军法审判，"遂引刀自刭。"（《汉书·李广苏建传》）李广以佩刀自裁，说明环首刀已经成为主将的佩刀。李广之孙李陵，在鞮汗山被单于数万骑兵围困，"军吏持尺刀，"（《汉书·李广苏建传》）说明汉军中还装备有短环首刀。汉昭帝时期，任立政等三人受霍光委派出使匈奴，意图劝李陵返汉，单于置酒宴赐任立政等使者，席中李陵、卫律皆侍坐。"立政等见陵，未得私语，即目视陵，而数数自循其刀环，握其足，阴谕之，言可还归汉也。"（《汉书·李广苏建传》）。任立政作为使臣，其所配武器是环首刀，并用刀环暗示李陵重新归汉。战国时期，在如此重要的外交活动中，使者皆佩剑，至西汉因为环首刀的普及，在礼仪上，环首刀也逐渐替代剑了。

从西汉开始，钢铁剑在军队的装备中逐渐减少，环首刀的装备数量迅速增加，从现有的考古发掘也可以充分证明这一点。汉朝武库、军中对刀剑的记载极为清晰，边防驻军也有专门的"兵簿"用以记载兵器的数量、品类。已经出土的兵簿都是以汉简形式进行记载的，其中载录的汉朝兵器有：刀、剑、弩、矢、弓、镶、盾、有方、戟、铍、铩；

盔甲类有铁铠、兜鍪（鞮瞀）、马甲等。1993 年，江苏省东海县尹湾汉墓出土了《武库永始四年兵车器集簿》，木简上记载了汉成帝永始四年（前 13），东海郡武库库存兵器情况，这个《集薄》对于汉朝军事史研究具有极大的帮助。出土过程中，限于当时技术手段落后等原因，部分简牍字迹模糊不能录入，但仍然可以看到东海武库储备了数量惊人的武器，《集簿》记载的乘舆兵车器和库兵车器两项合计“凡兵车器种二百四十物，二千三百二十六万八千四百八十七”。其中剑、刀两项记载：“剑九万九千九百一，”“刀十五万六千一百三十五，”从这个数量也足以说明环首刀在军队的使用中已经占据了主要地位。

西汉时期长安武库所储藏的环首刀多为蜀郡制造，《汉书·循吏传》颜师古注记载：“刀凡蜀刀，有环者也。”西汉时期四川能大量制作环首刀，是秦统一天下后，始皇帝将赵国冶铁大户卓氏迁至四川邛崃，卓氏后人卓王孙的私人工坊在西汉初期成为蜀郡重要的兵器制作商，《史记·货殖列传》中载：“蜀卓氏之先，赵人也，用铁冶富。秦破赵，迁卓氏。”战国时期赵、楚两国都善冶铁，1965 年在河北易县燕下都遗址四十四号墓中发掘五十余件铁兵器，其中仅剑一种就达十五把之多，最短的一把长 69.8 厘米，最长的一把长达 100.4 厘米。其中三剑经过金相鉴定，一只剑是用块炼铁直接锻成的铁剑，另外两剑则是由含碳不均匀的钢制成的，两剑均为块炼铁渗碳制成的低碳钢，剑体采用纯铁增碳后对折多层锻造而成，刃部都是经过淬火的。这些考古证据显示战国时期，赵国已经掌握了很高的冶铁技术，并开始制作钢铁兵器。随着秦朝的统一和赵国豪族的迁移，冶铁制作兵器的技术从赵国传播至蜀地，卓氏的冶铁遗迹在四川邛崃近年屡被发掘。西汉时期朝廷在四川设立“蜀郡工官”，作为官方管理机构，其监督制作的器物主要有漆器和兵器，其产品主要供应宫廷和皇室成员。故蜀郡生产的兵器都质量较高，供应汉武库和皇室。至三国时期，蜀郡制作的环首刀依然精良，《古今刀剑录》载：“蜀主刘备令蒲元造刀五千口，皆连环，及刃口刻七十二涑。”

东汉时期，刀除了是军队的主要兵器，同时宫廷百官佩刀已经成为舆服制度，《后汉书·舆服志·刀》载：

> 乘舆黄金通身貂错，半鲛鱼鳞，金漆错，雌黄室，五色罽隐室华。诸侯王黄金错，环挟半鲛，黑室。公卿百官皆纯黑，不半鲛。小黄门雌黄室，中黄门朱室，童子皆虎爪文，虎贲黄室虎文，其将白虎文，皆以白珠鲛为鏁口之饰，乘舆者，加翡翠山，纡婴其侧。

“乘舆”是指皇帝或皇室，刀刃应该是满错金装饰。“貂错”是汉代一种错金工艺，是用锥刻后再进行错金，这样错金是用“金汞齐”工艺进行制作的。“半鲛鱼鳞”究竟做何解释，尚待研究，极大的可能也是一种错金工艺。鞘室雌黄色。“诸侯王”的刀首“黄金错环”，环首刀“半鲛”似乎是指环首刀鞘室会部分裹鲛鱼皮，鞘室髹黑漆。“公卿百官”所配环首刀鞘室髹黑漆，鞘室不装饰鲛鱼皮。鞘室的颜色随职位、品级有不同，“虎贲”军环首刀鞘室黄色并绘制虎纹，虎贲军将官鞘室虎纹为白色，所有环首刀的鞘室束口以白鲛鱼皮装饰。

东汉时期史料记载军将、朝臣皆配环首刀。汉光武帝刘秀的功臣、云台二十八将位列第四位的耿弇，征战山东的时候“飞矢中弇股，以佩刀截之，左右无知者”（《后汉书·耿弇传》）；东汉献帝时期，董卓欲废少帝立陈留王，找袁绍商议，是时袁叔父隗为太傅，袁绍伪许之，曰：“此大事，出当与太傅议。”卓曰：“刘氏种不足复遗。”（《三国志·魏书·董二袁刘传》）而后：“绍不应，横刀长揖而去。”说明这个阶段东汉高官都已经佩刀而不佩剑了。

三国时期，魏、蜀、吴三国将校军卒都使用环首刀。

魏国大将典韦形貌魁梧，膂力过人，“好持大双戟与长刀等”（《三国志·魏书·典韦传》）。曹魏时期司马师诛杀中书令李丰时，“大将军怒，使勇士以刀环筑丰腰，杀之”（《三国志·魏书·夏侯玄传》裴松之注引《魏氏春秋》），《说文解字》解释：“筑，捣也。”司马师令武士以环首刀刀环击打李丰腰部，钝杀了李丰。

建安二十年（215）刘备取得益州后，孙权向刘备讨还荆州，鲁肃邀请关羽面谈，《三国志·鲁肃传》中载：“肃邀羽相见，各驻兵马百步上，但请将军单刀俱会。肃因责数羽曰：国家区区本以土地借卿家者，卿家军败远来，无以为资故也。今已得益州，既无奉还之意，但求三郡，又不从命。”鲁肃的话音未落，关羽的随侍曰：“夫土地者，惟德所在耳，何常之有！”鲁肃听闻此言极为震怒，立刻“厉声呵之，辞色甚切”。这时“羽操刀起谓曰：此自国家事，是人何知”，关羽此次赴约随身佩刀必然是环首刀。颇令人遐想的是，关羽手下说出了极端冒犯鲁肃的话后，关羽“操”刀而立，“操”这个动作，可以判断关羽并未将刀拔出，是连同刀鞘握在手中呵斥手下，如果是将刀刃亮出，在这样的场合是极为失礼的，如此史料中肯定会写“拔刀”。关羽“目使之去”，顺带使眼色让手下离去。后世多将关羽的单刀表现为“偃月刀”，事实上偃月刀的出现已经是宋朝了。

魏将邓艾引军自阴平由景谷道入川，破诸葛瞻军于绵竹，蜀后主随即投降，并诏书姜维军“乃投戈放甲，诣会于涪军前，将士咸怒，拔刀砍石”（《三国志·蜀书·姜维传》），蜀军将士愤慨刘禅如此懦弱，用环首刀砍石泄怒。

建安十三年（208），孙权讨黄祖，董袭、凌统“俱为前部，各将敢死百人，人被两铠，乘大舸船，突入蒙冲里。袭身以刀断两绁，蒙冲乃横流，大兵遂进”（《三国志·吴书·董袭传》），“蒙冲”是东吴主要的战舰，“绁”是系泊战舰的缆绳，董袭穿双重铠甲，用环首刀斩断两股系船的缆绳，致使黄祖军的船在江中打横，东吴军随即击败黄祖。

3. 环首刀的价格

近年学者整理《居延汉简》时，对汉代兵器价格做了一些归纳，西汉时期普通剑的价格大约在650-1500钱，《居延汉简释文合校》载“负不侵卒解万年剑一，直六百五十”；又载“濮阳槐里景黜贯卖剑一，直七百”；《居延新简》中载“贯卖剑一，直八百，觻得长杜里郭樨君所，舍里中东家雨入，任者同里杜长完前上”。1978年，徐州市铜山县收集到一只铁剑，剑全长108厘米，剑茎有21字错金铭文“建初二年蜀郡西工官王愔造五十湅□□□孙剑□”（图1）。剑镡已残脱，铜质，内侧上阴刻隶书“直千五百”四字。此剑现存于徐州博物馆，是目前已知唯一标明制造价格的汉铁剑。可见汉铁剑根据品质不同，价格亦不同。徐州铁剑之所以价格昂贵，是因为使用了“五十湅”锻造技术。

环首刀的价格在文献中记录较少，《合校》载“尺二寸刀一，直卅”，说明短刀较为便宜，仅为30钱。四川所产环首刀价格颇为含混，《汉书·酷吏传·杨仆》载“欲请蜀刀，问君贾几何，对曰率数百”。西汉长环首刀大概为3—4尺不等，如果按照“尺二寸”值30钱，推测环首长刀大概应该150钱左右。因为环首刀相对汉剑，制作工艺简单，价格也相对较低。

4. 两汉时期环首刀出土情况

随着国内考古资料越发丰富，考古实物对史料中记载的环首刀均得以印证。考古显示西汉时期墓葬中剑、刀的实物，剑略多；至东汉时期，环首刀出土数量已经超过剑。

1968年发掘的河北满城中山靖王刘胜墓中出土铁环首长刀(图2)，刀尖和鞘尾已经残损，“刀环用4毫米宽金片带缠绕包裹，刀鞘以两木片合成，缠以麻等多层纺织品，涂红漆，外表似绦带缠绕状态。大刀长62.7、刀身残长46.8、宽4.2、柄宽3.7，环径6.4厘米。”（中国社会科学院考古研究所、河北省文物管理处《满城汉墓发掘报告》，文物出版社1980年版）

1994年发掘的徐州狮子山汉墓是西汉时期楚王刘戊陵墓，出土两只环首刀，分别长97、98厘米，两只长刀都有轻微的内弧，柄与刃体交界处，刃略有凸起，柄与刃几乎等宽，较长的一只刀刀尖较为特殊，刀尖背部轻微下弯后上挑，这种形制的环首刀（图3）非常特殊。

2004年安徽天长市安乐镇纪庄村发掘出西汉时期一座古墓，其中出土剑一只，短环首二只，一只环首为包金（图4），用金箔条逐层缠绕环首，此类包金形式至东汉时期逐渐减少；包金环首刀鞘室上附有一削刀,削刀环遗失（图5）。同墓一只环首为错金银涡纹（图6）。这两只削刀的刃体开制有三道极为精细的血槽。

从这几个西汉墓葬来看，环首刀的形制在汉武帝时期就已经非常成熟了，有理由相信，与匈奴作战的汉军就佩戴此种环首刀。

1974年，山东苍山县出土一只汉环首刀，刀全长111.5厘米，刀背上18字错金铭文“永初六年五月丙午造卅湅大刀吉羊宜子孙”。（图7）“永初六年”为东汉安帝刘祜的第一个年号，即公元112年。“宜子孙”三字为锈蚀所掩，后经X光扫描才得以辨别。此刀现存中国国家博物馆，作为东汉冶炼技术和工艺水平的代表固定展陈。此刀是较为典型的东汉环首刀，姿态上与狮子山楚王墓的环首刀相似。

中国国家博物馆藏“永寿二年汉错金铭文钢刀”（图8），是国内已知铭文最多的东汉环首刀。此刀铭文中“濯龙”为东汉的宫苑名，《续汉书·百官志》载：“濯龙园，在洛阳西北角。”濯龙园是东汉时期洛阳城内规模较大的宫苑，位于洛阳城西北，内有濯龙殿、濯龙池。铭文标注了钢刀的尺寸“长三尺四寸把刀”，汉尺为23.1厘米，故据铭文中所记录的刀身长度为78.54厘米，与实际测量的79.8厘米接近。此刀铭文中主造者和监造者俱全，各工艺的制造者都铭文其上，“堂工刘满”“钺工虞广”“削厉待诏王甫”“金错待诏灌宜”。“钺工”目前其意不明，推测应该是锻造环节的专业工种。“堂工”应是锻造烧炉工种。“削厉”二字是指剑鞘和剑刃研磨的工序环节，《史记·梁孝王世家》载：“视其剑，新治。问长安中削厉工，工曰：‘梁郎某子来治此剑。’”汉景帝时期，梁王刺杀袁盎，刺客之剑留于袁盎之身，有司持此剑遍访长安的“削厉工”，一位削厉工说：此剑是梁王的人拿来新研磨过。日本汉学家泷川资言著《史记会注考证》中注释“削厉”:“削，剑室也。厉，磨石。谓作剑室及磨砺剑者。”此刀的刀鞘和研磨工艺环节是由“王甫”负责。“金错”是指对此刀装饰错金纹饰，错金银是战国时期发展出来的一种在铜、铁上装饰金银的工艺，即利用金、银良好的延展性，将金银丝、片捶打进金属器表面不平整的纹槽之内，最后用厝石磨锉平滑。此刀的错金工艺环节是由“灌宜”负责。“待诏”其本意是“等待皇帝诏命”，以便供奉内廷服务皇室。汉朝将有才技而无官职者征召入京待诏，后演变成一种具有临时和候补性质的职官名称。经过国博考证，认为“此刀为濯龙宫所造，专门供皇帝使用”。（田率《对东汉永寿二年错金钢刀的初步认识》,《中国国家博物馆馆刊》2013 年第 2 期）

1987 年出土于鄂钢综合原料厂、现存湖北鄂州博物馆的三国环首铁刀（图 9）是目前已知的品相最好的环首刀，此刀长 147.3 厘米、宽 2.6 厘米，环首略方正，直刃、直背，由于特殊的地理条件，此刀保存极为完整，原始的打磨刃线和刀尖都基本无损，是研究东汉、三国时期铸造工艺最重要的器物之一。现今的考古发现，至三国时期，环首刀的尺寸变得更长，湖北樊城菜越三国墓铁刀残长 115 厘米（襄樊市文物考古研究所《湖北襄樊樊城菜越三国墓发掘简报》,《文物》2010 年第 9 期），南京大光路孙吴薛秋墓出土环首刀长 120 厘米（南京市博物馆《南京大光路孙吴薛秋墓发掘简报》,《文物》2008 年第 3 期）。《三国志·魏书·东夷传》有特赐倭女王“五尺刀二口”，说明在魏晋时期环首刀普遍较长，按照汉尺 23 厘米计算，“五尺”为 115 厘米，樊城、南京大光路两处墓葬中出土的环首刀基本都属于“五尺刀”范围。鄂州博物馆的东吴环首刀属于六尺范围，可能是最长的环首刀。

5. 环首刀的细节

从已知的出土环首刀的资料来看，环首刀整体装饰较为简单，鞘室多为素色髹漆，《续汉书·舆服志》对不同等级的鞘室有明确的颜色规定。

在目前出土的西汉环首刀中，中山靖王墓出土的环首刀有剑璏式样的悬挂形式（图2），南京大光路孙吴薛秋墓出土环首刀“漆鞘上有一桥形穿”（图10）（南京市博物馆《南京大光路孙吴薛秋墓发掘简报》，《文物》2008年第3期）。江苏盱眙东阳王莽时期汉墓出土环首刀4只，“具漆鞘，刀鞘由二块薄木片制成素坯，缠以丝质织物，外涂黑漆，其上压印菱形花纹，刀背较直，刃部略弧，刀柄成一扁圆勾状环，环露鞘外，其中一件鞘端加铜镖，另一件末端圆刹，鞘外附玛瑙璏。”（南京博物院《江苏盱眙东阳汉墓》，《考古》1979年第5期）（图11）山东临沂吴白庄汉画像中有一武士，戴武士帻抗戟，戟刃有鞘室，腰部斜插环首刀，环首刀鞘室中部有一类似剑璏的结构（图12），与南京大光路环首刀鞘室“桥形穿”类似。从这些出土实物和画像说明环首刀在佩戴上明显还是与汉剑相似。可以推测大多数环首刀璏很可能是木质，所以在墓室中朽烂，以致出土后无法辨识。

汉刀鞘室的制作大体有两种形式，一种是使用较为轻薄的木片做鞘室，内层贴丝绸，木室粘合后反复髹漆。另一种是用丝绸、麻布裹好刃体后反复髹漆，类似夹苎髹漆的形式制作鞘室。鞘口部分按照《续汉书·舆服志》中记载应该是用鲛鱼皮紧固，由于鲛鱼皮主要成分为蛋白质，至今出土未见有完整形态。目前看到的汉朝刀剑鞘室都极为轻薄，髹漆制作鞘室的水平远超后世刀剑的鞘室。

环首刀鞘室的尾部都会有一扁窄青铜小鞘尾，多数为光素，工艺较精良的表面会有鲛鱼皮纹理（图 13），与《汉书·舆服志》中记载一致，部分高级的鞘尾是银质，《释名·释兵》中载："下末之饰曰琫，琫，卑也。""琫"只用于环刀，剑鞘尾称之"珌"。环首刀手柄较为简单，左右两片木片粘合于柄，然后丝缑缠柄，木柄前端会有铜质束（箍）（图 14），其作用是固定手柄木。削刀的鞘尾与环首刀有差异，多是青铜铸造以 L 型鞘尾，嵌于鞘室尾部（图 15）。

从陶俑携带削刀（图 16）的状态和 2018 年琅琊汉墓出土错金削刀（图 17）来看，削刀手柄不缠丝缑，整刀插入漆器鞘室。在成都博物院展陈的陶俑中能看出此种削刀在环内套入丝绳，丝绳套在腰间，这类悬挂在腰间，就是史书所载的"拍髀"。

从目前的考古资料来看，西汉时期高级环首刀会在环首上使用金片包裹环首，东汉出土文物显示会在环首上错金，甚至在环首刀刃体靠近手柄位置错金装饰。河北定州中山穆王墓出土的错金环首刀刀环、刀背、近柄部分错金涡纹（图 18），国博濯龙宫环首刀在刀环错金涡纹，其涡纹形式与中山穆王一致，近柄部分错金云纹，刀背错金铭文。部分高级环首刀在刀背错金龙纹（图 19）。

环首刀长刀刃多为平造，横截面为三角形，靠近刃型有明显的刃线。部分削刀和尺刀的制作有相当高级的血槽，有些刃体一侧是单凹血槽，另一侧是双凹血槽，天长汉墓的削刀有三凹血槽，极为精致。血槽的制作是一种非常高级的工艺，在有效减少刀身重量的同时增加刃体的强度。制作精良的血槽也能成为刀身装饰，中国刀出现血槽是从战国削刀开始，至汉朝明确用血槽来装饰刀身。

刀环制作有几种形式，有环和刀身整体锻焊一体的；有刀环单独制作，环下有舌，与刀茎铆接一起；有刀环单独制作，刀茎反折抱紧刀环；东汉时期出现一种环与刀茎不完全闭合，在端头做成简易的龙形。

6. 环首的造型

西汉时期的环首刀，环的造型相对简约，环首和刀刃锻造在一起，环的形制风格近似，多为扁椭圆形。削刀多数环和刃体一体制作。

东汉时期削刀开始流行青铜鎏金环首、银环首，这类环首和铁刃是分开制作的。环首部分铸造完成后，柄部中空，铁刀完成后插入柄中，成为一种特殊风格的削刀，部分具有北方鄂尔多斯风格的环首多是这个阶段制作的。东汉的高级长环首刀也逐渐接受单独制作的环首，这些环首的制作多是青铜铸造，精细修型后柄与刀茎相互交叠，横向用销钉紧固。曹植《宝刀赋》中写道："建安中，家父魏王命有司造宝刀五枚，三年乃就，以龙、虎、熊、马、雀为识。"说明在东汉时期，环内的装饰已经非常明确了，"龙、虎、熊、马、雀"这些带有明确寓意的纹饰开始进入环首装饰。其实在战国时期就已经出现了较为特殊的环首造型，只不过普及度不高。2004 年邵庄西辛战国齐墓出土、现存山东青州博物馆的金质环首（图 20）就是这个时期的重要代表。战国时期除了有金质环首，还有玉环首，曾侯乙墓出土的玉环铜刀（图 21）、山西晋国赵卿墓银柄玉环首都是玉质环首的代表（图 22）。值得注意的是，这些高级的环首都是较小的削刀使用。

现在部分学者认为，环首刀尾部的环可以对整刀配重，其实这个观点是不对的，刀环部分本身的重量非常有限，故完全无法提供有效的重量平衡。环的作用概括下来只有两种功效：一是防止在激烈战斗中脱手;二是环首在近距离搏斗中也可以用作钝击，打击对手。

二、环首刀的传承

1. 两晋、南北朝

两晋时期，环首刀是晋国的主要装备，在史料中多有记载，但是两晋时期的文物相对较少，将实物与史料进行对应较为困难。

两晋史料中对环首刀记载虽然不多，但是对刀环的记载仍有一些，《晋书·赫连勃勃传》载："又造百炼刚刀，为龙雀大环，号曰大夏龙雀，铭其背曰：古之利器，吴楚湛卢。大夏龙雀，名冠神都。可以怀远，可以柔逋。如风靡草，威服九区。世甚珍之。"龙雀其形象，汉、晋就已经做出了相应的解释，《文选·东京赋》："龙雀蟠蜿，天马半汉。"薛综注："龙雀，飞廉也。"《史记·司马相如传》中写作"蜚廉"，裴骃《集解》引晋郭璞注曰："飞廉，龙雀也，鸟身鹿头者。"由此可知"龙雀"纹就是"飞廉"纹。"飞廉"形象是一种鹿头鸟身的神兽，中国有翼神兽于秦汉时期就已经存在，明显是受到了西亚格里芬（Griffin）形象的影响，为人熟知的飞廉形象是何家村"鎏金飞廉纹六曲银盘"（图 23），由此可认为"大夏龙雀"是一种环内有鹿头形象、环上装饰羽毛纹的环首刀。从有关赫连勃勃的"大夏龙雀"反映出环首内装饰明显也是对东汉风格的延续，但是较为值得关注的是，早期环内装饰风格是非常中国化的"龙、虎、熊、马、雀"，至北朝赫连勃勃时期，某些纹饰和风格明显开始接受西域风格，这样的风格变化与北方文化中开始大量接受佛教、北方游牧文化的输入有相当大的关系。

两晋南北朝史料中，仪卫志、舆服志、列传对环首刀都简称为刀。环首刀刀环使用方式有多次记载，北魏宣武帝时期，北魏宗室孝文帝六弟、彭城王元勰在永平元年（508）九月，为外戚高肇所诬，逼迫元勰饮毒酒自尽，元勰反抗，拒不饮，北魏宗室宰相令“武士以刀环筑勰二下”(《北史·彭城王勰传》)。西晋征虏将军周莛诛杀族兄周续的时候，令手下郡传教吴曾动手，“曾有胆力，便以刀环筑续，杀之”《晋书·周莛传》。东魏时期，权臣高欢把持朝政，孙腾、司马子如、高岳和高隆之四人皆是高欢的亲信，政务也委托四人处理，因此四人号称“邺中四贵”，但是高欢觉得四人“专恣骄贪”，欲损夺其权，乃委派自己的儿子高澄为大将军、领中书监，移门下机事总归中书。因此邺中四贵不可避免地和高澄产生了矛盾。其中孙腾见到高澄,“不肯尽敬,澄叱左右牵下于床,筑以刀环,立之门外”(《资治通鉴·梁纪·高祖武皇帝》),高澄把孙腾拖下“床”(榻),用刀环“筑”孙腾。北齐武成帝高湛时期,“武成因怒李后,骂绍德曰:‘你父打我时,竟不来救！’以刀环筑杀之，亲以土埋之游豫园。”

这几处史料都记载环首“筑”人，说明环首刀的刀环在实际使用中不仅限于防止脱手，在朝堂可打人，同样在近身格斗中可用铁环击杀对手。

史料中对南北朝环首刀刀环形象有记载,《唐六典》中注“仪刀”一词“后魏曰长刀，皆施龙凤环”。“后魏”系鲜卑拓跋珪建立的北方政权，史称北魏，此史料说明北魏时期环首刀内装饰“龙凤纹”，这种形制明显是对曹魏、两晋的继承。《隋书·礼仪》载：

后周警卫之制，置左右宫伯，掌侍卫之禁，各更直于内。小宫伯贰之。临朝则分在前侍之首，并金甲，各执龙环金饰长刀。……中侍……皆金甲，左执龙环，右执兽环长刀，并饰以金。次左右侍，陪中侍之后，并银甲，左执凤环，右执麟环长刀。次左右前侍……并银甲，左执师子环，右执象环长刀。次左右后侍……并银甲，左执犀环，右执兕环长刀。左右骑侍……左执罴环，右执熊环长刀……刀并以银饰。左右宗侍……左执豹环，右执貔环长刀，并金涂饰……左右庶侍……左执獬豸环，右执獜环长剑，并金饰……左右勋侍……左执吉良环，右执狰环长剑。……行则兼带卢弓矢，巡田则与左右庶侍，俱常服，佩短剑，如其长剑之饰。……自副率已下，通执兽环银饰长刀。凡大驾则尽行，中驾及露寝则半之，小驾半中驾。常行军旅，则衣色尚乌。

“后周”由西魏权臣宇文泰建立，史称“北周”。从此段资料记载来看，北周宫廷仪卫大量使用环首刀和剑，并且根据仪卫官职的不同，环首的样式也不同，北周仪卫的环首形式有“龙、兽、凤、麟、师子（狮子）、象、犀、罴、熊、豹、貔、獬豸、獜、狰”共计十四种之多。隋朝建国立足于北周，故隋时期佩刀应该为北周制式，隋朝宫廷环首刀也是禽兽纹刀环，目前缺乏准确的北周、隋朝刀环考古实物。

北朝壁画与画像砖中有相当多的武士形象，2005 发掘的山西大同东郊沙岭村 7 号墓壁画（图 24）（徐光翼主编《中国出土壁画全集》，科学出版社 2012 年版），该墓为北魏太延元年（435），武士穿甲胄，手持环首直刀。山西大同明堂北朝艺术博物馆展出的一魏晋时期石椁，上绘画两武士，门右侧武士着甲胄（图 25，几苇渡摄），手持环首刀，其形象与沙岭村 7 号墓壁画几乎一致，其图像中环首刀更为清晰，明显能看出北魏时期的环首刀刃长直，刀尖斜直，柄缠绕丝缑，其形制脱胎于汉环首，在环的变化上与前朝有明显的不同。北周固原李贤墓中武士壁画（图 26）也体现了环首刀形象（徐光翼主编《中国出土壁画全集》，科学出版社 2012 年版），武士戴平巾帻，身着裲裆甲，环首刀扛在右肩，刀未出鞘，鞘室包有数道鞘束。

北朝壁画中，武士似乎都喜欢将刀扛在肩上，与南朝的壁画中武士喜好将刀拄在地上有所不同。

南朝邓县墓室壁画、画像砖是南北朝时期表现南朝环首刀的重要文物。邓县画像砖中，武士都把环首刀扛在肩头上行军（图 27）。南朝环首刀明显偏长，故行军时候不方便插在腰间；环首内有防止脱手的挽手绳；墓室门券两侧绘有两个着裲裆铠的武士，手中持长环首刀（图 28），刀身较长，鞘尾是一筒形结构。此种“门吏图”在山西东安王娄睿墓中也有出土（图 29）（徐光翼主编《中国出土壁画全集》，科学出版社 2012 年版），其裲裆甲形制完全一样，但是绘制中未能显示出环的形象，其鞘室明显出现了多环鞘束结构，这个多环结构对隋唐刀剑鞘室有很大影响。邓县“门吏图”环首明显与一般的环首有差异，不再是传统的椭圆形，而是由三段弧形构成环体。陶弘景在《古今刀剑录》中称“连环”，其他古籍有称“屈环”“屈耳环”，此种“屈环”风格对后世环首影响巨大，唐宋刀剑环都是此种风格的延续。环首刀的柄中有三道柄束，柄束之间露出的花纹看似是豹纹，实际应该是鲛鱼皮，由于目前公布的此壁画是摹本，故有些细节丢失。

从南朝这些文物信息中可知，南朝环首刀相对较长，长环首刀向仪刀转化，此种“屈耳”式样的环首形成了后期环首的主要风格。此种“屈耳”环首剑国内文博系统尚未公布，在国内武备收藏家中有此种风格藏品（图30，珞珞如石先生藏品），其“屈耳”环三环与邓县门券武士所持长刀一致，鞘室有道横束，刃体是六面剑形，这一细节非常特殊。此种“屈耳”环首不仅在中国南北朝广泛出现，对朝鲜半岛也有巨大的影响。日据朝鲜时期，对朝鲜半岛诸多王陵进行发掘，从中出土了大量的环首刀实物，这些环首多出自半岛三国时代（427—660），正值中原地区的南北朝时期，日本文博系统称此种风格为“三累环”，现存日本东京国立博物馆的编号为TJ-5236藏品“三累环头大刀柄头”（图31）就是朝鲜半岛典型器。

目前公布的南北朝古刀中，纽约大都会博物馆藏一只出自洛阳的凤首环长刀，鞘室装饰十七道鞘室横束，格为汉式剑格（图32）。据大都会博物馆提供的资料，此刀出土时被丝绢包裹，附在上面的土块粘有墓室中的朱砂，未经整理就被盗运至美国，大都会博物馆1930年入藏此剑。美国学者斯蒂文·格兰瑟曾经撰文推测此刀铸于公元600年左右，其中对环首凤纹的推测参考了朝鲜半岛和日本出土环首风格，后日本学者穴泽咊光、马目顺一发表了《由大都会博物馆所藏传洛阳出土的环头大刀论及唐长安大明宫出土品》一文，认为此汉式剑格系古董商后配。孙机先生认为剑格是原配，认为乐浪郡汉墓所出环刀就有剑格，徐州博物馆藏铜环首仪刀也具有剑格，加之当初洛阳刀盗运时候是未经整理整包带走，所以认为穴泽咊光、马目顺一的结论是推测，无实据。孙机先生认为大都会洛阳凤首环长刀大致应该是公元5世纪的作品，是在北魏太武帝破赫连勃勃的统万城后，学习了“龙雀大环”风格。从目前掌握的各种考古信息来看，此刀应该是相对准确的北朝时期作品。北魏宫廷在太和十八年（494）迁入洛阳，此种风格环首刀可能是在迁入洛阳之前由平城携来，也有可能是在洛阳制作。洛阳凤首环长刀就是隋唐史料称之的“仪刀”。“仪刀”一词来自隋朝，之前皆称长刀。凤纹环首青铜制作鎏金，柄束和鞘室横束都是银质，整体风格显示其品级较高，而此汉剑格是两汉时期较为朴素的剑格，整体品级明显弱于此刀，这是笔者认为此格系后配的第一个疑点；另外一个疑点是，在已知的南北朝、隋、唐壁画中，环首仪刀并无格出现，所以笔者同意日本两位学者的看法，此剑格系古董商后配。大都会此刀环首内有一单凤，口含珠，脑后有三羽，此种头有三羽、喙含宝珠的凤凰造型，大同北魏文明皇后永固陵的石雕中有相似的凤鸟图样（图 33），两图样相比较，整体面部轮廓和细节不难看出其相似性。洛阳凤首环刀柄残留鲛鱼皮；鞘室左右两侧有银质封边，部分封边遗失，从鞘室的多横束结构来看，与北齐娄睿壁画中长刀接近。此时期的环首都是单独制作，插入柄中后，通过横向铆钉将环首、刀茎紧固。目前国内考古资料中较少披露南北朝环首造型，但是在朝鲜半岛和日本出土了大量同时期的龙、凤纹环首，日本此阶段的墓葬都称为“古坟时期”，日本学者对古坟时期出土的刀环研究文章有数百篇，日本学界称此类环首为“单龙、凤环头”，日本三木市窟屋一号墓出土凤环（图 34），朝鲜半岛出土龙纹环首（图 35），孙机先生还将百济武宁王陵、日本日拜冢古坟、奈良榛原町、前原古坟的凤纹环首进行比较（图 36）。不难看出，朝鲜半岛和日本的凤鸟环首明显是受到了中原风格的影响，当然日本、朝鲜两地的环首有相当部分是本地制作，但是风格和意向都是对中原器物的模仿。只是国内出土此类龙凤环首极少，作为此种风格的创造者是较为遗憾的。

机缘巧合，笔者在西藏拉萨收藏到一只环首（图 37），据货主言，来自青海，环体铜质呈黄色，环体为交错龙身，龙爪为三趾，环内双龙交首，此种环首在国内出现极少，目前文博系统尚未公布有此类实物。日本东京国立博物馆藏有日据朝鲜时期在朝鲜半岛发掘有此类环首（图 38），东京国立博物馆根据发掘其他文物判断为朝鲜三国时代（427—660），对应中国为南北朝至唐时期。从青海出现的此环首来看，工艺细节不似中原工艺，明显是地方区域对中原工艺的一种模仿，这个时期的青海地区是属于吐谷浑、吐蕃控制的势力范畴，从这个环首上反映出当时中原文化对地方的影响。南北朝至隋唐的阶段，从青海到朝鲜半岛、日本的整个东亚地区，都流行此种风格环首刀。

南北朝时期是中国刀剑产生重要变化的一个时期。其变化主要有两个方向，一个是刀剑的悬挂方式发生了改变；一个是无环刀开始出现，这样两个变化对中国刀剑有着深刻的影响，直至今日。

中国佩剑、刀形式在南北朝之前都是贯璏式，剑璏固定于鞘室，剑带穿过剑璏拴于腰间，此种佩剑形式最早在中国公元前 8 世纪左右出现，至战国已经极为成熟，秦兵马俑铜车马驭手佩剑清晰地显示了战国至秦时期贯璏佩剑形式（图 39），汉晋时期中国刀剑佩带形式都是贯璏式佩带。随着汉朝武力的扩张，此种佩剑形式通过丝绸之路向西亚、南亚、南欧传播，对欧亚大陆佩剑形式都产生了影响，同时期的萨珊沙普尔一世雕像（图 40），印度贵霜时期神像（图 41）都采用此种佩剑形式。

至公元4世纪左右，萨珊王朝逐渐开始流行双附耳形式佩带刀剑（图42，大英博物馆藏品），此种双附耳形式应该是来自斯基泰文化，斯基泰人早期佩剑，在鞘室口部安置一附耳，悬挂于腰带，由于是单附耳，在骑马过程中鞘尾会来回甩动，斯基泰人会在鞘尾拴一绳子加以固定，此种结构逐渐演化成双附耳结构。北朝至隋唐时期，丝绸之路空前地繁荣，大量波斯、大食、西域的胡人组成商队，进入中国进行贸易，其中粟特人在丝绸之路上扮演着重要角色，在北周时期设立“检校萨保府”专门管理西域诸国事务，部分粟特人成为中原的高官，近年考古发掘的太原虞弘墓、西安安伽墓就是代表。随着胡人和西域文化的涌入，萨珊风格的双附耳佩刀模式在整个丝绸之路沿线得以流行，同时期的突厥、萨珊都开始采用此种佩挂形式，丝绸之路的重要节点片治肯特遗址考古发掘中，在蓝色大厅的壁画中，粟特贵族盘坐于地毯上，腰间配挂长短两只刀，都采取了双附耳形式（图43，@考古系大师姐摄影），壁画中的突厥、波斯、唐、朝鲜使者所配带的刀剑都采取了双附耳形式。新疆博物馆保存的突厥石人像中也清晰地表现出了双附耳佩刀模式（图44）。双附耳佩刀形式随着粟特人的贸易从西域传至中国，新疆克孜尔石窟中壁画中的武士佩带双附耳佩刀（图45），显示了此种佩刀形制就是沿着丝绸之路向长安传播。

固原北周李贤墓中出土的李贤生前佩刀，是目前所发掘的北朝墓中出土的唯一完整的铁刀，对中国刀剑形制变化研究提供了重要的实物资料。李贤佩刀应该是本人较为看重的随身之物，也是北周时期最重要的一种佩刀形式，是中国环首刀和西域双附耳提挂形式结合的新型佩刀，研究此佩刀的细节，可以更深入地了解北周时期出现新型佩刀背后的历史因素。

李贤家族在北周、隋有着显赫的地位，史称李氏一门“声彰内外，位高望重，光国荣家”“自周迄隋”“隋为西京盛族”“冠冕之盛，当时莫比焉”。李贤及诸弟是西魏、北周的功臣，弟李远、李穆跻身于北周为数不多的柱国大将军之中。1983 年发掘李贤墓时，在“棺椁间右侧有带鞘铁刀一把，环首，刀把包银，单面刃，已锈蚀不能拔出刀鞘。刀鞘木质，外表涂褐色漆，下部包银。银质双附耳，铜质刀珌，通长 86 厘米”（韩兆民《宁夏固原北周李贤夫妇墓发掘简报》，宁夏回族自治区《文物》1985 年第 11 期）（图 46-1）。李贤佩刀环首铁质，连同柄插入鞘室，鞘室口部外套银附耳提挂，附耳略呈弧形，前端略高，配表面有一圆形装饰，背后有一“]”型提挂，此提挂与鞘室呈 15 度左右的夹角（图 46-2），这样的制作工艺非常有意思，其核心是因为刀用两条“皮襻”连接提挂，“皮襻”再挂于腰侧，为了保持“皮襻”不至于扭曲，故须将附耳后的“]”提挂做成倾斜角度，北周附耳结构中的倾斜提挂形式直接影响了隋、唐此类佩刀。此佩刀的附耳整体为银质，系一整体银板左右弯折后，在顶部合拢焊接，前后两端各加一边条装饰，刀琕是单独制作的一铜件套于鞘尾。此刀出土后，因为其特殊的柄部，引起了学界的一些思考，固原博物馆曾撰文认为“现存柄部过短，有所缺之处，锈毁所致”，并推测“原长应在 1 米左右”（宁夏固原博物馆《固原历史文物》，科学出版社 2004 年版第 128 页）；李云河认为“此刀鞘有可能是通过丝绸之路传入的，被李贤所喜爱并用于收纳原来的佩刀，但由于佩刀本身较窄，因而插入刀鞘过深”（李云河《正仓院藏金银钿装唐大刀来源小考》，《西部考古》第七辑）。这两种观点都值得商榷。笔者认为此刀和鞘是完整一套，并且是由北周制作并非由西域制作，这个柄显得短是因为此种刀并无刀格，柄端的柄束较小，柄的一部分已经插入了鞘室，故在整体上显得鞘室外就是环首。这样的柄结构并非是孤例，西安出土的窦皦墓唐初刀柄的结构与此刀完全一致。国内收藏家亦有此类北朝环首刀，马郁惟先生的藏品就是代表（图 46-3）。

此种悬挂于腰间的佩带方式，诞生了新型佩刀的称谓“横刀”。《隋书》载：“一百四十人，分左右，带横刀。”《唐六典》载：“横刀，佩刀也，兵士所佩，名亦起于隋。”这两处史料说明“横刀”就是北周时期就诞生的双附耳佩刀，隋唐沿用，“横刀”二字一直延续至《元史》中都在使用。

北朝时期还出现了另一种新型刀剑“无环横刀”，北齐武安王徐显秀墓（图 47）、北齐东安王娄睿墓（图 48）墓室壁画中都出现了无环横刀的造型，与固原李贤墓出土佩刀仅有环首差异。无环横刀的出现对后世影响深远，中国刀剑形制在这个时期产生了分水岭，从此无环刀和环首刀并存，并最终取代了环首刀。

三、隋唐环首刀

1. 仪刀

隋朝国祚仅有 38 年，两世而终。隋文帝杨坚原本是北周外戚，得位于北周静帝。杨坚建国后励精图治，隋朝结束了自魏晋南北朝以来三百余年的分裂局面，重新建立大一统国家，开创了“开皇之治”的繁荣局面，隋朝的盛世也使得当时周边国家和境内的少数民族如倭国、高句丽、新罗、百济与内属的东突厥等民族都受到了隋朝文化与典章制度的影响，隋文帝被周边少数民族政权称为“圣人可汗”。隋朝建立的功业为大唐盛世奠定了基础，对中国历史的意义重大，陈寅恪说“两朝之典章制度因袭几无不同，故可视为一体”，后世多将这一时期并称为“隋唐”。

《新唐书·仪卫志》中记录唐朝宫廷大朝会，接见藩王、天子、皇太子、皇后、大臣的仪仗，仪卫佩“仪刀”“长刀”“横刀”。“元日、冬至大朝会，宴见蕃国王。……折冲都尉……佩弓箭、横刀……旅帅二人执银装长刀……”“大驾卤簿。天子将出，……千牛将军一人执长刀立路前……左右金吾卫果毅都尉各一人，带弓箭横刀……左金吾卫队正一人，居皮轩车，服平巾帻、绯裲裆，银装仪刀，紫黄绶纷，执弩……左右骁卫各六十七人，各执金铜装仪刀，绿綟绶纷。……左右金吾卫翊卫各七十五人，各执银装仪刀，紫黄绶纷。……千牛卫将军一人陪乘，执金装长刀。”“太皇太后、皇太后、皇后出，……执鍮石装长刀，执银装长刀，佩银横刀。皇太子出，清道率府折冲都尉一人，佩弓箭、横刀，领骑三十，亦佩横刀……亲卫……皆执金铜装仪刀，纁朱绶纷；勋卫……执银装仪刀，绿綟纷；翊卫……皆执鍮石装仪刀，紫黄绶纷。”亲王卤簿，“仪刀”十八；一品至四品官员仪仗都可以使用仪刀，只是数量有所不同，一品卤簿“仪刀”十六；二品“仪刀”十四；三品“仪刀”十；四品、五品“仪刀”八。《仪卫志》上下篇中记录“仪刀”有二十六处，仪刀分成“金铜装仪刀、银装仪刀、鍮石装仪刀”三类；“长刀”有九处；“横刀”有四十一处，横刀有“银横刀”。仪刀是以手“持”，体现出的是礼，壁画、石翁仲中双手抱持，立于身前的都是仪刀；横刀用“佩”，故壁画中佩于腰侧悬挂的都是横刀。“绶”是环首刀的手绳；“纷”是指手绳下端是散开的，有穗；“紫黄、绿綟”是不同仪卫使用不同颜色。

《唐六典》是唐玄宗时期由李林甫、张九龄、张说编撰的一部行政法典。《唐六典》卷一六武库令丞职掌条记载：“刀之制有四：一曰仪刀，二曰鄣刀，三曰横刀，四曰陌刀。”会典记录了唐代装备刀的名称，这些刀都是唐军装备的制式武器。值得注意的一个细节是，唐军的军队标准装备中没有剑。该条目原书注释：“今仪刀盖古班剑之类，晋、宋已来谓之御刀，后魏曰长刀，皆施龙凤环；至隋，谓之仪刀，装以金银，羽仪所执。鄣刀盖用鄣身以御敌。横刀，佩刀也，兵士所佩，名亦起于隋。陌刀，长刀也，步兵所持，盖古之断马剑。”

结合《新唐书》《唐六典》两处史料可知，仪刀属于皇室宫廷仪卫、大臣的仪仗用具，装具有“金铜装、银装、鍮石装”，金铜装就是铜鎏金装具，鍮石是黄铜装具，其环内多是龙凤，按照北周的仪卫制度，还有其他猛兽环，前文已述。班剑制度始自汉朝，天子百官皆佩剑上朝，地位较高大臣，皇帝赐“剑履上殿”，后来为了避免出现佩剑行刺，剑刃换成木质。两晋以后班剑逐渐成为仪仗之物。至隋朝，上朝佩剑制度又有所改变，《隋书·礼仪志》载“纳言、黄门、内史令、侍郎、舍人，既夹侍之官，则不脱。其剑皆真刃，非假。既合旧典，弘制依定”，说明在隋朝开始又实行佩真剑上朝，这个细节非常值得重视。

国内考古尚无完整隋唐仪刀出现，但是在隋唐石棺椁、壁画中能看见其形象。1987 年发掘的固原隋大业五年（609）史射勿墓中四铺武士壁画图清晰地显示了仪刀的形象（图 49，徐光翼主编《中国出土壁画全集》，科学出版社，2012 年版），环首仪刀较长，环首内有三叶纹，鞘室木胎髹漆，刀琕圆筒形，套于鞘尾，鞘室有多道横束。潼关税村隋墓中也有武士持仪刀形象（图 50，陕西省考古研究所《潼关税村隋代壁画墓》，文物出版社，2013 年版），武士将仪刀扛在肩头。1972 年发掘的唐贞观四年（630）李寿墓石雕棺椁中有仪刀形象（图 51，西安碑林博物馆）。李寿是唐高祖李渊的从弟，因是皇室宗亲，极受信任，历任左翊卫大将军、左仆射等重要职务，贞观四年（630）死于长安。其棺椁中的持仪刀武士头戴平巾帻，著裲裆甲，手持仪刀，环首扁圆，其环的形象与汉晋相似，内有三叶纹，鞘室有多道横束，与史射勿墓、税村隋墓中壁画图像中的仪刀完全一致。

仪刀在唐朝的不同时期也有所变化，在历代唐帝王陵前的石翁仲中有明确的表现，主要变化的细节就是整刀的长刀、环的形状，刀格的增加，鞘室的改变。按照初唐、中唐、晚唐三个时期对仪刀变化进行简单梳理。

初唐是指高祖李渊、太宗李世民、高宗李治、周武则天、中宗李显、睿宗李旦执政时期，由于高祖和太宗陵墓前石翁仲无存，不知其仪刀形制，推测与隋墓室壁画中一致。这阶段石翁仲保存较好（图 52），较为清晰地反映出初唐时期仪刀的形式，初唐时期仪刀环首开始出现变化，不似隋、唐贞观时期是扁圆环，环体开始出现多曲关系，乾陵多五曲环，之后以三曲为主。环内也由三叶式逐渐发展变化，中间一叶凸起更高，中间镂空，形成后期如意式的雏形。鞘室变化不大，鞘尾有刀琕，鞘室有多道横束，与隋、唐贞观时期相似，仅环首造型逐渐发生变化。

中唐是由玄宗李隆基开始至宪宗李纯，共计六位皇帝。中唐是唐朝从巅峰逐渐走向衰落的阶段，中唐前期，李隆基励精图治，创造了“开元盛世”，成为中国封建王朝的顶峰，自魏晋南北朝开始的多民族融合在这个阶段达到了顶峰。唐朝以一种前所未有的开放态度接纳四方，政治上努力推进民族融合，增加各级官员中少数民族的人数,更加促使唐朝的“胡化”。胡化的状态主要体现在日常的服饰、饮食、娱乐、音乐、舞蹈等方面。唐朝的幞头、圆领缺胯袍、蹀躞带都源自鲜卑；胡椒、胡饼、葡萄酒都来自西域，李白诗：“五陵年少金市东,银鞍白马度春风。落花踏尽游何处,笑入胡姬酒肆中。”是这一时期民众生活胡风浓郁的表现。运动则以马球为尊，马球原起源于西域，传至唐朝后于唐代宫廷、上层贵族以及军中行伍之中极为流行。玄宗本人善打马球。公元 709 年，中宗李显将金城公主下嫁到吐蕃，吐蕃迎亲使团前来长安迎娶金城公主，中宗宴请吐蕃使者于苑内球场，观看打马球表演。期间，吐蕃赞咄上奏言：“臣部曲有善球者，请与汉敌。”于是中宗便让正在表演的宫廷马球队与吐蕃比赛，连续数合都输于吐蕃，于是唐中宗命时为临淄王的李隆基、嗣虢王的李邕、驸马杨慎交、武延秀组成临时马球队，以四人对战吐蕃十人。李隆基“东西驱突，风回电激，所向无前”，四人完胜吐蕃。

大唐胡风日盛，在兵器风格上亦有体现。自玄宗泰陵开始，唐帝王陵前的石翁仲手中所持仪刀的风格也产生了重大的变化（图 53）。这个阶段的仪刀增加了格，这个格的形象雕刻极为清晰，形为浅十字格，建陵石翁仲表现得尤为清晰。唐朝此种刀格形式明显受到了西域文化影响，公元 6—7 世纪初期东亚地区，此类突厥风格的刀格开始由西域传播至东亚地区，大英博物馆保存的丹丹乌里克遗址所出的馆藏编号 1907，1111.7 木版画中武士就佩带十字格刀剑，此木板是斯坦因在新疆丹丹乌里克遗址发现的，1907 年移交至大英博物馆。丹丹乌里克唐朝时称作杰谢（于阗文 Gayseta），唐朝在此设杰谢镇，是安西四镇中于阗军镇防御体系中的一环 。此种浅十字格在新疆温泉县阿尔卡特突厥墓地发现的石人中也有明确的体现。突厥的浅十字格又是受到萨珊、粟特文化的影响，俄罗斯艾尔米塔什博物馆收藏的一件来自库拉吉什公元 7 世纪的镀金粟特银盘中可见此类格的形象（图 54）。山西焦化厂出土武周时期（690—705）的墓葬壁画显示此种格已经在中国刀剑中开始流行（图 55，徐光翼主编《中国出土壁画全集》，科学出版社，2012 年版）。此种风格的刀格后东传至日本，在日本正仓院的金银钿装唐大刀（图 56）、弥陀绘唐大刀上得以保留。元陵、崇陵、景陵仪刀的格基本延续建陵风格，变化不多。中唐时期仪刀的环首并无提挂，环首中的绶带明显较长。鞘室的风格也明显变得丰富起来。以玄宗泰陵为例，鞘室横束加宽，横束之间鞘室增加装饰物，鞘室丰富的装饰风格也符合开元盛世的气象。其后几朝的鞘室也延续此种宽鞘束形式。中唐时期的环首也发生了改变，从现有的石翁仲来看，出现了两种形式，泰陵、元陵为圆形，环体出现花叶和卷草纹装饰，中间凸起三叶；建陵、崇陵环体为三曲式样，三叶较高，中间一片镂空，中唐时期又出现圆形环的形式，可能与礼制崇古有关。

晚唐是指唐穆宗李恒至唐昭宗李晔共计八朝，晚唐皇陵石翁仲中的仪刀总体与中唐相似（图 57），剑格为浅十字格，环首以圆环为主，其风格与泰陵、元陵一致。鞘室与中唐无大差异，仅庄陵鞘室装饰更为华丽，与泰陵相同。

唐仪刀变化的过程，通过对壁画、石翁仲的梳理，可以清晰地看出其变化。但是，仪刀刀刃的形制至今未能准确定义。国内文博系统尚未有公布隋唐仪刀考古实物，按照仪刀的发展逻辑来看，应该是斜直刀尖的造型，也不排除有剑形造型。

2. 横刀

横刀应起源于北朝时期，自双附耳佩刀形式传入中国后，此种佩刀形式就称为横刀，横刀可分成有环和无环两种形制。北齐武安王徐显秀墓、东安王娄睿墓墓室壁画中都出现了无环横刀的造型，隋、唐壁画中也有相当数量的横刀图像。隋、唐初使用环首横刀，壁画、雕塑上显示有素环和凤鸟环，至武周朝开始，无环横刀开始占据主流。

陕西潼关税村隋代壁画中有大量武士携带环首横刀形象，税村隋墓是迄今为止发掘的等级最高、保存最完善的隋代墓葬。由于墓志被盗，使得墓主身份成谜，至今尚未明确墓主是何人，但是整个墓室构建宏大，壁画精美，陕西省考古所推测为隋太子杨勇之墓。壁画环首横刀环有两种，一种为光素居多（图58），另一种为环内有凸起（图59，陕西省考古研究所《潼关税村隋代壁画墓》，文物出版社，2013年版），极有可能是凤首形式。附耳提挂风格为北朝式样，图像中的提挂明显有两道亮边，可能是提挂外凸箍边，与李贤横刀提挂外凸箍边相似。鞘室光素，应该是髹单色漆。四川广元皇泽寺28窟中有一只环首横刀，此龛此窟的功德主为蜀王杨秀，杨坚的四子、隋炀帝弟，其环内有一凤首（图60），图像中显示提挂附耳明显有北朝风格。

贞观四年（630）李寿墓壁画中也有环首横刀形象（图61），其形制与隋税村墓壁画一致。贞观十七年（643）的长乐公主墓中壁画绘制了袍服仪卫（图 62，昭陵博物馆《昭陵唐墓壁画》，文物出版社，2016 年版）、甲胄仪卫（图 63），两种仪卫横刀的环首扁圆，环内环有明显的凸起，明显是三叶造型的一种演化。

总体来看，武周之前，环首横刀占主流；从武周开始，环首横刀减少，无环横刀开始增多。目前国内考古界公布的唐时期横刀考古实物只有段元哲墓、窦皦墓两只实物。

1956 至 1957 年间，在西安东郊韩森寨的段元哲（卒于贞观十三年，639）墓中出土环首横刀一只，刀身直形，上有加漆木鞘的痕迹，刀刃及环首残损严重，现残长 79 厘米，身宽 3 厘米；环首为扁圆形，中央有半圆形隆起的饰件；环首与刀柄衔接处包有铜片、套有铜环（图 64）。

1992 年长安县南里王村窦皦（卒于贞观二十年，646 年）墓中出土了一把国内迄今为止所发现的保存最完整、装具最奢华的横刀（图 65）：此刀长 84 厘米，厚脊薄刃、直身平背，刀脊上有一行错金小字："□尺 / 百折百练 / 匠□□兴造。"刀茎较宽，上面仍残留有一些朽坏的木柄结构，前后有两段柄束包金为套箍状，金柄束于刃口部有收口，制作极为精巧，靠近环首处的柄束有三道横棱，笔者作为央视纪录片《国宝会说话》"唐刀"一集的顾问，曾在陕西考古所近距离参观过此刀，发现靠近环的三道楞的金具是一体结构；刀环为扁圆形，中间有一个三角形凸起，此凸起应是三叶形锈蚀后残余的形态，柄首环出土时系挂一枚猪形水晶坠。唐朝深受西域文化影响，袄教由粟特人传播至长安，袄教中战神"韦雷斯拉格纳"（Verethraghna）其形象就是野猪，野猪纹在隋唐的织锦、墓室装饰中大量应用，此水晶猪就是西域文化对唐影响的例证。

北周李贤、唐窦皦、段元哲三只刀的环首造型几乎一致，环首下的柄束形式也完全相同，尺寸也极为接近，说明隋朝及唐武德、贞观两朝的横刀都是继承北周式样。

唐朝军器环首刀刀型总体有两个类型（图66），一类刀尖是斜直类型，另外一种是斜锐类型，这两类环首刀主要是出现在剑南道地区。两种刀型长度基本都在90—95厘米左右，刃长在58—63厘米左右，刃最宽处3厘米，朝刀尖逐渐收分。两类环首刀都是双手持握。较尖锐的刀型的唐刀锻造上使用了旋焊技术，旋焊铁芯外包钢刃，既保证了刀刃的柔韧性又增强了刃区的硬度。

隋大业十三年（617），李渊起兵反隋，六月建大将军府，李渊自称大将军，以长子李建成为左领军大都督，次子李世民为右领军大都督。七月，李渊率甲士三万沿汾水南下，军至霍邑（今山西霍州市西北），霍邑城坚，宋老生守城不出。李建成、李世民知道父亲的忧虑所在，便建议说：“老生勇而无谋，以轻骑挑之，理无不出；脱其固守，则诬以贰于我。彼恐为左右所奏，安敢不出！”李建成、李世民率领数十骑兵至霍邑城下，举马鞭指示麾下做围城状，宋老生在城上怒不可遏，率三万部众自霍邑城东门、南门杀出，李渊和李建成引兵稍退，李渊准备让军士先吃饭再战宋老生，李世民说“时不可失”，随即李渊、李建成与宋老生战于城东，李世民与段志玄领骑兵自南原冲击宋老生背后，“帝与军头段志玄跃马先登，深入贼阵，敌人矢下如雨，帝为流矢所中”（《册府元龟》卷四十四），李世民在冲击敌阵的时候，身被流矢，李世民拔掉盔甲上的箭镞，转身再入敌阵，心中气急，“愤气弥厉，”手持刀奋战，“手杀数十人，二刀尽缺，血流入袖，洒而复战，老生遂大败”。李世民此战率骑兵反复冲杀，手中两只刀都被砍缺，他使用的刀就是横刀，其形制应与李贤墓铁刀、窦皦墓铁刀一致。李世民一生征战无数，最擅使弓矢，曾言：“吾执弓矢，公执槊相随，虽百万众若我何！”（《资治通鉴·唐高宗武德四年》）用刀剑极少，此段史料读来，知道李世民在敌阵中混战时也善用横刀，刃损后换刀再战，少年英雄，令人心折不已。

四、中古时期环首刀、剑

五代十国是唐朝灭亡后中国历史上又一次大分裂时期，前后历时七十余年，至赵匡胤篡周改宋后，统一了黄河以南大部分领土，结束了五代。

五代时期，环首刀无论是在史料中还是图像中都极少出现，在五代王处直墓石雕武士中，能看见环首剑的形象（图67）。环首为三曲，外有连珠纹，环内凸起的装饰已经由三叶纹演化为如意纹，整体环首明显是对晚唐风格的延续。从五代开始，环首形式不仅在刀中使用，在塑像和壁画中剑的形式反而更多。

宋朝是中国冷兵器发展变化最繁杂的时代，也是中国兵器发展的一个重要的分水岭。宋朝的外部环境是历代中原王朝最差的，先与辽反复争夺幽云十六州，后经过澶渊之盟达成两国百余年的和平；紧接着与西夏鏖兵西北，反复争夺陕西、甘肃，两国在整个北宋时期百余年内数次大战，至靖康之难后，西夏仍旧蚕食北宋领土。建炎南渡后，赵宋退守江南，宋夏战争结束；随着女真人建立金朝，宋、金两国暂时结成联盟共同灭辽后，宋、金开始交战，两国在陕西、山东、浙江、湖南反复拉锯，时间跨度达百年；蒙古灭金后，开始进攻南宋，南宋支撑四十余年，最终国灭，忽必烈随后在中原建立元朝。两宋王朝国祚三百余年，从建国开始，不断与北方游牧民族政权发生战争，所以在这个阶段，辽、金、宋三国的武备相互交融、彼此影响，这个时期也是中国兵器发生重要变化的阶段。大量打砸类兵器，如鞭、锏、锤（骨朵）装备军队，锤（骨朵）甚至成为重要礼器。

宋朝史料中对仪刀有详细记载，《宋史 · 仪卫志》载：

> 御刀，晋、宋以来有之。黑鞘，金花银饰，靶轭，紫丝绦帉鐠。又仪刀，制同此，悉以银饰，王公亦给之。刀盾。刀，本容刀也；盾，旁排也。一人分持。刀以木为之，无鞘，有环，紫丝绦帉鐠。

从史料来看，宋仪刀鞘室髹黑漆，装饰金银，柄绳为紫色丝绦，较为特殊的是柄的式样，“靶”通“把”，手柄；“轭”本身是驾车时搁在牛马颈上的曲木，此处似乎指柄是有弧度的，这点颇令人费解。宋朝史料明确记载大朝会、皇帝出行卤簿宫廷仪卫使用“仪刀”。卤簿仪仗中的“刀盾”注解中说明刀为木刀，但是形制上“有环”，紫色丝绦手绳。中国国家博物馆保存北宋《大驾卤簿图书》中绘制有仪刀形象，在图像注解中“左右监门校尉二人骑执银装仪刀居后门内”（图 68），图像中的仪刀整体是直刀，柄首应该是环首。从《大驾卤簿图书》注解来看，北宋卤簿基本延续唐制。

河南巩义北宋皇陵中除了宋太祖赵匡胤永昌陵、太宗赵光义永熙陵、神宗永裕陵三陵中使用环首剑形式（图 69），其他陵前石翁仲使用的剑多是圭首形，这个阶段是圭首和剑环混用的时代。宋陵剑格形式也发生变化，永裕陵使用了月牙形剑格，部分使用一字格。南宋石翁仲不再使用环首剑，多用龙吞锏。说明在宋朝，环首仪刀已经被环首剑代替。北宋武宗元绘制的《朝元仙仗图》中，诸多神仙前端有一神将持环首长刀开道（图 70），推测此种环首应该就是北宋的仪刀形象。至南宋，在四川泸县宋墓中出现相当数量的环首剑形象（图 71），基本未见环刀。彭州江口南宋虞公著墓中出现手刀形象（图 72）是非常罕见的例子，刀头略宽，刀尖斜直，刀首为环首。现存的两宋绘画、石翁仲所持的环首剑的比例较多，应该与唐宋时期将剑的品格赋予了更多的内涵有关，剑成为将领的佩带军器，进而成为神将的武器，而刀的地位越发进入下层，是普通军士使用的器物，以致在图像中剑的数量远远多于刀。事实上，宋代官方史料记载军队的环首刀数量是惊人的，《资治通鉴长编》中记载：

> 神宗熙宁五年五月庚辰朔，御文德殿视朝。命供备库副使陈珪管勾作坊，造斩马刀。初，上匣刀样以示蔡挺，刀刃长三尺余，镡长尺余，首为大环。挺言：制作精巧，便于操击，实战阵之利器也。遂命内臣领工置局，造数万，分赐边臣。斩马刀局盖始此。（《资治通鉴长编》卷二百三十三）

从史料可知宋军中动辄装备“数万”环首刀。《宋史》记载：“元丰元年冬，鄜延路经略使吕惠卿乞给新样刀，军器监欲下江、浙、福建路制造，帝不许，给以内南库短刃刀五万五千口。”这种新样式的刀是否为环刀？史料未做详细记载，不知是何种形制。

山西金朝平阳府墓葬中大量出土雕花砖，砖雕中有不少武士形象（图73），有两铺砖雕表现的是“二十四孝”中的“拾椹奉亲、舍己救弟”，故事虽然说的两汉故事，雕刻的人物则是按照金军形象塑造的，可见军官擐甲，手持曲环剑，兵丁手持环首刀，其刀型与宋虞公著墓环首刀几乎一致。

事实上，在两宋的考古中，出土的环首刀远远超过剑的数量。1974年江苏省丹徒县（今镇江市丹徒区）出土了一只南宋环首铁刀，刀脊近茎处錾刻有“两淮制置印侍郎任内咸淳六年造”十四字（图74），刃长64厘米，宽4–4.6厘米，茎19.5厘米，现存中国人民革命军事博物馆。1982年淳安县出土了一批铁兵器，共计二十件，其中刀十五件，剑一件（图75），（鲍绪先、王召里《浙江淳安县出土宋代兵器》，《考古》1988年第4期）最长的环首刀刃长68厘米，宽4厘米，全长82厘米，柄长14厘米。杭州工艺美术博物馆藏一只征集宋刀，长76.3厘米，刀环最宽5.5厘米，刀背錾刻铭文“辛亥二月枢密院提督所造”（图76）。两处考古实物中的宋刀与四川墓室石雕武士所持环首刀造型一致。现有的考古实物说明，南宋环首刀大体刃长在60—70厘米之间，刀格为平面桃形，刀首为环首。此类造型的宋刀在《武经总要》中被称之为手刀，也是两宋时期军中重要的军器，宋手刀普遍刃长不超过70厘米，背厚7—8毫米，此种尺寸的刀非常适合挥舞。宋军主要是步兵，宋人平均身高大致在165厘米左右，人手与地面的距离就是65厘米左右，所以在这样的条件下，过于长的刀刃并不合理，故两宋时期的宋刀刃长多控制在65厘米左右。宋刀环首制作相对简单，形状多为简单的圆形，部分为轻微椭圆形。有些是刀环和刀茎整体锻造在一起，有些环是单独制作好后，刀茎反折回来抱紧刀环。

2014 年 7 月在贵州遵义新蒲发现的播州第十四世土司杨价夫妇合葬墓，是一座南宋时期的大型土坑木椁墓。该墓从未经盗扰，已发现各类精美金银器 80 余件，出土一只包金环首直刀（图 77），由于此墓尚未公布考古报告，此刀的准确细节尚不得知。央视纪录片对此墓发掘做了较为详细的报道，从影像中可知此环首刀为双手长直刀，环为铁芯包金，环首下端有一凸起，上有圆雕双狮，柄有数道金丝缠绕，剑格为两个并排扁圆构成。另一只刀有柿蒂形格，刀首形式不详。国内收藏家珞珞如石先生保存有相同形制、年代稍晚的佩刀，此刀的刀环是金环、象牙手柄，表面银丝编缀万字锦地，刀刃血槽中错金银缠枝花卉（图 78）。

岳飞是中国历史上杰出的军事家、爱国志士，南宋时期“中兴四将”之一，《宋史》《金陀粹编》中都记载岳飞与岳家军善使刀。靖康元年（1126），岳飞在滑县与金军数百骑兵相遇，他命随军武士为其掠阵，他对麾下说敌人不知道我的虚实，趁着他们没有整备好，可以击破，“独驰迎敌，有枭将舞刀而前，先臣以刀承之，刃入寸余，复拔刀击之，斩其首，尸仆冰上。”岳飞武艺极为高强，接敌后只一合就斩杀对手，史书虽未言明岳飞使用何种刀，但是南宋军队基本都是使用环首刀，所以岳飞斩金将大概率用的就是环首刀。岳家军在对抗金军“铁浮屠”的时候都使用“麻扎刀”，“麻扎”实指刀柄缠麻，此类刀应该都是双手刀，风格应该与丹阳“两淮制置印侍郎任内咸淳六年造”环首刀相近。

五、元朝环首刀

环首刀在元朝史料中也时有出现，南宋何大雅编著的《黑鞑事略》中记载，蒙古军器“有环刀，效回回样，轻便而犀利，靶小而褊，故运掉也易”。此段史料说明蒙古军装备环首刀，但是其“回回样”三字颇为费解，何大雅出使蒙古的时候蒙古军已破撒马尔罕，从西域获得了相当多的军事装备。但是从目前掌握的资料来看，中亚地区在公元12世纪时期并无装备环首型刀剑，同时期辽国几乎未装备环首刀，而史料显示金朝宫廷有环首刀，蒙古当时的环首刀究竟来自何处？是否源自金朝？故何大雅的这段史料留给后人研究大蒙古汗国时期刀剑造成了极大困惑。

《元典章·兵部》“禁约擅造军器”条载：“元贞元年四月，行中书省：准中书省咨：刑部呈：贺安等告东平路达鲁花赤咬童不公敷内，成造胖袄、皮甲、衣甲、环刀、箭只、枪头等物。”元代虞集作《道园类稿·曹南王勋德碑》提及“丁未，命为本省参政知事，赐黄金五十两、玉带一、镔铁环刀一”。陶宗仪《南村辍耕录·云都赤》言道：“云都赤，乃侍卫之至亲近者，虽官随朝诸司，亦三日一次，轮流入直。负骨朵于肩，佩环刀于腰。”从现有的这些史料中可知元宫廷宿卫是配环刀，当时环刀是何种式样，无考古实物支撑，只有从图像和绘画中找寻，通过资料的查证，元朝云都赤环刀造型已经厘清，在本书《蒙、元刀》一章作详细解读。

六、明朝环首刀

仪刀在《明史·仪卫志》中仍有记载，但是从其卤簿仪仗中明显数量较少，班剑的地位逐渐取代了仪刀。《明宣宗行乐图》中，明宣宗的侍从手捧班剑（图 79），无仪刀形象出现。明万历时期的《出警入跸图》是描绘万历皇帝出京谒陵的长卷，图像中也只出现了班剑形象，并无仪刀形象（图 80）。仪仗、卤簿中的班剑仪刀体量较大。从清代遗存的卤簿来看，明朝卤簿仪仗中的班剑、仪刀极有可能是木质。明代的仪刀也放弃了环首造型，万历朝刊发的《三才图会》中的仪刀（图 81），其刀柄柄首弧形类似《宋史》所载的“靶軛”。明朝的《武备志》《武备要略》《四镇三关志》、清朝的《皇朝礼器图式》都不再有环首刀造型，说明明、清两朝军制中已经不再出现环首刀，现在故宫博物院藏清代皇家器物中无环首刀。

2001 年发掘的湖北钟祥梁庄王墓中，出土一环首直刀（图 82），全长 65 厘米，刃宽 3.4 厘米。梁庄王朱瞻垍为明仁宗朱高炽第九子、明宣宗朱瞻基异母弟，母为恭肃贵妃郭氏，永乐二十二年（1424）十月十一日册封为梁王。此刀环首为金环，金环之下有一个结构，上面錾刻龙纹，龙纹属于典型的明初形制。柄木损毁，刀格为一双并排扁圆形，双扁圆型格为单独制作左右两片，最后合于木柄。鞘口也装饰龙纹，此刀无提梁。此刀形制与贵州杨价土司墓所出环首刀形制一致。

贵州地区苗民在清朝还使用环首刀，其刀造型与杨价土司墓、梁庄王墓环首刀形制一致（图 83，张海先生收藏），清中晚期绘制的《苗蛮图绘》中也绘制此种环首刀（图 84）。

小　结

西汉诞生军用环首刀，至宋朝，环首刀都是中国军队重要的军器和仪仗器，这阶段的刃型基本都是长直刃，两汉、魏晋、隋唐刃型、刃宽差异不大；两宋刃体略宽；元朝虽然在史料中记载了环首刀，但是没有明确的考古实物可以说明造型；明清时期环首刀在民间仍旧得以保存，至抗日战争时期，环首砍刀仍出现在战场上。

环首刀从诞生至消亡的两千余年中，经历了数十个王朝更迭，从刀首一个小小的环首上，我们看见过曹操、李世民这些帝王的雄心壮志；我们看见过李陵、岳飞这些将领的铁血沙场；我们看到历代中国军人用环首刀开疆拓土，保卫家园；环首刀就是以这样一种存在，贯穿在中国历史中。

第二章 唐刀

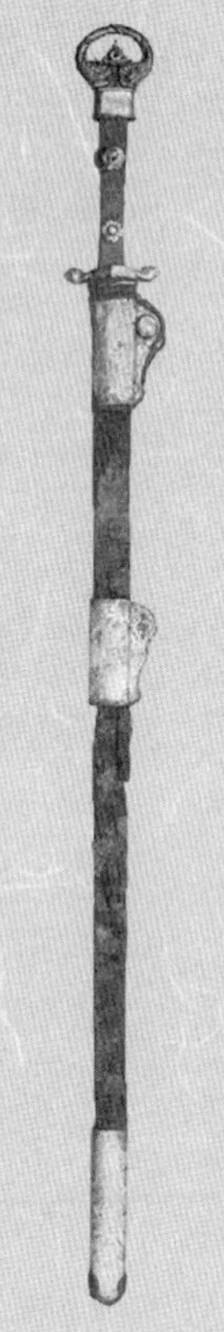

唐帝国通过开明的政治和强大的军事力量，成为当时世界的中心。从隋末的四方逐鹿到唐初的统一战争；盛唐时期所有的对外战争；以及平定安史之乱的平叛战争；唐刀成为唐帝国威仪和武力的代表，随着唐文化的输出，唐刀对东亚地区刀剑产生了近千年的巨大影响。

一、史料中的唐刀

《唐六典》是唐朝玄宗时期由李林甫、张九龄、张说编撰的一部行政法典。《唐六典》武库令丞职掌条记载："刀之制有四，一曰仪刀，二曰鄣刀，三曰横刀，四曰陌刀。"会典记录了唐代装备刀的名称，这些刀都是唐军装备的制式武器。《神机制敌太白阴经》是唐朝重要的兵书，成书于唐代宗时期，由河东节度使都虞候李筌撰写，该书"器械卷"中对唐朝军队所用武备有详细记载，值得注意的一个细节是，唐军的军队标准装备中佩刀是主流，未记载军队中装备剑。

《唐六典》"仪刀"条目原书注释："今仪刀盖古班剑之类，晋、宋已来谓之御刀，后魏曰长刀，皆施龙凤环；至隋，谓之仪刀，装以金银，羽仪所执。"注释较为清晰地表述了仪刀是属于皇室贵胄的仪仗用具，配龙凤环，是显示等级的重要器物。仪刀制度来自班剑，班剑制度始自汉朝，天子百官皆佩剑上朝，地位较高的大臣，皇帝赐"剑履上殿"，后来为了避免出现佩剑行刺，剑刃换成木质。至东汉，宫廷、军队都以佩环首刀为主，仪刀在这个阶段从军备器物上升到了礼仪制度，两晋、南北朝宫廷仪仗中皆配仪刀。至隋朝，上朝佩剑制度又有所改变，《隋书·礼仪志》载"纳言、黄门、内史令、侍郎、舍人，既夹侍之官，则不脱。其剑皆真刃，非假。既合旧典，弘制依定"。说明在隋朝时又实行佩真刃上朝，这个细节非常重要。隋朝国祚短暂，但是其建立的诸多制度也奠定了日后大唐盛世的基础，在中国历史上意义重大。陈寅恪先生说："两朝之典章制度因袭几无不同，故可视为一体。"后世多将这一时期并称为"隋唐"。唐朝初期典章制度多沿袭隋制，隋制度在相当大的程度是延续北周的形制。《隋书·礼仪志》详细记载了北周时期仪刀形式：

后周警卫之制，……执龙环金饰长刀……左执龙环，右执兽环长刀，并饰以金。次左右侍……左执凤环，右执麟环长刀。次左右前侍……左执师子环，右执象环长刀。次左右后侍……左执犀环，右执兕环长刀。左右骑侍……左执罴环，右执熊环长刀……左右宗侍，陪左右前侍之后……左执豹环，右执貔环长刀，并金涂饰……左右庶侍……左执獬豸环，右执獜环长剑，并金饰……左右勋侍……左执吉良环，右执狰环长剑……武贲已下六率……自副率已下，通执兽环银饰长刀。

“后周”即西魏权臣宇文泰建立的“周”，又称“北周”，此段史料记载北周宫廷仪卫大量使用环首刀和剑，并且根据仪卫官职的不同，环首的样式也不同，北周仪卫的环首形式有“龙、兽、凤、麟、师子（狮子）、象、犀、罴、熊、豹、貔、獬豸、獜、狰”共计十四种之多。隋朝建国立足于北周，故隋时佩刀应该继承北周制式，隋朝宫廷环首刀也有禽兽纹刀环。唐仪刀应与北周、隋仪刀总体无大区别，其装具“金涂”都是指铜鎏金，“银饰”是指银制装具。史料中特别强调仪刀都是“执”，是双手捧或举的姿势。

“鄣刀”注释为“盖用鄣身以御敌”，除此之外，其他史料未见更为详细的描述，加之无出土实物可对应，故其形制无法考证，笔者推测可能是军中佩刀。

“横刀”注释为“横刀，佩刀也，兵士所佩，名亦起于隋”。说明横刀是军士常备佩刀，常备佩刀一定程度上来说数量会极为庞大。

《隋书·礼仪志》载："高祖受命，因周、齐宫卫，微有变革。戎服临朝大仗……一百四十人，分左右，带横刀。"杨坚代周建隋称文帝，隋文帝时期宫廷仪仗中也使用了横刀，说明此种仪卫形式源自北周时期。《新唐书·仪卫志》中提及横刀有四十二处之多，无论是"元日、冬至大朝会、宴见蕃国王"，还是皇帝出行的"大驾卤簿""太皇太后、皇太后、皇后""皇太子"，其仪卫中的折冲都尉、军士都是穿"戎服，被大袍，皆平巾帻、绯裲裆、大口绔"，"皆带横刀、皆佩横刀"。史料中用"佩、带"两字，说清了横刀的携带方式，同时也道出了横刀名字的起源。

《资治通鉴·唐纪十四》载："上（唐太宗）尝幸未央宫，辟仗已过，忽于草中见一人带横刀。"太宗銮驾去未央宫的时候，发现有一人佩刀匍匐在草丛中，太宗责问这个人，为何携刀伏在草丛中？此人回答说，看见皇帝仪仗过来，退避不及，就伏在草丛中不敢动。太宗问清情况后对太子李治说，这个事情如果追究起来会死数人，让太子随后尽快释放当事人平息此事。胡三省特别对"横刀"注释"横刀者，用皮襻带之刀，横于掖下"。襻带一般由布帛、皮革等制成，将器物系缚、拼接、缀连于腰带，胡注中的"襻带"即可认定为穿系在刀鞘装具上、用来悬佩刀的带子。由此可知，横刀是悬挂于身体侧面、佩挂于腰间，横刀名字就来源于"横于掖下"。《唐律疏议》记载宫廷宿卫的军士值班的过程中所配军器不得远离自己，"其甲、矟、弓、箭之类，有时应执著者并不得远身，"其注疏特别强调"兵仗者，谓横刀常带"，横刀作为宫廷仪卫，必须时刻佩带。这段史料也解释了宫廷宿卫因为随身携带横刀，避让仪仗不及从而受到太宗责问的原因。按照皇帝的宿卫原则，如此近距离携带横刀伏于草丛中，行迹近乎刺驾，是非常严重的安全问题。

玄武门之变前夜，唐太宗李世民召集房玄龄、杜如晦前来秦王府商议如何对付李建成和李元吉，但是房、杜二人都被李渊敕命离开秦王府，房玄龄说奉敕不敢入府，李世民随即“取所佩刀授敬德曰：公且往，观其无来心，可并斩其首持来也”。李世民交给尉迟敬德的佩刀应该就是横刀，并且极大的可能性是环首横刀。唐高宗李治对千牛卫将军王及善说：“群臣非搜辟，不得至朕所。尔佩大横刀在朕侧，亦知此官贵乎？”（《新唐书·王及善传》），高宗的话显示出对王及善的信任和宠爱，也间接说明了横刀的形制有大小之分。李世民在霍邑之战中奋勇突进，“手杀数十人，二刀尽缺，血流入袖，洒而复战。老生遂大败。”史料虽未言明是什么刀形，但能在马战中应用并且损毁两只，应该是横刀无疑。

“陌刀”注释为“长刀也，步兵所持，盖古之断马剑”。史料显示陌刀是军队中步兵武器，陌刀在唐代史料中则有较多的记录，在唐朝的对外战争和平定安史之乱中都发挥了巨大的作用。陌刀起源于隋朝，隋将阚棱善使陌刀，《新唐书·杜伏威传》载：“阚棱，伏威邑人也。貌魁雄，善用两刃刀，其长丈，名曰‘拍刀’，一挥杀数人，前无坚对。”拍刀即陌刀。

隋亡唐兴之后，陌刀在唐军中的战斗力更为耀眼。唐高宗调露元年（679），突厥首领阿史那德温傅反唐，单于都护府所辖的24州郡相继造反响应叛军，叛军有几十万之众。单于都护萧嗣业奉命征讨，反被阿史德温傅所败。唐高宗随即下诏授裴行俭任定襄道行军大总管，统率太仆少卿李思文、营州都督周道务等部共18万人讨伐，会合西军的程务挺、东军的李文暕等人，合兵30余万，军旗连绵千里，全军由裴行俭节度指挥。《旧唐书·裴行俭传》盛赞“唐世出师之盛，未之有也”。裴行俭至朔州后，得知萧嗣业在运输军粮过程中屡次被突厥劫掠，兵士多有饿死，裴行俭准备了三百骁勇武士乘假粮车，每乘车内埋伏骁卒五名，“各赍陌刀、劲弩”藏于车中，以羸弱军士赶车，遣精兵在险要之处待机设伏。突厥果然来劫掠，军士随即弃车逃散，突厥军将车马带之泉水处，解鞍放马，准备从车中取粮，藏身车中的锐卒突然现身，此时之前埋伏的精锐杀至，突厥军被“杀获殆尽，余众奔溃”。

唐军中李嗣业是著名的陌刀将，《新唐书·李嗣业传》载：“李嗣业，字嗣业，京兆高陵人。长七尺，膂力绝众。开元中，从安西都护来曜讨十姓苏禄，先登捕虏，累功署昭武校尉。后应募安西，军中初用陌刀，而嗣业尤善，每战必为先锋，所向摧北。”陌刀最为闪亮的一战莫过于唐肃宗至德二年（757）的香积寺之战，此战是安史之乱中唐军收复长安的决定性战役，也是安史之乱的转折点。

香积寺之战是唐军在吸取清渠之败的教训，在回纥骑兵的援助下，选取香积寺作为收复长安决战战场后所采取的军事行动。决战过程仅持续一日，唐军大败叛军，次日便顺势克复帝京。此战中，唐军和叛军互为攻守，形势瞬息万变，极为凶险。唐军集合朔方、安西、回纥、南蛮、大食之军共计15万，安史叛军10万，双方在这个战场上共投入25万余兵力展开决战。唐军在沣水、大川之间连营十里，背靠翠华山面北列阵，安史叛军背靠长安城面南列阵。李嗣业为镇西、北庭支度行营节度使为前军，朔方右行营节度使郭子仪为中军，关内行营节度王思礼为后军，双方列横阵对峙。战役开始时，“贼将李归仁初以锐师数来挑战，我师攒矢而逐之，贼军大至，逼我追骑，突入我营，我师嚣乱”（《旧唐书·李嗣业传》）。安史叛军主将李归仁率精锐骑兵率先攻击，被唐军弓矢逼退至本阵，李部骑兵开始反击，出阵攻击唐军，并且攻入唐军本阵，引起了唐军的骚乱。

古代战争中，军阵、旗号是制胜的关键，对阵中一方由于阵前的突然混乱引发全军崩溃，在中国历代战争中屡见不鲜。淝水之战之时，苻坚的前秦军队在淝水后撤，妄图半渡而击东晋军，然而在后撤时有人高呼“秦兵败矣”，70 万前秦军随即崩溃。这种军阵前沿被突破，引发的骚乱一旦失控，唐军就会面临全军崩溃的险境。一旦全军崩溃，15 万唐军定然片甲无存。李嗣业此时对郭子仪说：“今日之事，若不以身啖寇，决战于阵，万死而冀其一生，不然，则我军无孑遗也。”李嗣业作为百战名将，迅速做出整个战役中最重要的决定，以 2000 名陌刀手为核心，利用陌刀巨大的威力挡住了叛军骑兵的进攻,安西军久历边事,善于用陌刀以步制骑。“嗣业乃脱衣徒搏，执长刀立于阵前大呼，当嗣业刀者，人马俱碎，杀十数人，”李嗣业脱掉甲胄，赤膊怒吼上阵，冲阵的叛军面对丈长的双刃陌刀，连人带马瞬间被劈碎十余人，李嗣业的陌刀军势不可挡，使得唐军“阵容方驻”，李嗣业的陌刀军在最危急的时刻稳住了阵线，整个唐军得以保全。李嗣业随即用陌刀军展开反击，“前军之士尽执长刀而出，如墙而进。嗣业先登奋命，所向摧靡。”安史叛军原本在本阵东侧隐蔽了精锐骑兵，准备在与唐军交战中奇袭唐军侧后，重演清渠之战。然而，李嗣业的顽强突击将叛军的本阵打穿。唐军在战前就已经发觉了叛军隐藏骑兵的位置，朔方左厢兵马使仆固怀恩发现李嗣业突进叛军本阵，形成胶着之势后，立刻率回纥骑兵冲击叛军骑兵之后，

"回纥以奇兵缭贼背夹攻之,"(《新唐书·郭子仪传》)李嗣业的陌刀军和回纥骑兵形成了对叛军的合围，战场形势出现逆转，叛军依然试图重演清渠之战中前后夹击唐军的剧情，然而该计划却在陌刀军和回纥骑兵的联手攻击下破灭。叛军此时军心动摇，战力锐减，无心恋战,遂兵败如山倒,史载"斩首六万级,填沟壑而死者十二三"(《旧唐书·李嗣业传》)"生擒二万"(《新唐书·郭子仪传》)。"自日中至昃"近4个小时的血战中，唐军将10万之众的叛军几乎尽数歼灭。安史之乱中叛军总兵力大约15万，经此一役，关中京畿要地之叛军主力几乎被完全歼灭，故此战成为平定安史之乱的转折点，李嗣业作为陌刀将领导的陌刀军成为战役的高光。

安史之乱初期，太监边令诚冤杀高仙芝、封常清时候"索陌刀手百余人随而从之"(《旧唐书·封常清传》)，高仙芝部下明知高仙芝是枉死，但是慑于边令诚的陌刀手，军士虽然皆为主帅喊冤，但都不敢有异动。

至晚唐宪宗时期，宰相武元衡被平卢节度使李师道遣刺客刺死，"宪宗出内库弓箭、陌刀赐左右街使，俟宰相入朝，以为翼从，及建福门退"(《旧唐书·文宗本纪》)。此段史料显示，唐晚期中央内库中仍会储存陌刀。

唐代史料中对陌刀的记载极多。总体来看，天宝初，安西、北庭守军中开始流行陌刀。安史之乱各参战部队如郭子仪、李光弼的朔方军，封常清、高仙芝所募之兵，安禄山叛军中崔乾祐、田承嗣部都有陌刀军。张巡、张兴守城用陌刀杀敌。奉天之难时浑瑊、高固部队，中唐时戍守银、盐、灵、宥的边防军，徐州、淄青等军镇，唐朝廷反复赐陌刀,诸道亦进贡陌刀。朝中禁军中有陌刀,荆南、鄂州、剑南、江西、湘州等节度、团练、防御兵都用到陌刀，高骈节度淮南时用到陌刀，连黄巢也以大刀长剑为卫。可见至晚唐时陌刀仍很流行。陌刀在唐军中装备数量约占步军的20%，《太白阴经·器械篇》载："弩二分，弦三分……佩刀八分，一万口。陌刀二分，二千五百口，棓二分，二千五百张。马军及陌刀并以啄锤斧钺代，各四分支。"敦煌藏经洞所出的写本《唐开元二十三年沙洲会计历》《张淮深变文》中都提及陌刀，现两写本都保存在法国。《会计历》载纳入的兵器"叁拾捌口陌刀"（图85）。《张淮深变文》记载的是归义军讨伐回鹘时使用了陌刀，而其用法则是"陌刀乱揊"（图86）。

根据史料来看，陌刀明确是装备重型步兵以对抗骑兵的武器，其刀型"两刃刀，其长丈"，近战时陌刀的杀伤力、威慑力极大，能震慑敌骑，稳住攻击阵型，所以在盛唐时期诸军都逐渐设立专门的陌刀手、陌刀将组成的陌刀队。陌刀自隋朝诞生，至玄宗朝盛行，主要装备在安西、北庭都护府，对突厥骑兵起到了极大的遏制和震慑。目前尚未发现陌刀考古实物，故至今也不知其形制，目前在诸多唐代壁画和雕塑中都未见到类似实物。

二、雕塑、壁画中的仪刀、横刀

1. 仪刀

国内考古尚无完整隋、唐仪刀出现，但是在隋唐石棺椁、壁画中能看见相当数量的仪刀形象。仪刀在两朝的不同时期也有变化，在唐朝历代帝王陵前的石翁仲中表现得更为明确，主要变化就是整刀的长度、环的形状、刀格的增加、鞘室等部分。

隋大业五年（609）骠骑将军史射勿墓（图 87）、潼关税村隋墓（图 88）中的壁画图都清晰地显示了仪刀形象。环首仪刀较长，环首内有三叶纹，鞘室木胎髹漆，刀琫圆筒形，套于鞘尾，鞘室有多道横束。1972 年发掘的唐贞观四年（630）李寿墓石雕棺椁侧雕刻有武士持仪刀形象（图 89），棺椁中的持仪刀武士头戴平巾帻，著裲裆甲，手持仪刀，环首扁圆，其仪刀形制与隋墓壁画中的仪刀一致。

初唐时期的仪刀形制，由于唐高祖李渊和唐太宗李世民陵墓前石翁仲无存，故不知其形，推测应与隋墓室壁画中一致。盛唐时期石翁仲所持仪刀环首开始出现多曲关系。乾陵多五曲环，之后以三曲为主，环内的也由三叶式逐渐发展变化，中间一叶凸起更高，中间镂空，形成后期如意式的雏形，唐初期的仪刀刀刃较窄。唐高宗时期，仪刀开始出现刀格，乾封二年（667）韦贵妃墓壁画中出现的仪刀开始有明显刀格（图 90）。到了中唐时期，仪刀刀环分成三曲、五曲形或圆形，鞘室横束变得较宽，鞘束之间出现装饰。这个时期仪刀整体渐宽，长度较短。这个阶段仪刀的典型形象是建陵石翁仲所持（图 91）。晚唐时期仪刀基本与中唐相似，变化不多。

2. 横刀

隋、唐两朝的壁画、雕塑是研究横刀的重要依据。陕西潼关税村隋代壁画中有大量武士携带横刀的形象（图 92）。税村隋墓是迄今为止发掘的等级最高、保存最完善的隋代墓葬，由于墓志被盗，使得墓主身份成谜，至今尚未明确墓主是何人，但是整个墓室构建宏大、壁画精美，陕西省考古研究院推测为隋太子杨勇之墓。壁画环首横刀环有三类，一类环为光素，无明显装饰，数量居多；一类为环底有明显的凸起，极有可能是凤首形式（图 93）；还有一类是在环底部有两个凸起（图 94），图像在墓道东壁中段，公布的资料中只看见一例。附耳提挂风格为北朝式样，图像中的提挂明显有两道亮边，可能是提挂外凸箍边，与北周固原李贤墓出土横刀提挂外凸箍边相似。鞘室光素，应该是髹单色漆。四川广元皇泽寺 28 窟中有一只环首横刀，此龛此窟的功德主为蜀王杨秀——杨坚的四子、杨广之弟。这只横刀刀环内有一凤首（图 95），石雕清晰地显示的凤鸟的喙，与图 92 应该是一种形式的环首。山东博物馆藏隋开皇四年（584）徐敏行墓石雕武士像（图 96），手中长刀拄地，明显可看出有环首，柄入鞘室，鞘室有双附耳提挂。1959 年河南省安阳县张盛墓出土隋代开皇十五年（595）瓷武士像（图 97），高 72 厘米，现藏河南省博物馆。武士头戴平巾帻，身穿裲裆甲，手拄长刀，刀首形制不甚清晰，推测为环首，鞘室有一附耳，附耳正面装饰两圆形，顶部为弧形，鞘室有多节装饰形式，鞘尾底部呈圆弧形，朝鞘室开口方向为凹形。张盛墓武士是单附耳形式，这一细节颇令人困惑。

贞观四年（630）李寿墓壁画中也有环首横刀形象（图 98），其形制与隋税村墓壁画一致。贞观十七年（643）的长乐公主墓中壁画绘制了袍服仪卫图（图 99）、甲胄仪卫图（图 100），两种仪卫横刀的环首扁圆，环内环有凸起，明显是三叶造型的一种演化。在隋至唐高宗阶段，环首横刀从无格向有格演化。至高宗李治朝，环首横刀仍旧在壁画中处于主流，1990 年发掘的礼泉县韦贵妃墓中，壁画显示红袍男侍者所佩环首横刀出现了刀格（图 101）。最晚的环首横刀图像出现在榆林窟第 25 窟，前室东壁上的毗沙门天王腰侧悬挂一环首横刀（图 102），环首横刀佩身体左侧，故无法看清其悬挂形式，旁边的南方天王手持环首剑，鞘室由一小鬼托捧，鞘室明显可见双附耳（图 103），毗沙门天王的横刀肯定也是采用同样形式的附耳。榆林窟第 12 窟建造于吐蕃占领瓜州而尚未占领沙州之间，即大历十一年至建中二年（776—781）间。毗沙门天王环首造型与长乐公主墓甲胄仪卫图中环首造型一致。四川鹤鸣山石窟也有非常清晰的隋唐环首刀形象（图 104），其环内为三叶式。

环首双附耳横刀不仅在中国隋唐墓室壁画中出现，而且在日本公元 8 世纪绘画中也有出现，奈良国立博物馆藏“绘因果经”系唐初时期佛教绘画（图 105），绘画中可见侍者手捧环首横刀站立，横刀鞘室明显有双附耳悬挂。

无环横刀北齐、北周就已经出现。北齐武安王徐显秀墓、东安王娄睿墓墓室壁画中都出现了无环横刀的造型（图 106、107）。

1980 年发掘的太原斛律彻（563—595）墓中武士俑上明显能看见无环横刀的形象，横刀采用双附耳提挂（图 108）。山西焦化厂墓葬壁画展示了武周时期的无环横刀（图 109），这是唐朝无环横刀最早的图像，武周时期的刀首已经有单独金属覆盖。唐懿德太子（682-701）墓中陶俑所佩横刀也有双附耳形制（图 110）。2007 年发掘的唐长寿三年（694）西安郭杜镇唐墓壁画中也有无环横刀出现（图 111）。唐神龙二年（706）章怀太子以亲王陪葬乾陵，墓道西壁《仪卫图》中武士皆佩无环横刀（图 112），此无环横刀刀首前有一金属柄首，柄有分指凹槽，刀格为浅十字格，鞘室提挂为山形，鞘室髹黑漆，此壁画中的横刀细节和已知的唐刀零件最为接近。

通过图像资料的汇总，总体来说横刀分成有环和无环两种形制。

隋、唐初使用环首横刀，壁画上显示有素环和凤首环，延续至武周时期。高宗李治和武周朝初，无环横刀开始增多，柄首由金属覆盖，并且出现明确的刀格，此类横刀手柄出现明显的分指和收腰关系。无环横刀的刀首由最初的柄首覆盖月牙形金属逐渐演变成圭首形，此种风格后被辽朝接受，成为了辽代刀剑的风格。

三、考古中的唐刀实物

1. 考古实物

目前国内考古界公布的唐刀考古实物只有段元哲墓、窦皦墓的两只，此两只刀都认定为横刀。

1956 至 1957 年间，在西安东郊韩森寨的段元哲（卒于贞观十三年，639 年）墓中出土了一只横刀："环首刀，刀身修长，环首与刀身之间包饰铜片，并以铜环加固，刀上尚残留加漆木鞘痕迹，环首及刃端已残，残长 79 厘米，身宽 3 厘米。"（中国社科院考古所《西安郊区隋唐墓》，科学出版社 1966 年版）环首为扁圆形，中央有隆起，从残像看类似三叶纹（图 113）。由于埋藏环境不好，刀尖锈蚀严重，完全无法判断其刀尖形式，刀茎自刃处缓收两肩，茎窄于刃体，此刀茎风格是唐刀刀茎的重要特点。

1992 年长安县南里王村窦皦（卒于贞观元年，627）墓中出土了一只国内迄今为止所发现的保存最完整、装具最奢华的横刀（图 114）。此刀长 84 厘米，厚脊薄刃、直身平背，刀脊上有一行错金小字"□尺 / 百折百练 / 匠□□兴造"（图 115）。刀茎较宽，上面仍残留有一些朽坏的木柄结构，前后有两段柄束包金为套箍状，金柄束于刃口部有收口，制作极为精巧。靠近环首处的柄箍有三道横筋，国内学界对此处的金柄箍认为有两个结构，靠环部分是柄箍，起双脊线的圆箍可能是位于刀鞘口的鞘束，因该刀形制与北周李贤墓出土横刀近似，手柄部分“入鞘”，鞘体朽烂后，其束口留于柄上。笔者曾经近距离观察此处结构（图 116），但是从观察来看，应该是一体柄箍，不是分体结构。刀环为扁圆形，中间有一个三角形凸起，此凸起是锈蚀剥落后残余形状，原始形态不知，应是三叶类型。刀出土时候，环旁有一枚猪形水晶坠（图 117）。窦皦字师明，唐纳言、左武侯大将军、陈国公窦抗（窦抗是隋文帝杨坚的外甥，唐朝开国功臣）之子。窦皦任职左卫府中郎将（约四品官），封爵平陵县开国公（从二品），贞观元年（627）因病去世，享年 31 岁，当年十月葬于万年县洪固乡樊川之北原。窦皦墓 1991 年由陕西省考古研究所发掘，该墓未被盗掘，出土有陶俑、玉带、铁刀、铜镜、墓志等数十件文物，“大唐上柱国左卫府中郎将平陵县公窦皦墓志铭”一合两石。其中金筐宝钿玉梁鞢躞带用料上乘，制作精致，规格极高，为目前所仅见。金装铁刀保存完整，刀长 0.84 米，环首、直刃、平背、宽茎近首处包金。窦皦是窦皇后的从兄窦抗之子，也是李世民的远房表兄弟，曾跟随李世民东征西讨，平定天下，在武德二年（619）被授秦王府右亲卫车骑将军。尚不清楚在武德二年（619）至贞观元年（627）间窦皦有没有升迁。唐朝建立时，军队主要由李渊的三个儿子分别统领，所以窦皦担任的“秦王府右亲卫车骑将军”的品级可能就是正五品。由于窦皦常年在卫府任职，又属秦王李世民一系，因此李世民登基后，封其为三品大将军是极有可能的。据该墓中出土的另一件文物

"金筐宝钿玉带"来看,窦皦生前可能升职为三品武官(或死后加封),因此这把错金字、包金柄的铁刀也应属于三品武职佩刀,陕西省考古所推测此刀为十六卫大将军(正三品)所用的仪仗横刀。

笔者曾经有幸在陕西省考古所考察过此刀,近距离观察发现柄端残留鲛鱼皮(图 118)。隋唐时期刀柄裹鲛革也是遵循旧制,敦煌榆林窟第25窟毗沙门天王壁画中对此细节也有明确展示。《新唐书·地理志》中记载江南道进贡中有"鲛革",这些"鲛革"都是供应少府监制作刀柄之用。剑形刀尖不似后期有明显的反刃,窦皦卒于唐初,极大的可能性是在初唐时期此类剑形刀刃尚未出现反刃形式(图 119)。

由于当时的考古条件限制,此刀出土没编著考古报告,鞘室和鞘室零件都不得而知,推测此刀的鞘室形制应该和隋朝税村墓中的横刀一致,手柄应该不似李贤墓那种入鞘结构。

纽约大都会博物馆藏品(30.65.2)(图 120、121),按照日本学者的考证,出自洛阳邙山。1928 年洛阳邙山东周王室墓被盗后,大量古董商和国外收藏家蜂拥而至,此刀和另一只北朝环首仪刀都是这个阶段出土,由卢芹斋贩运至美国,卖给当时的著名武备收藏家克拉伦斯·麦凯。他在 1930 年代将此刀卖与纽约大都会博物馆。此刀是目前最为完整的唐横刀之一。

此横刀长 102.2 厘米,环首为双龙对首火焰纹,环身龙纹,龙纹环首单独铸造下端有舌,通过横向的铆钉和刀茎铆接,铆接刀环,刀茎的横销一端制穿套手绳的圆环。柄靠环端,有一筒形柄箍。格为浅十字格,两端出云形。提挂为银质双附耳形式,顶部和左右两端为铜压片,正面装饰一圆形,其风格与北周李贤墓出环首横刀附耳装饰风格一致,附耳背后有一圆环用于穿"襻带"。鞘尾为银质筒形,末端有一弧形铜压片。由于锈蚀，刃型不得而知。

博物馆给出器物年代是公元600年左右，此时是隋文帝开皇二十年（600），正值隋朝国力鼎盛的时期，由于缺乏同坑其他文物确定年代，此刀的年代都是国外专家的推断。笔者认为此刀年代应该不到隋朝，因为从已知的图像来看，隋唐时期出现刀格都是在武周时期，而此刀格在浅十字造型上，左右两枝演化成云头形，是典型的吸收了突厥浅十字格风格后进行的中国风格演化。故此刀年代应该是武周到唐玄宗时期。

在近年唐大明宫遗址考古中，在三清殿遗址处发掘出一鎏金双龙戏珠刀环（图122），其形制与大都会藏唐刀环首几乎一致，双龙布局相同，龙角更高与环体相接，珠周围火焰如齿轮状，这个细节与大都会藏品有较大差异。

大都会唐刀的格是极为特殊的一种表现形式，在敦煌壁画中也有所体现，敦煌莫高窟第57窟前室西壁就绘制有一只剑（图123），其格的形式与大都会隋刀格完全一致，剑首为环，略扁，图像漫漶不能分辨。第57窟于初唐时期开建，晚唐重新修整，判断此剑应是初唐所绘，故与大都会隋刀格一致。国内武备收藏家梁斌先生也收藏有类似藏品，只是其附耳穿一孔，悬挂“襻带”（图124）。

洛阳龙门博物馆藏有一只晚唐风格的横刀（图125，南极瞌睡熊拍摄），柄首遗失，手柄有两手花孔，皆为六瓣花形，剑格为平格，格左右两端有乳突，鞘室总体分成三节装饰，皆为铜鎏金制作，提挂较为特殊，在鞘室上焊接两倾斜铜鞘束，鞘束顶端再焊接一小椭圆环，悬挂横刀的“襻带”贴服两个倾斜环内侧，从小椭圆环内穿出，再悬挂于腰带。鞘尾较长，底端有三曲铜皮封边。此种悬挂模式非常值得探讨，鞘室的上固定“襻带”铜鞘束做成倾斜，可以使刀身体悬挂后倾斜在腰侧，而“襻带”不至于扭曲。史料中记载此种“襻带”多是皮制，但此种风格笔者认为是锦带编织的可能性较高。

此种鞘室的悬挂方式在唐朝壁画和雕塑中未见，但是在 1994 年发掘的内蒙古宝山 1 号辽墓壁画中，绘制了此种悬挂方式的辽刀（图 126），墓室是天赞二年（923）修建，天赞二年（923）距离唐朝灭亡只有十六年，辽在建国初期大量学习了唐朝的风格，故从辽初期的壁画内容中基本可以推测晚唐时期的唐刀风格。此种风格的横刀东传日本后，在日本正仓院有所保留，其南仓的“破阵乐大刀”、中仓的“黄金庄大刀”“金铜庄大刀第 7 号”“铜漆作大刀第 11 号”（图 127-1）都是此类风格的悬挂形式，但是日本的此类提挂都是垂直于鞘室，应该是此种风格传播至日本后的演化。南仓破阵乐大刀刃体錾刻有铭文“天平胜宝四年四月九日”（752），正是唐玄宗天宝十一载，从日本正仓院保存的破阵乐大刀铭文和装具来看，此类风格的产生时间应该是在中唐时期。正仓院还保存一只“金银庄横刀”（图 127-2），手柄木质套金具，鞘室装饰金银平脱工艺，刃为斜直刀尖直刀，总长 54.4 厘米，其双鞘末提挂也是中唐以后风格，这只横刀应是小横刀一类。武备收藏家汗青先生和笔者在横刀形制上有过相当长时间的讨论，汗青先生总结粟特人配大小双刀的壁画以及日本正仓院资料，推测认为横刀是相对较短的一种刀制，总长不过 2 尺左右。这样尺寸的刀，杀伤力不大，故府兵和仪卫在番上宿卫时，允许携带横刀，但却不得着甲胄。所以朝廷才会允许民间买卖和拥有横刀，未归入禁兵之列。笔者认为这是一种非常有价值的观点，如果此种观点被国内考古界证实，那么障刀可能就是军制中的佩刀，也就是诸多壁画中腰侧的佩刀。在目前没有考古账册、壁画文字这些准确的记录和实物对应，横刀、障刀的形制还需要慢慢探索。

2. 刃型

唐横刀的刃型非常值得研究，通过对目前已知的博物馆藏品、日本正仓院藏品、收藏家藏品可以粗略归纳唐横刀刀刃的一些细节。主要分析刀尖形式、刀茎、刃体造型几个环节。

唐横刀的刀尖目前来看主要有三种形式——斜直刀尖、剑形刀尖、斜锐刀尖。

A. 斜直刀尖的造型源自魏晋时期，这一时期的造型又源自两汉，所以唐斜直刀尖的形制是对汉环首刀刀尖的延续（图 128），刃体横截面呈双三角形（图 129），刃线占刃体三分之一宽。国内辽宁省博物馆藏唐刀（图 130）、渤海国刀刃（图 131）（《文物藏品定级标准图例》，文物出版社）都是此种风格刃型的代表。唐玄宗时期，渤海国国王被册封为“渤海郡王”，渤海国在政治、经济制度上完全模仿唐朝，整个国家深受唐文化影响。其“典章制度，仿自唐朝；衣食住行，皆有汉风”，故渤海国出土器物可以视作唐物。

日本大阪四天王寺藏“丙子椒林剑”“七星剑”，按照日本记录为公元 7 世纪器物（图 132、133）；东京国立博物馆藏公元 8 世纪“水龙剑”（图 134）、日本正仓院藏品“金银庄唐刀”（密陀绘，图 135）“漆涂鞘御杖刀”（图 136）“吴竹杖刀”（图 137）“武王大刀”“破阵乐甲、乙”都是登录在日本正仓院献物账的唐或唐样大刀，尤其破阵乐大刀刀脊的铭文“天平胜宝四年”（752，图 138），明确显示斜直刀尖风格的刀型在隋、唐早期较为流行。

辽博（辽宁省博物馆）、渤海国、国内藏家的唐横刀刀刃与日本保存的同时刀刃并无显著差异，只是日本此批刀刃传承有序，保存良好。值得注意的细节是，中国国内发现的此类刀，原始状态刀尖和刀刃交界处有一个倾斜的角度（图 139），这个交界的位置在日本刀中称之为“横手”，日本保存的这些刀刃都在后世经过研磨，所以交界线被修改成垂直于刃线，后世日本刀特别注重这个细节的研磨。

日本保存的此类刀刃中，七星剑、吴竹杖刀的刀刃都有错金星宿纹，七星剑、丙子椒林剑是日本圣德太子（572—621）佩剑，两只刀都是日本的“国宝”，这两只刀刃有资料显示是直接来自隋朝。值得关注的细节是，刃体的星宿纹，中国同时期隋唐刀剑出土极少，已知的实物中未见刃体有错金星宿纹。隋炀帝杨广在《白马篇》中有一句：“文犀六属铠，宝剑七星光。”笔者认为此句表明隋朝刀剑就在刃体错星宿纹。唐朝诗人王维《赠裴旻将军》诗：“腰间宝剑七星文，臂上雕弓百战勋。”将两句诗和两只日本存实物结合来分析，说明在隋唐刀中应该有星宿纹，只是目前国内尚未有出土实物可以佐证。

B. 剑形刀尖。窦皦墓出土的横刀就是典型剑形刀尖，由于锈蚀，刀尖略有残损（图 119）。扬州博物馆藏一只“宋剑”（图 140），其展陈铭牌写“传扬州朴席乌塔沟河道出土”，是征集品。此藏品是剑尖型唐刀，保存状态良好，刃体有 3 道较为明显的外力弯曲。刃体横截面为三角形，尖部呈剑形，开制反刃，此刀长度为 98 厘米，宽度为 3.2 厘米。扬州博物馆的唐刀刀背反刃收角，开制得非常犀利。笔者认为此刀为中、晚唐时期较为典型的唐刀。笔者也收藏有类似风格的剑尖型唐刀（图 141），刃长 70 厘米，刃宽 2.7 厘米，刀格为银质。剑形尖未开制反刃，刃体横截面为三角形，刃体的锻造从锈蚀部分能看出有顺刃体的纹理，刃口部分为烧刃，锈蚀过程中刃口部分的马氏体硬化部分从烧刃线位置崩落。

日本正仓院现存“金银钿装唐大刀”（图 142）是较为明确的传世唐刀之一，其装具银质镂空嵌宝、鞘室木胎髹漆，采用“末金缕”绘制卷云、狮子纹。这只唐刀收藏于正仓院北仓，全长 99.9 厘米，刀柄长 18.5 厘米，鞘室长 81.5 厘米，刃长 78.2 厘米。按《献物帐》的原文记载：“金银钿装唐大刀一口，刃长二尺六寸四分，锋者两刃，鲛皮把，作山形，葛形裁文，鞘上末金镂作，白皮悬，紫皮带执。”对于此刀究竟是真正的唐刀还是日本仿制品的争论颇多，国内外学者多有论文发表，基本上日本学者不谈此刀的来源，只是单纯地研究其工艺细节，国内学者基本无法对此物实际接触，故也无法深入研究。从此刀现有的装饰风格和刃型来看，此刀在中国都有出土原型，应该是属于中国传入的唐刀。其刃型刀尖为剑形，刀尖开反刃。正仓院刀尖反刃无明显折角，与扬州博物馆藏品相比明显缺乏力度，推测是由于正仓院藏品是传世品，在后期的反复研磨中逐渐失去了反刃折角的制作细节。“金银钿装唐大刀”的镂空卷草纹样在盛唐之后较为盛行，加之刀刃是剑形，推测此刀是唐玄宗朝之后传入日本的。根据《东大寺献物帐》的记载，正仓院中应该藏有“御大刀”百余口，查阅日本相关史料过程中，发现其中冠以“唐大刀”之名的有 13 件，但是目前一般认为现存的能够准确称为“唐大刀”的只有此刀。造成正仓院同时期唐刀数量减少的原因是由于天平宝字八年（764）惠美押胜（藤原仲麻吕）之乱时被借出使用而未归还所导致。

从这些资料可以看出，剑形刀尖唐刀也是较为常见的一种刃型，此种类型刀尖在唐初时期就已经产生，早期制式上并无反刃出现，应该是在中期后开始出现反刃。

中国刀在唐朝初期之前都是斜直刀尖的直刀形式。窦皦墓所出的横刀是目前已知最早的剑形尖，笔者认为此种类型刀剑有极大的可能性是受到同时期的突厥刀型影响。俄罗斯在近几十年对南欧、中亚、北亚的考古中发现，公元8—10世纪时，活跃于南欧草原、北亚草原、中亚地区的可萨突厥、西突厥和其他一些游牧势力使用的刀剑多是剑形尖，刀刃呈微弧形（图143）。南俄罗斯考古中南欧和北亚地区，出土过一定数量公元8—9世纪的可萨突厥、突厥系佩刀，苏富比拍卖行在2017年曾经拍卖过一只此类型弯刀（图144），拍卖公司给出的解释是“9th Khazar（哈扎尔汗国、可萨突厥）”佩刀，Khazar哈扎尔汗国是西突厥一部，后来独立。突厥刀剑的研究在今天极为稀少，考古资料也极为稀缺，从目前发掘的南欧可萨突厥佩刀可以大体推测出，西突厥佩刀风格应该也是剑形尖的微曲弯刀。隋唐两朝都和突厥进行了旷日持久的战争，突厥在隋朝的打击下分裂成东、西突厥，东突厥臣服于隋朝；唐太宗时期攻灭东突厥，最后西突厥在唐高宗李治时期被唐灭亡，残余部分的突厥向南俄草原、东欧迁徙。此种剑形尖的刀刃形式也应该是随着隋、唐突厥战争期间传播至中原地区，形成中国刀的一种新风格。

唐横刀的刀刃尤其是斜直刀尖的横刀，普遍有一些内弧，并非纯粹意义的直刀，这点非常近似于汉环首刀。而剑形刀尖的横刀总体偏直，与突厥风格的微外弧形有明显区别，说明唐朝在吸收西域文化的同时也是加以改造的。从武周时期开始，两种风格的横刀开始流行刀格，所以刀茎也开始有了变化，为了方便装入刀格，刀茎不再似北朝以前的通背形式，而是出现了落肩形式，这样的落肩形式一直影响到今日。由于环首风格的衰落，刀茎不再需要固定刀环，刀茎开始出现圆尾，这样的圆尾造型东传日本后，在日本保存的唐大刀、唐样大刀的刀茎中多有遗存。

从中、日博物馆以及收藏家现存的唐刀来看，横刀尺寸明显不一，较短的是正仓院中仓“金银庄横刀第 4 号”，刃长 34.6 厘米；水龙剑刃长 62.3 厘米，丙子椒林剑刃长 65.8 厘米，渤海国刀全长 62.8 厘米；由此推断唐高宗李治对王及善说的“大横刀”应该是指刃长在 60 多厘米的横刀。

C. 斜锐刀尖

此类刀型系剑南道军器（图 145），环首直刀形式，刀环单独制作，环形圆中带方；刀体锻造成型后，刀茎端反卷包紧刀环，刀茎较长，与刀刃交界处缓收两肩，茎宽窄于刃体；刀尖斜锐，此种刀尖与徐州狮子山楚王汉墓出土汉环首刀刀尖一致（图 146）。此种环首唐刀整体尺寸多在 90—92 厘米左右，刃长 60—63 厘米左右，刀刃横截面为三角形，锻造极有特点，中间铁芯多为旋焊，刃、刀背包钢。

剑南道军器中出现旋焊并非孤例，笔者所见有 6 只都是此种工艺，说明在唐朝已经熟练使用旋焊锻造制作刀剑。旋焊锻造多见于明清刀剑，普遍认为是由于蒙古西征后，从西亚、中亚带入中国的，这个观点现在可以修正了。笔者在《唐剑》一章中推测旋焊锻造应该是史料中记载的“镔铁”。

3. 装具

隋、唐两朝横刀的出现，是中国刀剑历史上第一次产生重大变化。

发生这样深刻变化的背景就是南北朝分裂的三百年中西域文化、北方游牧文化对中原文化的影响。在隋、唐统一天下后，唐朝更加包容和吸收西亚、突厥的刀剑特点，再结合中国自身的特点，形成了一种承前启后的刀剑形制。

隋唐横刀在初期多使用环首，无论是壁画还是出土实物都反映了这一特点，这是目前出现在收藏界的一些唐刀环首（图 147），从实物和壁画来看，隋唐刀的环首刀首是从简单环首过渡到三叶环首，再演化至龙凤环首（图 148）。隋、初唐环首数量较多的还是环内呈三叶式结构，宫廷仪仗使用各种龙凤异兽环。杨勇先生收藏的一只长刀就是此类典型，环铁制铆接于刀茎，刀环外形略扁，与隋固原史射勿墓、唐李寿墓环首完全一致（图 149）。这些环首是仪刀还是横刀使用不得而知，这个细节说明隋、唐早期横刀明显还带有魏晋南北朝的遗风，鞘室形式更多的是继承了北周、北齐的风格，其最大的改变之一就是使用了双附耳式样的提挂，从而使中国刀剑改变了一千余年的剑璏式携带方式。

固原北周李贤墓中出土的环首佩刀是目前文博系统发掘的北朝墓葬中出土的唯一完整的铁刀，是中国刀剑第一次以双附耳的形式出现在世人面前。双附耳形式的佩刀最早出现在斯基泰文化中，在公元 4 世纪的萨珊王朝再次出现，并且随着萨珊文化的外扩，粟特人、突厥人将此种形式从西亚、中亚传播至中国。北齐、北周率先接受了此种风格的悬挂方式，北齐徐显秀、娄睿墓室壁画显示北齐武士率先装备了此种风格佩刀，李贤墓考古实物证实了此种佩刀是中国环首刀和西域双附耳提挂形式的结合。隋、唐横刀提挂的风格都是对北周双附耳形式的延续，北朝至隋朝时期附耳基本为前高后低、前圆后坡造型（图150–1），少部分是圆弧形（图150–2）。大都会博物馆藏品和国内发现唐朝附耳变成多曲形（图151），多曲双附耳形式传播至日本，“金银钿庄唐大刀”就是典型。日本1972年发掘的高松冢古坟（7—8世纪）中，出土了一套银质唐刀装具，此套装具明显具有典型的唐风格，附耳内装饰镂空瑞兽缠枝纹（图152）。日本现存的多曲形附耳与国内的唐刀附耳形制一致。

通过这些已知的附耳实物和图像，北朝时期的附耳相对简单，正面有一个圆形钮装饰也简单，附耳背后有“]”型提挂。隋、唐附耳形式开始变化，整体是前高后低，外边成多曲形。由于没有出土实物可以直观了解，笔者经过多个附耳关系的比较，发现附耳的制作非常有意思，先在鞘室顶端粘合一立木片，顶端多曲形，形成附耳的内胎，外用一整片金属片（或镂空）包裹鞘室，反卷至鞘室顶端木立片，夹住木片后，顶部有一多曲内凹压条向下扣住左右附耳金属立面，再用铆钉将压条固定在中间的木片之上，附耳背后的“]”型提挂两端横穿两层金属片与附耳前面的装饰圆片结合，形成稳固的提挂关系，提挂的受力完全由金属薄片和木立片一起承担。早期附耳金属表面较为简单，后期錾刻纹饰，之后演化成镂空雕刻纹样。隋、唐附耳的吊挂形式开始改变北朝流行的“]”型，多在背后做成吊环式样。

隋、唐横刀在中国刀剑历史上另一个最重要的改变，就是开始使用刀格。从现有壁画、实物来看，最早出现格应该在隋唐交界时期。通过实物和石翁仲、壁画来看，隋唐刀格主要分成三大类。

第一类为十字形格，自武周时期横刀开始盛行刀格，并且去掉了环首。唐横刀的格形式略呈较扁的十字星型，左右两端相对较长，此类刀格在唐建陵的石翁仲（图91）中表现得最为清晰，自唐玄宗泰陵开始，到陕西关中十八陵中最后一位唐朝皇帝僖宗李儇的靖陵石翁仲都保持了此种风格的刀格。说明此种剑格在盛唐后成为刀剑格的主流，此种剑格在国内博物馆中仅有辽博唐刀上可见，国内大部分实物都在收藏家手中收藏(图153)。此类格有剑格和刀格的区别，刀格一侧会稍微厚，另一侧稍薄；剑格两端厚度则是基本相同。

此类格随着唐横刀一同传至日本，正仓院北仓保存“金银钿装唐大刀”（图154）“金银装太刀（黑漆绘白弥陀绘草花蝶虫文）”上的刀格都是此类造型。

第二类刀格主体为较扁十字形，左右两端有云头装饰（图155），比较受关注的细节是这类型云头的朝向有的是朝手柄（图155-1、2），有的是朝刀刃（图155-3、4）。此类格，之前被收藏界称之为隋刀格，前文已经分析过其格应是中唐之后产生的。

第三类是整体为一平格，左右两端有乳突，俯视近似两端出头的柿蒂纹（图156）。此类平格主要在唐晚期出现，此种风格的刀格在辽、宋、金三朝得以继承。

中国刀剑在初唐之前基本没有刀格，刀格是典型的西域风格输入。公元6—7世纪，中亚、北亚地区的粟特人、突厥人都是使用此种风格刀格之武器，随着丝绸之路和战争传播至中原地区。俄罗斯艾尔米塔什博物馆收藏的一件来自库拉吉什7—8世纪的镀金银盘中，可见非常典型的粟特武士形象，画面中有明显折断的浅十字格刀剑（图157）。新疆出土的温泉县阿尔卡特墓地发现的石像是典型的公元6—7世纪突厥人，此类石雕在蒙古乌布苏省、南西伯利亚图瓦盆地、阿尔泰边疆区、哈萨克斯坦、吉尔吉斯斯坦以及我国新疆境内大量出土，突厥石人身上都能看到双附耳提挂、浅十字格与长刀形象（图

158）；加拿大多伦多博物馆藏突厥磁人也表现出浅十字格、双附耳提挂形式（图 159，@Sergio1968 拍摄）。

大英博物馆保存的丹丹乌里克遗址所出的（馆藏编号 1907，1111.7）木版画中也有十字格佩刀形象（图 160），此木版画是斯坦因在新疆丹丹乌里克遗址发现的，1907 年移交至大英博物馆。丹丹乌里克唐朝时的名称是杰谢（于阗文 Gayseta），唐朝在此设杰谢镇，是安西四镇中于阗军镇防御体系中的一环 。

随着近百年的考古发掘，俄罗斯艾尔米塔什博物馆保存了公元 7 世纪十字星型格（图 161），此剑格出自阿瓦尔人地区，阿瓦尔人即北魏的北方宿敌柔然，突厥崛起后，柔然分裂，一部分西迁，形成了阿瓦尔人。十字形格是典型的游牧风格武器装具，这种风格随着民族的迁徙和文化交流，对中亚的粟特人和突厥人的武备产生影响，又伴随着突厥和隋、唐的战争，影响了隋、唐的刀剑。史料中记载侯君集、阿史那社尔在贞观九年（635）灭高昌后，太宗为了奖励阿史那社尔，特赐“高昌宝钿刀、杂彩千段”（《新唐书·史大柰传》）。史料说明在初唐时期，唐朝宫廷已经有西域风格刀剑，高昌宝钿刀从风格上应该与丹丹乌里克遗址画版上所显示的十字格刀一致。

唐横刀在舍弃环首造型后，刀首的变化最初仅仅覆盖一弧形金属片，至中唐时期已经转变成圭首造型。唐大明宫考古中出土了圭首的包边零件（图 162），“呈马鞍形，侧面酷似杏叶。左右对称各有一小穿孔。应是木质柄端的包饰之物。体宽 3.7、高 3.4、厚 0.15、侧面宽 1.5 厘米。”（中国社会科学院考古研究所西安唐城工作队《唐大明宫含元殿遗址 1995-1996 年发掘报告》）由于国内对兵器研究的缺乏，对此物的认知并未引起重视。此“包饰之物”与同时期日本高松冢古坟出土的银唐刀首（图 163）完全一致。

4. 唐长刀

唐朝长刀极为罕见，笔者见过两只形制一致的剑形长刀，此两长刀都出自唐剑南道。最长的是 124 厘米，另一只稍短。刃体似剑形，一侧刃锋锐利，另一侧相对开刃不甚锋利，刃宽 3.6 厘米，至尖端渐收，茎尾端渐收窄收圆，茎开两孔，靠上端一孔较大，尾端一孔较小。此种长刀明显是一种双手长兵器，推测手柄应该长度在 60—80 厘米，整体长度应在 1.8—2 米左右（图 164）。唐朝剑南道还出现过一种带格长刀，此种长刀双手柄箍，柄首为环，格两翼较直，表面錾刻麦穗纹。刀刃长直，刀尖斜直，靠近刀背处开制血槽，刀背厚 9 毫米，刃长接近 100 厘米，柄长 40 厘米（图 165，马郁惟先生收藏）。两类长刀都是唐军步兵克制骑兵的武器。

从武周时期开始至开元时期，吐蕃和唐军在剑南道的松州（今四川松潘县）、悉州（今四川黑水县）、茂州（今四川茂县）反复拉锯。武周长安二年（702），吐蕃赞普赤都松赞（《新唐书》中作器弩悉弄）亲率吐蕃骑兵攻打位于剑南道北部的悉州，由于剑南道西川一带地势陡峭崎岖，河谷密林交错纵横，吐蕃骑兵在峡谷沟壑中难以展开，唐军抵挡住吐蕃的进攻后，趁势发动了反击，击败吐蕃军。茂州都督陈大慈率领唐军迎敌：“与贼凡四战，皆破之，斩首千余级。”（《旧唐书·吐蕃上》）公元 716 年，吐蕃军攻击剑南道北部的松州，唐朝松州都督孙仁献率军反击，“初仁献率骁勇，候夜掩入贼营，乱斫之，贼骇栗奔散，乃以刀斫马脚而自溃。”（《册府元龟·将帅部·立功》）孙仁献亲率锐士夜袭围困松州的吐蕃军营，“乱斫之，”唐军应该是使用长刀冲入吐蕃军中砍杀，吐蕃军遂溃。笔者推测剑南道唐军在对抗吐蕃军中，军中锐士善用长刀。

从现有史料推测，陌刀应是长刃刀，“陌刀”注释为“长刀也，步兵所持，盖古之断马剑”，说明陌刀前身应是剑形大刀。近代有学者认为陌刀是长杆大刀，笔者认为此观点颇值得商榷，如果是长剑形刃，再使用长杆，作为步军武器只能是攒刺，而不适合劈砍，此种形制的刀的杀伤能力与长槊并无差异，军队是不会选择两种性能如此相近的长杆武器。事实上在记载陌刀的史料中多是以斩、劈杀伤对手，敦煌史料也记载陌刀乱“搵”，就是指陌刀靠击打、劈砍，所以笔者认为陌刀的形制应该是剑形长刀，双手持握，总体长度应与常人身高接近，这样裴行俭的陌刀军藏身粮车才有可能，此种体量的长刀才适合劈砍杀伤对手。《新唐书》中记载阚棱使用的刀“其长丈”，应是形容其刀长于普通的横刀，而不是指整刀长于一丈。

故剑南道出现的长刀从功能性、剑形造型来说，是非常符合陌刀的史料记载。但是此类长刀是否是史料中的陌刀？由于无考古依据，现在无法准确确定。

四、唐刀装备与制作

作为唐军短柄佩刀，横刀的使用率极高，既位居“鞊鞢七事”之首，也是府兵的“随身七事”之一，唐前期府兵制度之下，是每个卫士必须配备的制式兵器。据《新唐书·兵志》记载，太宗贞观十年（636）规定：

> 人具弓一，矢三十，胡禄、横刀、砺石、大觿、毡帽、毡装、行縢皆一，麦饭九斗，米二斗，皆自备，并其介胄、戎具藏于库。

有所征行，则视其入而出给之。其番上宿卫者，惟给弓矢、横刀而已。

从史料记载可知，横刀是唐初府兵全套装备中唯一的近战武器，需要自行购买。

从现有史料来看，唐内廷的唐刀是由少府监制作，少府监主要是为皇室及朝臣服务的，其职责就是提供“天子之服御，百官之仪制”。唐初期造御兵刃之职权转隶至右尚署，生产刀剑、斧钺、甲胄、具装等。比如皇族自行携带的“弓刀杂用之物”，皇帝亲赐臣下的“佩刀”“宝刀”等都应来自右尚署，其中佩刀应该就是横刀。《唐六典》记载唐朝军器制作都会物勒工名，“凡营军器，皆镌题年月及工人姓名，辨其名物，而阅其虚实。”（《唐六典·将作监》）普通横刀是可以由民间制作并在市场销售的。吐鲁番籍帐《唐天宝二年交河郡市估案》中清晰记录了横刀的品种和价格：“镔横刀壹口鍮石铰：上直钱贰阡伍伯文，次贰阡文，下壹阡捌伯文。”“钢横刀壹口白铁铰：上直钱玖伯文，次捌伯文，下柒伯文。”唐朝官府也会从市场中购买兵器，对刀的质量有明确要求：“凡与官交易及悬平赃物，并用中贾。其造弓矢、长刀，官为立样，仍题工人姓名，然后听鬻之；诸器物亦如之。”（《唐六典·两京诸市署》）官府采购必须从质量较高的“上贾、中贾”店铺采买，这些制作的兵器必须按照官方设立的工艺标准进行制作，并且按照官方的要求在刀上物勒工名。

在窦皦墓横刀上错有“百折百练”四字铭文，这说明隋、唐继承的是两汉以来一直延绵不绝的百炼钢技术。此横刀因为无法研磨，所以不太清楚其锻造形式。中国传统锻造刀剑都锻造纹理，唐朝诗文中对当时锻造纹理的优美有极为浪漫的记载，李白《暖酒》诗云："热暖将来宾铁文，暂时不动聚白云。"元稹《奉和浙西大夫李德裕述梦四十韵》："金刚锥透玉，镔铁剑吹毛。"刀剑周身因为折叠锻造形成的独特的纹理与云气相似，再加上经过高级研磨后展现出吹毛透风的锋利形象，被诗人用最美妙的词句加以赞颂。北宋刘敞的《公是集》中有一篇《贞观刀记》，写的是他收藏的一把贞观年间的刀，刀背上也错嵌金字，记载了制作的时间、地点、参与的工匠及监管的官员。其铭曰"贞观十六年／并州都督府造锷／刀匠苏四等造／专当参军事王某"。刘敞认为："物勒工名，盖古制也，其字体劲，金亦精好，足以明当时总核名实，百工所制作，后世鲜及之。"

六、小结

唐朝建立了中国历史上最辉煌的王朝，其刀剑形制的复杂程度远超过史料记载，史料中只言片语和考古实物的稀缺造成研究唐朝武备的困难，从这些史料和考古实物中，我们能一窥唐制刀剑的冰山一角。目前对横刀的研究相对清晰，其他武备类型研究基本限于史料文字和有限的壁画、陶俑等图像。

陌刀如流星般出现在唐朝历史中，留下短暂而灿烂的光芒。陌刀从表象上看是一种新型且威力巨大的武器，而其核心含义则体现了中原农耕文明对抗游牧文明的一种策略。唐朝继承隋朝的疆域之后，同样要面对隋朝的外患——北方的突厥，这两种文明之间的对抗，自秦汉以来就不断在中华大地上上演。南北朝时期北方各政权都极为依仗强大的骑兵，唐高祖李渊在太原反击突厥时，深刻认识到突厥骑兵的巨大威力，他完全按照突厥的骑兵风格组建了自己的骑兵部队。在这之前，汉武帝就是这样组建骑兵，一扫匈奴的。

另外一种策略就是用更加新颖的武器来对抗骑兵，陌刀由此登上舞台。陌刀从诞生起，就是“以步抗骑”的产物，陌刀虽然最初诞生在江淮地区，但是真正成为大杀器，则是唐军在控制西域之后并与突厥反复征战中。在安西都护府的对外战争中，陌刀成为唐军改变自己马少不精的劣势、发挥步兵优势的关键兵器，成为突厥、吐蕃等游牧骑兵的噩梦。

安史之乱爆发后，安西军回中原地区平叛，陌刀也成为唐军对抗安史叛军骑兵的重要武器。安史之乱平息，唐朝走向衰落，藩镇割据成为朝廷心腹大患，唐朝的战争对象逐渐转向内部，骑兵对抗开始减少，逐渐又回到了中原地区步兵对抗、攻城作战模式。作为克制骑兵的武器，陌刀逐渐式微，至唐晚期退出战争舞台。

至北宋时期，宋军步兵在与西夏军的“铁鹞子”重甲骑兵对抗中屡次失败，才又开始重视长刀战法，秦凤路经略安抚使何常上奏：

> 又步兵之中，必先择其魁健材力之卒，皆用斩马刀，别以一将统之，如唐李嗣业用陌刀法。遇铁鹞子冲突，或掠我阵脚，或践踏我步人，则用斩马刀以进，是取胜之一奇也。(《宋史·兵志四》)

此时陌刀已经在军队中消失了近两百年。《唐六典》中记载的陌刀、鄣刀目前都无考古实物，尤其是陌刀无出土实物，为大唐开疆拓土、平定内患的这件军器几乎就是大唐神武的代表，令人神往不已，至今无法一睹其造型，甚为遗憾。

第三章 辽、金刀

中国刀在汉至五代都是以环首直刀为主流，在唐朝时期出现了较为窄细的剑尖型刀。至辽、金时期，由于受到北方草原风格影响，刀型为之一变，形成了一种新型刀型，此种刀型对后世中国刀产生了巨大的影响。本章通过史料、图像、实物，对辽、金时期刀型的特征做了一些归纳，对其受到的北亚游牧影响和演变做了一些梳理。

一、史料中的辽、金刀

辽朝史料中对刀的记载相对较少，史料中的只言片语只能分析出，刀在辽军装备中属于武官的佩带之物。

《辽史·仪卫志》载:“武官鞊鞢七事:佩刀、刀子、磨石、契苾真、哕厥、针筒、火石袋。”“佩刀”“刀子”是两种器物，“佩刀”是指三尺左右的刀型，而“刀子”则是随身生活用小刀，游牧民族的解食小刀。

辽朝一些将领随身佩刀在史料中也有反映:“(耶律)曷鲁常佩刀从太祖，以备不虞。”(《辽史·耶律曷鲁传》)耶律曷鲁和耶律阿保机自幼相识，两人祖父是亲兄弟，耶律曷鲁祖父耶律匣马葛是耶律阿保机的祖父耶律匀德寔之兄。耶律滑哥弑父后，也意图对耶律阿保机不利，耶律曷鲁随即“常佩刀”护卫在耶律阿保机身边。耶律曷鲁官至“阿鲁敦于越”，“于越”为阿保机叔父释鲁设立的一个官职。据《辽史·国语解》载:“于越”为“贵官，无所职。其位居北、南大王上,非有大功德者不授。”职属或有汉之位列三公之意。“阿鲁敦”为契丹语，意为盛名，终辽一代受封者无几，而称“阿鲁敦于越”者，惟曷鲁一人。学术界现将辽世宗时有援立之功的耶律屋质、圣宗朝曾大败宋军的耶律休哥与耶律曷鲁并称为“三于越”，而曷鲁居“三于越”之首。辽晚期道宗清宁时期下诏有司，在辽上京为此三人立祠，以备时祭。耶律曷鲁少时就与耶律阿保机关系甚密，一次与耶律阿保机玩耍，他们的叔父耶律释鲁奇之曰:“兴我家者，必二儿也。”后耶律曷鲁一直追随耶律阿保机东征西讨。耶律阿保机曾与后唐李克用在云州会盟，当时耶律曷鲁侍卫于耶律阿保机身边，克用顾而壮之，问耶律阿保机："伟男子为谁？"太祖答道："吾族曷鲁也。"耶律曷鲁在契丹国创建及太祖登基过程中都起过重要作用。由于契丹一直沿袭着世选制，至阿保机即皇帝位，将世选制变成世袭制，引起契丹贵族的强烈反对，因此耶律阿保机在称帝这个问题上忧心忡忡，耶律曷鲁是阿保机称帝的支持者，再三劝进。太祖即位后，遂委耶律曷鲁总军国事，后太祖又置心腹部队皮室军，成为耶律阿保机的亲军，耶律曷鲁为首领。

辽圣宗开泰五年（1016）秋，圣宗皇帝按照契丹传统行猎，圣宗在射虎的时候，由于马速太快，箭矢未能射中老虎，老虎被激怒，翻身扑向辽圣宗。这时候护卫圣宗的侍卫都被老虎的凶猛吓得左右躲闪，随侍在辽圣宗身边的"奚拽剌详稳"陈昭衮翻身骑在老虎身上，"捉虎两耳骑之。虎骇，且逸。"辽圣宗命卫士射虎，陈昭衮大呼制止，老虎驮着陈昭衮翻山越岭，陈昭衮始终骑在老虎身上，"伺便，拔佩刀杀之。"（《辽史·陈昭衮传》）能杀虎的佩刀肯定不会是随身携带的小刀，应是军制的长刀。

辽道宗（1055-1101）时期，耶律乙辛专权，萧达鲁古与萧挞得依附耶律乙辛，受其指使杀辽太子耶律浚，事后萧达鲁古害怕阴杀太子的事情败露，"出入常佩刀，有急召，即欲自杀"（《辽史·萧达鲁古传》）。辽朝建国后，史料中特别记载是武官佩刀，说明在军事制度上武官还是以佩刀为主流。从四段史料中可看出辽朝这些重要军事将领都是佩刀为主。辽朝军中也使用佩刀，《辽史·礼志六》载："岁十月，五京进纸造小衣甲、枪刀、器械万副"。辽朝设立五京制度，各京分造器甲，从此史料中明确可知军制中装备"刀"。

辽朝史料相对较少，故记载宫廷、将领、军制中佩刀的实例相对较少。

至金朝，史料中对刀的记录开始增多。首先是因为金朝在海陵王南下迁都后锐意汉化，整个宫廷仪卫、官职都与南宋高度相似，所以史料相对丰富。刀在金朝宫廷、仪卫、卤簿、御赐、军将作战中都有相当数量的记载。

金熙宗在天眷元年（1138）九月就“始禁亲王以下佩刀入宫”。说明当时能够进入宫廷的官员多携带佩刀。金熙宗在位期间酗酒嗜杀，完颜亮伺机篡位，皇统九年（1149）十二月，金熙宗醉卧宫殿，完颜亮、大兴国趁着忽土、阿里出虎宿卫当值，假传圣旨骗开宫门，“忽土、阿里出虎至帝前，帝求榻上常所置佩刀，不知已为兴国易置其处，忽土、阿里出虎遂进弑帝，亮复前手刃之，血溅满其面与衣。帝崩，时年三十一。”（《金史·熙宗本纪》）金熙宗在危急时刻想去拿自己随身佩刀，此时佩刀已经被大兴国藏匿，忽土、阿里出虎随即用刀刺杀金熙宗，完颜亮补刀弑君，随后称帝。海陵王篡位后，宫廷佩刀制度又发生了改变，对有功的大臣赐佩刀入宫以示荣宠。金世宗时期规定宫廷宿卫亲军在非当值时不得带刀入宫。金章宗（1189—1208）时期宫廷侍卫“石抹阿古误带刀入禁门，罪应死，诏杖八十”。（《金史·章宗本纪》）。泰和四年（1204）“谕外方使人不得佩刀入宫”。从这些史料来看，金朝皇帝、亲王、重臣都携带佩刀。

《金史·舆服志》明显能看出金朝在海陵王定都燕京后，整个社会制度非常汉化，其宫廷常朝仪卫、大驾卤簿中大量使用了“仪刀、刀盾、长刀、横刀”，这里的“横刀”是指军士佩带于腰侧的刀。海陵王天德五年（1153）的仪仗规模巨大，“黄麾仗一万八百二十三人（摄官在内），骑三千九百六十九，分八节。”可见军士佩刀数量极大。

这些宫廷仪卫军士长刀装具分成两种，“鍮石装长刀、银装长刀。”（《金史·仪卫志》）从《舆服志》中能看出宫廷仪卫中刀应用极为普遍。

《金史·舆服志》中还记载了金人喜欢佩带小刀：

左佩牌，右佩刀。刀贵镔，柄尚鸡舌木，黄黑相半，有黑双距者为上，或三事五事。室饰以酱瓣桦，镖口饰以鲛，或屑金鍮和漆，涂鲛隙而礲平之。酱瓣桦者，谓桦皮斑文色殷紫如酱中豆瓣也，产其国，故尚之。

金人喜欢镔铁小刀，刀柄较为华贵的使用黑黄相间的鸡翅木，最上品是有三道或者五道。刀鞘用酱色桦树皮装饰，鞘口包裹鲛鱼皮，鞘室用金粉、鍮石粉和漆进行装饰。此种装饰方式在唐朝就已经出现，后传播至日本，正仓院金银钿装唐大刀的鞘室就是采用此种方式髹漆，按照正仓院《献物账》记载称之为“末金缕”。金朝还规定庶人“不得以金、玉、犀、象诸宝玛瑙、玻璃之类为器皿及装饰刀把鞘”，这段史料说明金朝贵族的刀柄、刀鞘都可以镶嵌诸多珍宝。

金朝勇将、勋臣也被御赐刀，彰显其武功和皇室荣宠。金熙宗朝御赐配给完颜谋衍：

谋衍，勇力过人，善用长矛突战。天眷间，充牌印祗候，授显武将军，擢符宝郎。……（皇统）七年，出为北京留守，上御便殿，赐食，及御服衣带佩刀，谓之曰：“以卿故老，欲以均劳逸，故授此职，卿其勉之。”改东京留守，封荣国公。（《金史·谋衍传》）

金世宗朝给完颜京、完颜文两兄弟都御赐过佩刀，“赐佩刀厩马”“赐上常御絛服佩刀而遣之”。金朝史料中记载，御赐佩刀有多次多人，都是以表彰为主，未用佩刀做尚方宝剑和代行天子事的权力，这一细节值得深入研究。

金朝初期勇将彀英善用刀，十六岁时，其父完颜银术可授予彀英甲胄，从军伐辽，金太祖见到彀英时，尚梳“丱发”（宋金时期儿童将头发束成两角）。彀英随太祖伐辽常做军中先锋，被授予世袭“谋克”一职。宋、金两军在太原鏖战期间，宋军援军数万至南关，其父完颜银术可和其弟拔离速、完颜娄室等发兵阻击，在巷战中“一卒挥刀向拔离速，彀英以刀断其腕，一卒复从旁以枪刺之，彀英断其枪，追杀之”（《金史·彀英传》）。在彀英的传记中还记录了一件非常有意思的事情，彀英随着完颜宗弼攻宋，彀英和完颜宗弼合兵至仙人关，彀英率军先攻，宗弼制止其行为，彀英不听其指挥，完颜宗弼“以刀背击其兜鍪，使之退”。完颜宗弼是太祖完颜阿骨打第四子，金朝名将、开国功臣，又被称作金兀术，宋史料中多称之为“四太子”。主导了多次南下攻宋，与宋军先后在黄天荡、富平、和尚原、两淮等地展开激战，胜败不一。天眷二年（1139），金、宋签订和议，次年，宗弼杀金朝主和派大臣完颜昌等，撕毁和约，再次大举南侵，但在顺昌、颍昌、柘皋镇等地被宋军大将刘锜击败，被迫退守开封。这段史料说明金军统帅完颜宗弼也随身佩刀。

海陵王正隆四年（1159），蒲察世杰率军攻宋，在斗门城领三百兵与宋军万余相遇，“宋将三人挺枪来刺世杰，世杰以刀断其枪，宋兵乃退。”后海陵王诏命蒲察世杰入朝，为嘉奖其功绩御赐“厩马、弓矢、佩刀”。（《金史·蒲察世杰传》）

金朝灭亡后，宋朝在蔡州缴获金朝宫廷器物中，有“金龙环刀一”（《宋史·舆服六》），金龙究竟是装饰在刀环上，还是其他位置，不得而知。从史料中得知金朝宫廷装备环首刀，笔者认为金朝在海陵王迁都后，已经以中国自居，所以在宫廷典章制度中崇古，应是采取环首刀作为礼仪用具。

从史料中可以看出，金朝军将佩刀极为普遍。

二、考古、壁画中的辽、金刀

辽墓考古中刀的数量远大于剑的数量，笔者查询历年公布的考古资料，辽剑和刀的比例大概在 1：3 左右。1992 年发掘的耶律羽之墓中有残铁刀一只（图 166），为辽早期刀提供了一些资料，“铁刀，柄内收，刀背平齐，刃锈残，刀尖残缺。刀身残宽 2.4—4.2、背厚 1—1.5，通长 66 厘米。”（内蒙古文物考古研究所、赤峰市博物馆、阿鲁科尔沁旗文物管理所《辽耶律羽之墓发掘简报》,《文物》1996 年 1 月 15 日）耶律羽之是辽太祖耶律阿保机的堂弟，耶律羽之之兄就是耶律曷鲁。此刀虽然残损，但还是提供了一些有价值的信息。此刀靠近刀茎位置残存宽度 4.2 厘米，其原始状态有很大可能接近 4.5 厘米；刀背靠近刀茎位置残存厚度 1.5 厘米，刀尖残损，残存位置厚度 1 厘米，残刀长 66 厘米，按照此厚度推测，刃长应该超过 70 厘米，整体为直刀造型。由此可知，辽早期的刀无论厚度还是宽度都是令人吃惊的。

1984 年 10 月下旬，齐齐哈尔市梅里斯达斡尔族区共和乡长岗村村民在房前挖窖时，发现了一座辽中晚期墓葬。墓室中出土一只长刀（图 167），“刀 1 件。柄残，单刃，长窄身，刃部较锋利，背略平，护手棱形盘状，残长 70 厘米、宽 3 厘米、厚 0.5 厘米，护手高 12 厘米、宽 1 厘米、厚 0.8 厘米。”（崔福来、辛建《齐齐哈尔市梅里斯长岗辽墓清理简报》，《北方文物》1993 年第 4 期）此刀刃型狭窄，刀刃较薄。

辽朝开始出现一种双手长柄刀，此类刀较为特殊，刀背出双峰，刀挡为桃形平格，铁茎长约 30 厘米，刀首和茎锻造成一体，形如葫芦，中心开孔。徐州博物馆藏有此类长刀（图 168），赤峰大营子辽驸马赠卫国王墓也出土相同形制的大刀。

金朝考古资料中，刀的出土比辽时期要多，经调查、发掘的金代城址、遗址、墓葬和窖藏出土的文物中多含有兵器。其中出土兵器较为集中的有阿城金上京、吐列毛杜古城、德惠后城子古城、肇东八里城、绥滨永生金墓、阿城双城村金墓、金东北路界壕边堡、镇赉黄家围子金墓等，都出土了金朝兵器。其中兵器主要有刀、矛、剑、叉、镞、铁蒺藜、盔、甲片、铜骨朵、铜弩机、桦皮箭箙等。但是由于是早期考古资料，图片印刷质量不高，较难辨识细节。

黑龙江肇东县八里城金代遗址出土铁器 700 余件，其中刀有 6 件，“分柳叶式、宽式、环首式三类，各类刀皆无风槽”（肇东县博物馆《黑龙江肇东县八里城清理简报》，《考古》1960 年第 2 期）（图 169）。此处遗址中的佩刀都属于金朝军制佩刀。

2008 年 9 月，中国社会科学院考古研究所内蒙古二队和内蒙古文物考古研究所联合组成考古队，对辽代祖陵内“南岭”东侧的大型建筑基址进行了抢救性考古发掘，获得了较为重要的成果。特别是西侧正房（编号 J2W1）的南侧火道内清理出 2 把精美的铁刀（图 170），是本次发掘的重要收获之一。根据发掘资料推定，该房屋或许属于祭祀祖陵的人员临时下榻之所。两只刀保存的品相非常好，两刀刃型一致，都属于宽直刀型，刀刃如鱼腹形，刀尖尖锐；靠刀格处有“L”型刃夹，刀格为桃形平格较为宽大；其中一只刀是盔形刀首，另一只刀首较为简单，两刀都在刀茎尾端有茎孔。此遗址出土的刀刃形与图 169-2 中出土的刃形基本一致。

中国文物信息咨询中心集合全国近 2000 多家博物馆数据资源，建设全国数字博物馆集群——博物中国（www.museumschina.cn），该网站提供了一些近年的考古成果。黑龙江省七台河市勃利县数字博物馆公布了两只金朝长刀，形制完全不同，一只刀身长直，略带内弧，刀尖斜锐，刀格为桃形，柄箍相对较长，柄首较为简单，为一弧形金属压片，采用铆接固定形式（图 171）。另一只刀刃较宽，刃如鱼腹，刀尖锐利，刃体靠刀格端略窄，至刀尖略微放大呈鱼腹形，刀格为椭圆平格，刀首遗失，应该为盔型刀首（图 172），此刀形制与辽祖陵出土的佩刀形制一致。

1985 年 6 月，在黑龙江省勃利县长兴乡马鞍村南约 1.5 公里处，距地表 2.5 米处出土一把大定二十九年（1189）铁战刀（图 173），同时出土的还有铁箭头。此刀为村民许吉贵发现，并捐送给七台河市文管站，现由黑龙江省博物馆收藏。“刀背末端最宽处錾刻楷书‘大定二十九年□造’8 个字，通长 87 厘米、刃宽 3.7 厘米、刀身长 71.5 厘米，刀前背厚 0.5 厘米、后背厚 1.2 厘米，柄长 15.5 厘米、最宽处 2 厘米，器形完整，刃部刚性较好。”该刀剖面呈三角形，刃背部平直，刃如鱼腹，刀尖斜锐，刀尖背部开短反刃，刃体靠格处有“⎿”型刃夹。大定二十九年（1189）是金世宗完颜雍时期，这是目前唯一一只具有铭文的金朝佩刀。此刀是已知考古实物中状态最好、信息最多的金朝军制佩刀，被定为国家一级文物，长期展陈在黑龙江省博物馆。

辽、金两朝的雕塑、壁画中武士所持的兵器基本都是剑，未见持刀的图像。这是由于在中国文化中，剑往往都具有某种神性，多为神将、天王所持兵器，这跟剑在汉朝以后逐渐成为礼器有关。故而从图像中归纳辽、金两朝刀形制较为困难。辽、金两朝在传统史观中被认为是少数民族政权，事实上辽、金两朝汉化程度非常高，在宗教观念中与两宋无太多差异，所以辽、金的雕塑、壁画体系中极少见到刀的形象。金朝在海陵王迁都后汉化程度极高，在山西金朝寺庙壁画上体现得尤为明显。

笔者在山西繁峙岩山寺金朝壁画中发现了一个非常有意思的细节，东大殿一铺壁画中有一个场景“鬼卒歇息图”（图 174）（壁画艺术博物馆《山西古代壁画珍品典藏》，山西经济出版社 2016 年版），画面左侧三个鬼卒擐甲持刃，手中长刀极为特殊，刀型近似棹刀，一侧刀尖较为长锐，双手持长柄，柄端为环首。岩山寺原名灵岩寺，位于五台山以北繁峙县境内，创建于金正隆三年（1158），大殿建成于大定九年（1169）。此壁画虽然绘画的是鬼卒，但其手持的长刀是典型的军中长柄刀。

金朝政治中心南移后，整体政治结构上已经彻底汉化，放弃了传统完颜姓旧贵族的统治模式，大量任用汉人、契丹人、渤海国人作为官员。此时的金朝基本与南宋在官职、军制上没有差异，金朝与南宋之间相互影响。山西晋南稷山马村金朝段氏墓砖雕中有金朝环首刀形象（图 175）（山西省考古研究所《平阳金墓砖雕》，山西文物出版社），山西省考古研究所在发掘工作中，据七号墓中《段揖预修墓记》中有大定二十一年（1181）纪年，认为此家族墓葬属于金代中期。墓室中两铺砖雕表现的是二十四孝中的“拾椹奉亲”与“舍己救弟”，虽是两汉故事，雕刻的人物则是按照金军形象塑造的，金军环首刀刀尖略宽，刀首为环首，靠近刀背位置有明显的血槽。北方金军的佩刀多为盔型首，刀尖尖锐；金朝中期的环首刀、金朝在长城以南的刀型与南宋军环首刀几乎一致。

辽金时期刀剑刃体、装具都大量使用错银工艺装饰，辽、金两朝起源于白山黑水，对铁器有明显的偏好，故在铁上偏爱错金银装饰，比较有代表性的耶律羽之墓出土的刀子（图176）就是典型代表。

三、现存的辽、金刀

随着国内近二十年来对历代武备收藏的重视，国内武备收藏家收藏了相当数量的辽、金时期的武备实物。这些实物对照考古资料，按照刀条刃型、装具特征，可以较为清晰地梳理出辽、金两朝武备的一些重要特征。

1. 浅十字格形直刃

辽刀早期形式受到唐制影响比较多，在早期辽刀中明显能看出刀刃形式是斜直刀尖，刀刃轻微内弧，剑格为浅十字格，刃夹是长方形，这样的刃夹形式在唐刀、唐剑中较为常见，此类刀的鞘装形制应该与内蒙古阿鲁科尔沁旗东沙布日台乡宝山村1号墓中壁画（图177）相同。此墓室为天赞二年（923）下葬，此时距离唐朝灭亡只有16年，这个阶段的剑装、刀装区别不大。收藏家潘赛火先生收藏的一只辽刀(图178)就明显是辽早期风格,刀刃形制与渤海国唐刀(图179）完全一致，其刀格是两端为如意形浅十字格，刀茎较宽。此类刀首多为圭形，由金属包边，包边下端为如意形，用两个铆钉固定在木柄上，刀茎尾端稍微大的孔由中空铜管铆接木柄和刀茎，中间穿手绳。渤海国和辽朝早期都深受唐文化影响，此类刀刃宽基本在3厘米，长度在60—70厘米，此类刀的厚度多在0.7—1厘米左右。从耶律羽之墓出土的实物来看，辽早期也存在一种较为宽厚的刃型。遗憾的是，耶律羽之墓出土之刀的刀尖残损，无法得知其刀制是否与潘赛火先生所藏辽刀或渤海国唐刀一致。

收藏家皇甫江先生收藏的一只水晶柄辽刀（图180）非常值得研究，柄整体由水晶制作，表面浅浮雕龙纹，剑首为如意首，刀茎通过两个银质铆钉横向穿过水晶柄固定，刀格为浅十字格，错银鎏金云纹，刀格窄小平直，同样错云纹，刀刃长直，刀尖如剑形，靠刀背处开制血槽，血槽内错云纹。浅十字格，血槽内的云纹制作非常精致，属于典型的辽朝纹饰，此种云型源自唐朝。此种云纹在辽壁画、器物中大量存在，陈国公主墓中马鞍垫有典型的此类云纹（图181）（许光冀《中国出土壁画全集》（内蒙古卷），科学出版社）；辽朝此种云纹脱胎于唐云纹，辽宁省博物馆藏阜新县辽塔地宫出土的辽镜有相同云纹（图182　拔刀斋日本刀版主老六摄影）。

国内藏家还收藏有装具较为完整的辽早期佩刀（图183），装具为银质鎏金。手柄为整体银裹木柄，刀首为L型银皮包裹，装饰鱼籽地缠枝纹。靠柄收端有一横向销钉，销钉端有一圆环，此圆环系外挂手绳结构，其形制与正仓院金银钿装唐大刀（图184）的手绳结构相同。此刀提挂是唐制山形附耳的简化版，下有两银质鞘束，鞘束两端有曲边装饰。此种双鞘束的形式唐中期以后极为流行。双鞘束提挂形式来自西域，随着近年考古资料的丰富，更加明确此种双鞘束风格来自突厥。唐高宗时期西突厥灭亡，突厥残部西迁，生活在南俄罗斯草原和中亚地区。俄罗斯在这个区域的考古资料中显示出突厥人使用此种风格提挂（图 185），此种风格的提挂在南俄罗斯草原和北亚游牧势力中一直延续至公元 13 世纪。辽在立国之后，其西部疆域和中亚接壤，故北亚游牧风格的装具风格和刀型对契丹产生了比较大的影响。此刀刃夹位置装饰有毗沙门天王像，格为柿蒂纹造型，外缘起沿略鼓，此刀是银装辽刀中较为高级的形制。

2. 镐造剑形刀刃

收藏家皇甫江先生收藏的一只辽刀（图 186）同样也是银装。刀柄相对较长下弯，柄首与图 182 相似，都是 L 型包裹柄，手柄缠银丝，有一横向销钉，两端装饰柿蒂纹手花。刀格为柿蒂纹造型，铁胎错银摩羯纹，外缘覆银包边。鞘口为铜鎏金山形，錾刻宝相花。鞘室上下两端包银皮装饰，银皮錾刻飞凤纹。提挂附耳呈半圆形，鞘束为铜鎏金錾刻宝相花、凤鸟纹。刀刃较直，中起镐线，刃体局部错金银丝卷云纹，其他部位因为锈蚀无法辨别错银图样。此刀是目前已知最高级的辽刀之一。

此种下弯柄造型最早见于公元 9 世纪敦煌绢画天王像（图 187）（周菁葆、孙大卫《西域美术全集》（绘画卷），天津人民美术出版社 2016 年版），由斯坦因从敦煌带走，现存德国柏林印度艺术博物馆，博物馆给出的藏品时间是公元 8—9 世纪，天王所持的剑柄略呈弧形，剑首有L型金属包边。唐晚期五代初期甘肃榆林窟第16窟《曹议金供养图》中出现下弯柄刀型（图188），图像中曹议金的侍者手捧胡禄和长刀，刀柄下弯，柄首呈L型，刀首端明显较平。五代、北宋时期的敦煌绢画中也记录了此种下弯手柄造型，法国吉美博物馆藏《樊继寿供养千手千眼观音像》（图189）系斯坦因从敦煌带至法国。从供养发愿文可知，此画绘于北宋太平兴国六年（981），施主是樊继寿，其官衔为“节度都头银青光禄大夫检校国子祭酒兼御史中丞”。他头戴平脚幞头，身着黑袍，手持银色带柄香炉恭立。其身后为捧团扇和兵器的二侍从，手持长刀柄下弯，柄首呈L型，柄裹鲛鱼皮，柄首是平面，这一细节显示下弯柄在北宋时期已经发生变化。从图像学角度来看，榆林窟壁画、吉美敦煌绢画中的长刀与图186实物完全一致。此种弯柄风格在唐朝资料中初见，北宋、辽朝时期较为流行，早期柄首是圆弧，五代、北宋、辽时期刀首为平面。下弯手柄也是典型的游牧风格，应是唐末、辽初受到了北亚、中亚影响，并影响了北宋。

辽中期还有一种刀型（图190）较为流行，刀身狭长，略有上挑，刀尖呈剑形，刃体中起镐线，与图186刃型基本相似。此刀装具的双鞘束提挂明显是北亚游牧风格。柄下弯，刀首为圭首形式，刀格为柿蒂纹造型。

此类刀型还有一种变化，刀刃相对较直，镐线位置较高，这类刀型中有两只刀非常高级，图192刀刃佩表侧靠格处有错银装饰天王像，佩里侧为卷草宝相花纹饰。图191刀刃靠格处错银装饰龙头，龙头之上有一天王擐甲直立手中持旗帜，头顶错银“天王”“七星”等文字，至刀尖有云纹和星宿纹。刀刃靠格处错银龙纹，后世演化成明清刀剑的睚眦吞口。现在已知的资料,辽刀刃出现龙纹共有2只。

此刀中，天王手中所持旗帜和“天王”二字这两个细节（图193）非常有研究价值。2000年11月，辽宁省阜新蒙古族自治县关山种畜场王坟沟内发现九座辽墓，九座墓皆属辽代中晚期最显赫的外戚萧和家族墓。此次发掘的M4即为萧和墓，其墓室两侧有两面旗帜（图194），墓门两侧绘制两面相同样式的旗帜，（辽宁省文物考古研究所《阜新辽萧和墓发掘简报》,《文物》2005年第1期）旗高达3米，皆为半圆形，镶边，边部呈锯齿状，又称之为牙旗。上下端皆加黑白条纹状飘带，旗顶端插铁矛。图193刀中天王所持旗帜与墓门旗帜完全一致。《辽史・仪卫志》中对旗帜有明确记载：“臣僚、命妇服饰，各从本部旗帜之色。”从古籍记载可知，辽朝不同部族之间的旗帜颜色是有差异的，每个部族都有属于自己身份标志的旗帜。根据考古资料，推测此刀大致应该在辽中期左右，甚至可以大胆推测是属于萧氏部族的。

已知的数只辽刀中出现了错银、錾刻天王像，这些形象和铭文都是毗沙门天王。这种表现形式在中国历代刀剑的其他阶段都未曾出现，仅限于辽朝。辽朝刀剑上表现天王形象有其历史背景，契丹人在文化上向唐朝学习，宗教信仰上从萨满转向佛教，崇佛之风从辽朝初期就已经开始。《辽史・太祖本纪》记载：“唐天复二年九月，城龙化州于潢河之南，始建开教寺。”后唐天复二年是公元902年，辽太祖耶律阿保机称帝是在公元916年，可见在太祖称帝前15年已经建有佛寺。

唐贞观时期设立安西四镇后，于阗国崇拜毗沙门天王的信仰对唐朝军队也产生了影响，毗沙门天王独特的军事属性使其成为唐朝军神，《太白阴经》（卷七）中记载军中对毗沙门天王祭祀的祈请文："天王宜发大悲之心，轸护念之力，歼彼凶恶，助我甲兵，使刁斗不惊、太白无芒，虽事集于边将，而功归于天王。"除了军中的崇拜，毗沙门天王信仰在唐玄宗时期开始大规模流行，其形象在唐朝的壁画、绢画、器物中大量存在。毗沙门天王的崇信从唐延续至辽，在辽朝早期出土佛教文物中有明确体现。

佛教在辽朝影响力是在不断扩大的，至辽中期以后，辽朝崇佛达于极端，以至于元人对辽朝有"辽人佞佛尤甚""辽以释废"的评价。辽朝崛起于中国北方的白山黑水之间，按照契丹人的观念，其国立于北方，处于北极星之下，正对应毗沙门天王护佑的北方，所以毗沙门天王的崇拜在辽朝极为盛行。唐时期毗沙门天王形象中手持长戟，至五代、宋初，手中所持之物多有变化。斯坦因从敦煌带走的五代雕版印刷毗沙门天王手持的长戟变成了旗帜（图 195），与刀中错银天王形象一致，五代也正对应辽朝早期，故刀中"天王"就是指毗沙门天王。

笔者认为辽刀、剑中出现的毗沙门天王像和辽太祖耶律阿保机建立的"皮室军"有某种渊源，毗沙门天王也音译作毗室啰末拏、吠室罗摩擎、毗舍罗门、稗沙门等等，古文献中常用同音字替写，《金史》中把"皮室"写作"毗室"就是例证，后世史料在不断撰写和记录中逐渐失去其本意。加之辽初期崇信毗沙门天王，故"皮室军"极有可能是"毗室军"，作为耶律阿保机组建的重要亲军，"皮室军"应该就是以毗沙门天王为尊号的部队。辽朝刀剑中出现的毗沙门天王像，不仅是对军神崇拜的一种体现，也有极有可能是"皮室军"兵器的特有标记。

3. 狭长反刃式

辽朝刀制中有一类极为狭长的刃型（图 196、197），此类刀横截面为三角形，有内弧和外弯两种，刀尖都为剑形，刀尖开反刃，反刃长度不等。图 196 的装具很特殊，刀首弧形，上端较长，刀格窄小，提挂明显是双附耳简化形式。刀刃较长，柄首端较大，靠格处较细，整体手柄类似茄子形，横截面为椭圆形，一般刀首都为盔首造型。图 197 类型的刀刃狭长，刀尖有反刃，刀身横截面为三角形。

此类刀刃是辽朝刀中较为狭窄的，刃宽多在 2.8 厘米左右，刀背较厚，靠格处在 1.2 厘米左右。此类刀刃形制明显受到东欧、南俄、北亚游牧风格影响，俄罗斯在南俄、中亚、北亚（欧亚大草原区域）地区的考古发现，公元 9—11 世纪，这个区域的游牧势力使用的刀型主要有几种，都是轻微弧形刀刃、剑形刀尖（图 198），两刀出自俄罗斯西伯利亚地区的新库兹涅茨克地区，该地区处于新疆以北、蒙古高原的西北侧。辽国全盛时期，西极阿尔泰山脉，和中亚、北亚接壤。该区域属于欧亚大草原的中间位置，自古欧亚大草原就是蒙古高原和东欧游牧族群交往的重要通道，东欧、南俄罗斯草原、中亚、蒙古高原各游牧族群相互交流和影响，此类刀型大约于公元 8 世纪诞生于南俄罗斯草原，顺欧亚大草原从西传播至蒙古高原，被辽朝接受，形成了辽刀的一种形制。

4. 宽刃式

辽祖陵遗址考古出土的两只刀和黑龙江省勃利县金“大定二十九年”都是同一种形制的佩刀。此类刀，刃宽多在 4 厘米左右，刃长 70 厘米左右，刀刃如鱼腹形，刀尖处部分开反刃，刀背靠格处较厚，多在 1.2—1.5 厘米，刀刃横截面为三角形。此类刀形应该是诞生于辽朝，至金朝依然沿用。此类刀实物相对较多，国内收藏家多有实物（图 199、200，杨勇先生收藏）。

此类刀还有一个演化出来的分支，刀背有一凸起的尖峰（图 201-1），后期演化的形制中有血槽（图 201-2）。

5. 三曲环刀

狭长反刃式刀型在金朝仍旧延续，进入中原地区后，与中原多曲环首结合，形成了辽朝晚期、金朝初期的一种刀型。（图 202，珞珞如石先生收藏）

6. 双峰刀

辽墓出土过一种较为特殊的刀，其刀背有两处尖凸隆起，形似两座山峰（图 203-1），较高级的单手双峰刀会开制极为精细的血槽（图 203-2），普通的双峰刀不开制血槽，此类刀基本都是盔型刀首，单手双峰刀主要是柿蒂形格。此种刃型不仅在单手刀中出现，也出现在双手长刀中。内蒙古辽驸马墓中所出双峰刀现存于内蒙古自治区博物馆（图 203-1），曾经在 2008 年“成吉思汗特展”中展陈。

7. 双手刀

辽、金时期出现双手长柄刀（图 204），刃长超过柄长，柄与刀身一体锻造，左右两片木柄夹住刀柄后，横向铆接固定成刀柄。刀刃的形制有多种，较为典型的一种是双峰刀，此类刀刀首多是葫芦形；另一种是近似朴刀造型，这类刀多是环首。此类双手长刀格有柿蒂纹、桃形纹两类。

易水寒先生收藏的长柄大刀（图 205）是金朝长柄刀中较为少见的形制，刃型长直，刀头轻微放大，靠背处有一较宽血槽，宽血槽下有一细血槽，刀刃靠格处有一窄小的刃夹。此类刃夹多在辽、金单手刀出现，长茎至尾端渐收，尾端刀镡较为简化，呈竹节形。此刀刃形制整体更偏宋制，与山西金墓砖雕的环首刀刃型一致，明显能看出此刀是金朝迁都后与南宋风格融合形成的刀制。

8. 长杆刀

除了连柄长刀，辽、金两朝还出现了一些銎筒式、插茎式长杆刀（图 206）。銎筒式插入长杆后，会横向打入销钉紧固。

206-1 銎筒式长刀，刀腹鼓凸，刀尖锐利，刀背凸起尖峰。其形制与《武经总要·器图·刀八色》中的屈刀（图 207）非常相似。

206-2 类型较为特殊，整体刀刃上宽下窄，刃侧刀尖凸起，刀刃平直；此类刀刀茎插入木杆后，顶端会用金属套管紧固。此种刀型与山西繁峙岩山寺壁画中所绘制的长刀（图 174）完全一致，大殿建成于大定九年（1169），该铺壁画证明此类刀型在金朝早期就已经出现。

206-3 类型刀背起峰，刀尖近似剑形，刀腹较鼓出。此类刀最早出现在渤海国地区，已知的此类刀錾刻有契丹文。此种刀型在山西稷山金朝马村段氏墓地的砖雕（图 208）中也有所体现，金朝武士包头巾擐甲持长刀，从砖雕表现的细节来看，似乎在刀刃下端有 V 形刃夹。山西晋南稷山马村段氏墓地发现于 1973 年，1979 年山西省考古研究所侯马工作站进一步发掘，据七号墓中大定二十一年（1181）

《段揖预修墓记》可知，此家族墓葬属于金代中早期。由此可知，此种风格长杆刀型流行于渤海国至金朝早期。此类刀演化成后世的偃月刀，在元、明时期演化成关羽的关刀。此类刀形还有一种演化（图206-4），刀尖更为尖锐，刀背不似206-3那么尖凸，刀背相对较平，金上京历史博物馆藏有实物（图209）。

206-5类型传播更广泛,后世相当多的长杆刀都是源自此种刀型。

9. 装具

辽、金两朝刀首大体有几类，已知的种类中主要有圭形（图210）、盔首（图211）两种风格，盔首明显是圭首的一种演化。

刀格主要是浅十字格（图212）、圆形格（图213）、柿蒂纹（图214）、菱形平面（图215）、桃形格（图216）、异形山形格（图217）、一字格（图218）七类。

图210-1是较为早期的辽刀首，明显还带有唐朝和突厥风格；图210-2是辽朝在唐风格上的演化。

图213-1的圆形平格极为少见，缠枝纹中有星宿、童子、武士等图样。图213-2浮雕龙纹圆档是目前已知最早的龙纹挡手。

图214-1是辽柿蒂纹格中比较特殊的，外缘每侧都有乳突，内侧镂空装饰。图214-2柿蒂形格铜质鎏金,整体正反两面錾刻摩羯纹,外缘起沿包银皮，是非常高级的辽刀所用格。

辽刀中还有一类俯视为菱形，两端装饰乳突的平格（图215），这类格数量较多，此种风格的格明显受到了晚唐北亚游牧风格的影响。早期的格两端乳突会制作为多棱边形（图215-1、2、3）；中期两端变平（图215-4），上下两端增加凸起装饰；晚期变为纯平式样（图 215-5）。

辽、金时期还有流行一种桃形挡手（图 216），此种风格挡手在南宋也较为流行。桃形格有铁、铜两种材质;辽、金两朝偏爱用铁质，宋偏爱用铜质。

辽金刀制中还有一种较少的山形格，整体为平面，佩带后佩里一侧为平直，佩表一侧呈山形（图 217）。

一字格多在辽金铜中出现，但是实物中也有在刀上出现（图 218）。

10. 错银工艺

辽、金两朝在铁器上常常使用错金、银工艺。在已知的高等级刀剑（图 219）、马镫（图 220）、带饰（图 221）等器物上都使用了错金、银装饰。

四、小结

契丹人从贞观时期臣服于唐朝松漠都督府，至公元 916 年耶律阿保机统一诸部后，建立契丹国，后改国号大辽。辽朝在发展过程中统一漠北、蒙古高原，夺取燕云十六州，成为北方一个强大的政权，国祚绵延 218 年。女真人曾经是辽朝臣属，完颜阿骨打统一诸部后建国，国号大金，随后与宋联合起兵伐辽，灭辽后随即灭北宋，后与南宋长期对峙，最后亡于宋元联军，享国 119 年。

辽朝因其在蒙古高原影响力巨大，蒙古人称中国北方为契丹，后该词泛指中国，随着蒙古人西征，金帐汗国对欧洲、伊尔汗国对西亚形成了巨大的影响力。所以在此后兴起的斯拉夫语族和突厥语族诸民族均以契丹为中原政权的代名词。现在仍有十几个国家将中国称为“契丹”：斯拉夫语国家（俄罗斯、乌克兰、保加利亚等）称中国为“kitai”，突厥语国家（中亚各国）称中国为“Kaitay”，西亚国家（伊朗、阿富汗、伊拉克等）称中国为“Khatay”。辽朝灭亡后，耶律大石率领契丹人远赴中亚建立西辽，又被称为“喀喇契丹”，西辽在公元1141年的卡特万之战击败塞尔柱帝国联军，成为中亚地区霸主，将威名远播至欧洲。

金朝取代辽朝成为中国北方政权后，在南下的同时迅速汉化，影响力远不如辽朝。

辽刀在早期风格中多学习唐制和北亚风格，形成欧亚大草原与中原风格的融合，后期逐渐转变成辽朝独有的风格。金朝武备体系总体承袭辽制，后期与南宋相互融合、彼此影响。两朝刀制极为相似，所以现学界对辽、金两朝武备也多放在一起研究。

辽、金两朝对后世中国刀形有巨大的影响：早期辽刀装饰豪华承袭唐制，由于历史原因唐刀极少随葬，早期辽刀实物对研究唐刀有极大的参考意义；中国刀刃逐渐由直刀变成弯刀，自辽朝始；刀刃靠格处装饰错银龙纹，后世演化成睚眦吞口；辽刀中出现的L刃夹，一直延续至清朝；晚唐出现的柿蒂形格在辽、金两朝大量使用，形成后世刀格的主要形制；辽、金出现的长杆刀演化成后世的关刀，这些细节在之后的千余年时间里一直对中国刀剑产生影响。

第四章 宋刀

公元960年，赵匡胤通过“陈桥兵变”夺取后周恭帝柴宗训帝位，改元自立，国号为宋。赵匡胤登基后，开始了统一战争，他采取宰相赵普的策略“先南后北”，先后灭后蜀、南汉、南唐等南方割据政权。统一南方后，宋朝回兵北上攻灭北汉，宋的版图扩张至山西、河北一线。五代十国时期，后晋石敬瑭将“燕云十六州”割让于辽，辽朝的南方国境已经越过长城，控制了今天的山西北部、北京、天津、河北等地。燕云十六州战略地位极高，是自秦汉以来中原王朝抵御北方游牧民族南下的战略要地。随着宋朝国土向北扩张，宋朝期望重新夺回燕云十六州。公元979年，宋开始北伐辽国，宋辽开始了长达28年的战争，互有胜负。北宋无法达到夺取燕云十六州的战略目标，辽也无力继续南侵，至公元1004年，宋辽两国决定罢兵，双方签订“澶渊之盟”，开始近百年的和平共处。

公元1038年北宋仁宗时期，李元昊去宋封号称帝，定都兴庆府(今宁夏银川)，国号大夏，史称西夏，改元“天授礼法延祚”。自此，宋夏战争爆发，宋夏战争持续百余年，西夏成为北宋西北方向的劲敌，至宋徽宗宣和元年(1119)，宋军攻克西夏横山之地，西夏失去屏障，面临亡国之危，西夏崇宗向宋朝表示臣服。

金灭北宋后，西夏获得生机趁势扩张，继续蚕食宋朝西北领土。公元1226年，成吉思汗率蒙古军攻西夏，西夏末帝李晛在中兴府被围半年后投降蒙古，西夏灭亡。女真兴起后，决意灭辽，数年之内占领辽北方大部分国土，北宋认为辽会被金所灭，公元1118年，宋朝背盟，选择与金朝合作，签订“海上之盟”联合灭辽，宋朝期望能夺回燕云十六州。然而宋金灭辽后，金军旋即南下，于靖康二年（1127）攻破汴京，掳走宋徽宗、宋钦宗，北宋灭亡。宋徽宗第九子赵构于应天府（今河南商丘）即位，金军南渡追杀赵构无果后回撤，南宋定都临安（今浙江杭州）。南宋失去了北方中原之地后，以韩世忠、岳飞为代表的主战派决意北伐，以赵构、秦桧为首的主和派期望通过和谈保住半壁江山。绍兴十一年（1141）南宋和金朝达成和约：宋向金称臣，金册赵构为皇帝。蒙古势力兴起后不断攻金，南宋此时认为联蒙抗金可以报靖康之耻。公元 1234 年，南宋蒙古联军攻破蔡州，金哀宗完颜守绪自缢身亡，金灭。南宋灭金之后，宋廷发起“收复三京”之役，宋军进兵中原，收复汴京、洛阳，史称“端平入洛”。公元 1235 年，蒙古窝阔台汗下令攻宋，宋蒙战争全面爆发。公元 1279 年，南宋、元双方在崖山外海进行了崖山大海战，史称“崖山之战”，宋军战败，陆秀夫负 8 岁的宋末帝赵昺投海而死，战后，宋十万军民浮尸崖山海面，宋亡，元朝统一中国。

宋朝国祚 319 年，从立国开始，周围便强敌环伺。先与辽争夺燕云十六州；后与西夏鏖兵西北；宋金拉锯中原；宋蒙战争失败灭国。宋朝因为太祖赵匡胤系武人兵变夺取政权，立国之后，刻意削除武将兵权，开创重文抑武的国策，这一国策影响深远，造成对外作战属于战役胜利、战略失败。宋朝面临的险恶的外部空间，从根源上都是“安史之乱”造成的。在这样的历史背景下，宋朝的武备空前发展，与辽、金之间产生了相当大的融合。

一、史料中的宋刀

宋朝史料相对较为丰富，记载的宋制兵器也较为详细。按使用性质来分，又可分为仪仗和军阵两类。宋朝军阵刀制总体分成长、短两种形制。

宋史中对大驾卤簿中仪刀的记录较为详细：

> 御刀，晋、宋以来有之。黑鞘，金花银饰，靶𩊰，紫丝絛帉錔。又仪刀，制同此，悉以银饰，王公亦给之。刀盾。刀，本容刀也；盾，旁排也。一人分持。刀以木为之，无鞘，有环，紫丝絛帉錔。（《宋史·仪卫志》）

宋朝宫廷仪卫使用的御刀用金饰装具，鞘室髹黑漆，佩戴紫色挽手丝带；仪刀用银质装具。武士所持环刀是木质，环内系紫色挽手丝绳。宫廷仪卫中武士“执金铜仪刀”（《宋史·仪卫志》），宋朝班剑也是木质，仪刀是否也是木质，史料未做详细说明。

军制刀中有长、短之分。短刀为军将随身所佩，长刀则是军阵中常用军器，在宋史料中有不同名称。

宋太祖武人出身，随身佩刀。一次他在东京汴梁郊外狩猎，“逐兔，马蹶坠地，因引佩刀刺马杀之”（《宋史·太祖纪》）。赵匡胤坠地引刀杀马后，又颇为后悔，认为自己是天下之主，不处理国家大事，反而在此打猎，又迁怒于马，从此放弃了打猎。太祖所佩之刀明显属于尖刃，才能“刺马杀之”。

北宋真宗咸平初年（998），契丹入寇，骑兵斥候至淄州、青州之间，淄州城中军民慌乱，欲弃城而逃。张掞之父张蕴在淄州任职，史料记载:“蕴拔刀遮止于门，力治守备，游骑为之引去。”(《宋史·张掞传》) 张蕴“拔”刀，说明是随身所佩之刀，属于腰刀类。

南宋抗金名将李显忠为累世将门之后，绥德郡青涧人，出生之时其母数日不能分娩，一老僧人路过，说所孕之子是当世奇男子，把弓矢、剑放在母侧，必生。

李显忠 17 岁开始随父从军。金朝攻陷延安后，为笼络人心，招降李显忠父子，李显忠父子虽然任职于金朝，实则一直盼望回归宋朝。李显忠用计擒金军元帅撒里曷与其父准备投宋，事败，金军杀李显忠合家二百余人，李显忠率二十六骑转投西夏，西夏国主为了测试其诚意，对他说 :“尔能为立功，则不靳借兵。”当时西夏边境有一酋豪号“青面夜叉”，酋豪应是盘踞在西夏边境的武装集团，久为夏国之患，乃令显忠领兵除此祸患。李显忠领三千骑兵，星夜兼程，“奄至其帐，擒之以归。”西夏国主令文臣王枢、武将唦讹为陕西招抚使，李显忠为延安招抚使，出兵至延安，总管赵惟清大呼曰 :“鄜延路今复归宋矣，已有赦书。”李显忠看见高宗赵构的赦书后，决定率本部八百余人归宋，他告诉唦讹率本部归宋，唦讹不同意，李显忠“乃出刀斫唦讹，不及，擒王枢缚之”。西夏军随即出动铁鹞子军追杀，“显忠以所部拒之，驰挥双刀，所向披靡，夏兵大溃，杀死蹂践无虑万人，获马四万匹。”(《宋史·李显忠传》) 李显忠两次用刀，都应该是随身佩刀。

北宋神宗朝时期，宋军装备斩马刀，《宋史》《续资治通鉴长编》中都记载了此事。

> 熙宁五年，命供备库副使陈珪管勾作坊，造斩马刀。初，上匣刀样以示蔡挺，刀刃长三尺余，镡长尺余，首为大环，挺言："制作精巧，便于操击，实战阵之利器也。"遂命内臣领工置局，造数万，分赐边臣。斩马刀局盖始此。（《续资治通鉴长编》卷二百三十三"熙宁五年壬子"）

此处史料中"镡"不是指刀格，而是指柄长。此种斩马刀柄长一尺余，刃长三尺，由军器监造数万只，用于边事。

南宋高宗建炎元年（1127），枢密院颁布宋军新装备和训练方式，装备"长柄刀，……刀长丈二尺以上，毡皮裹之，引斗五十二次，不令刀头至地。"（《宋史·兵志》）。南宋孝宗赵昚于乾道二年（1166），亲自去白石阅兵，"有数将独手运大刀，上曰：'刀重几何？'李舜举奏：'刀皆重数十斤。'有旨：卿等教阅精明。"（《宋史·兵志》）不知此处史料中的大刀是否为双手刀或长柄刀，两宋时期军中装备大量长刀，史料中反复出现"劈阵刀""破阵刀"。"（杨）偕在并州日，尝论《八阵图》及进神楯、劈阵刀，其法外环以车，内比以楯。……其后王吉果用偕刀楯败元昊于兔毛川。"（《宋史·杨偕传》）此种大刀应是步兵使用的长柄大刀。

宋军骑兵中装备一种"劈阵刀"，北宋仁宗"庆历二年，骑兵佩劈阵刀，训肄时以木杆代之"。北宋名将呼延赞也使用"破阵刀""降魔杵"作为武器。

二、考古、绘画、雕塑中的宋刀

两宋考古中，宋刀的资料相对较少，文博系统已公布的三个地区共计十余只，分别出自浙江淳安、四川南充、江苏丹阳。考古所出的宋刀都出自南方。

1982年，淳安县出土了一批窖藏铁兵器，共计20件，其中刀15件，剑1件。（图222）（淳安县文物管理委员会《浙江淳安县出土宋代兵器》）

> 一件弧背，铜护手，柄残，残长68、身长58、阔4.8、背厚1、柄残长9.5厘米（图222-1）；四件直背，铜护手，柄端有铜环，其中二件全长76、身长52、阔4.8、背厚1、柄长24 厘米（图222-2）；二件全长75、身长52、阔4.8、背厚0.7、柄长22.5厘米（图222-3）；十件锋部平齐，其中一件柄残，刀身两面有血槽，铜护手，残长72、身长64.5、阔3.8、背厚0.7、柄残长7厘米（图222-4）；一件铜柄，刀身一面有血槽，根部包有铜皮，全长82，身长68、阔4、背厚0.7、柄长14厘米（图222-5）；八件柄端有铜环、铜护手，其中五件全长87、身长62.5、阔4、背厚0.7、柄长24.5厘米（图222-6）；三件根部包有铜饰，全长82、身长61、阔5、背厚0.6、柄长20厘米（图222-7）。

根据淳安县文管所的考据，在此窖藏旁有一石刻，石刻记载了方腊起兵和败亡过程。此批刀剑出土的土层仅有1米，专家认为系方腊兵败亡过程中掩埋。方腊起兵于北宋徽宗宣和二年（1120）十月，败亡于宣和三年（1121）四月。此批宋刀应是北宋晚期形制，是目前国内一次性出土数量最多的，品类各异，是研究北宋时期宋刀的重要标本。

此窖藏宋刀装具以铜装为主。格为桃形、椭圆、方形三类。刀首基本为环形。刃型有三种，第一种是刀背弧形，刀刃平直，刀尖尖锐，刃宽 4.8 厘米；第二种刀形如鱼腹形，刀尖尖锐；第三种数量最多，刃端平齐无尖，直刃，前后宽窄变化较小。刃宽从 3.8—5 厘米不等；刃长从 52—68 厘米不等；全长 62—82 厘米不等；单手刀柄长在 14 厘米以内，双手刀柄长 20—24.5 厘米不等。从综合数据来看，刃端平齐无尖、双手长柄是宋军刀制中的主流。现有的出土实物非常符合史料记载。

四川省南充市高坪区数字博物馆在“博物中国”中展示了一只铁刀（图 223），刀背錾刻铭文“宝祐乙卯四川制置副使蒲大监内造”，铁刀直刃，刃端平齐无尖、无环，刀茎未见孔，不知柄是何种形式，网站也未提供此刀长宽数据。此刀是 1977 年高坪文管所在青居城附近采集，“宝祐乙卯”即宝祐三年（1255）。宝祐二年（1254）闰六月，宋理宗命蒲择之“为军器监丞，暂充四川制置权司职事”。（《续资治通鉴·宋纪》）青居城是南宋为抗击蒙古入侵修建的重要军事城堡，淳祐九年（1249），余玠命甘闰筑青居城，作为川中抗元的“八柱”之一，青居城是南宋、蒙古双方多次争夺的战略要地。

1974 年江苏省丹阳县出土了一只南宋环首铁刀，刀脊近茎处錾刻“两淮制置印侍郎任内咸淳六年造”十四字（图 224），刃长 64 厘米，宽 4—4.6 厘米，茎 19.5 厘米，此环首铁刀是印侍郎任两淮制置使时制作，现存中国人民革命军事博物馆。“印侍郎”是南宋印应雷，

《宋史·度宗本纪》载："咸淳六年春正月壬寅，印应雷两淮安抚制置使。""咸淳六年（1270）"是南宋度宗年号，此时距宋朝灭亡只有不到十年时间。

杭州工艺美术博物馆藏一只征集品宋刀，长76.3厘米，刃长45，柄长31厘米，刀环最宽5.5厘米，刀背錾刻铭文"辛亥二月枢密院提督所造"（图225）。此刀为典型南宋刀，南宋高宗、光宗、理宗三朝都有辛亥年，很难判断究竟是哪一朝之物。枢密院是宋朝的最高军事行政机构，"枢密院，掌军国机务、兵防、边备、戎马之政令，出纳密命，以佐邦治"（《宋史·职官志》）。刀背錾刻枢密院督造说明是官造军器，錾刻文字风格与江苏丹阳宋刀相近。

扬州博物馆保存有一只征集品宋刀，刀尖尖锐，刃如鱼腹形，靠格处有一铜质刃夹，刀背厚重，格为铜质桃形，柄箍较长，柄首为一弧形压片（图226）。"博物中国"提供了福建三明市宋铁刀一只，刀形为剑形，刀背较厚，刀格为菱形平格，残存一柄箍（图227），博物馆未提供详细数据。

除了以上博物馆藏实物，石雕中表现宋刀的形象极少，目前有代表性的是四川彭山虞公著墓石雕武士像（图228）。1982年，四川文物系统在彭山做调查的时候，于双江镇场后半山发现一座宋墓，墓室早已被盗，从墓志铭可知墓主人虞公著于宋理宗宝庆二年（1226）下葬。墓门左右浮雕擐甲持刀武士，环首刀为单手刀，刀身较直，刀尖斜锐，刀头部分略有放大。此刀与江苏丹阳出土宋刀形制完全相同。

宋朝绘画中对宋刀也有表现，短刀较少，更多的是长刀。台北故宫博物院藏北宋苏汉臣"绿衣货郎图"（图229），左侧之刀应是短刀，右侧为长柄刀。《蓝衣货郎图》（图 230）中绘制的是长柄刀。货郎图中表现的虽然是玩具，但是器形仍旧是宋朝刀制。

宋朝绘画中有较多表现长柄刀的图像，台北故宫博物院藏《免胄图》、美国克里夫兰博物馆《道子墨宝》中都绘制了长柄刀形象。《免胄图》又叫《郭子仪单骑见回纥图》，现存台北故宫博物院，落款“臣李公麟进”，此卷描绘唐代名将郭子仪率数十骑免胄（徒手不着盔甲）见回纥首领，回纥首领舍兵下马拜见的情景。事件发生在唐朝，而图像中的唐军器甲实际上是以宋军为原型，回纥首领的长刀明显带有辽风格，其部属器甲仍旧是宋制。回纥骑兵所持的长柄刀刀尖微斜，整体近似直刃，刀头略有放大（图 231）；郭子仪部属手持长柄刀（图 232）。《道子墨宝》中关羽持长柄刀（图 233），图像上的这些长柄刀都属于宋制长刀。

《武经总要》作为北宋官方编撰的兵书，较为详细地记录了北宋长柄刀形制（图 234）。遗憾的是，现在存世的《武经总要》都是明刻本。笔者对比过明朝茅元仪《武备志》，发现其中图版都是一致的，说明现这些长柄刀应该是明人理解的宋刀，并不是准确的宋制。2019 年贵州正安县兴修水利，须搬迁“官田宋墓”，墓室中有两兽首人身武士持长柄刀（图 235），其刀形如《武经总要》图式中的“屈刀”，长柄尾端有明显的“镦”。石雕中的长柄刀与山西金朝墓室砖雕中长柄刀有高度的相似性，也说明海陵王迁都后，金朝和宋军彼此拉锯战中，武备器形有明显的趋同性。

三、宋刀形制特点

国内武备收藏近二十年的时间，诸多收藏家收集、整理了一定数量的宋制刀,分成短刀和长刀两大类,短刀在宋史料中称之“手刀”,笔者将现在已知的短柄宋手刀器形罗列成图像（图 236）；长刀的长柄分成木柄和铁柄两类。

1. 刃型

从现在考古实物和收藏品来看，手刀刃型总体分成尖锐刀尖和斜直刀尖两种。淳安窖藏宋刀 222-2、222-3、扬州博物馆藏品、三明市宋铁刀、图 236-5 都是尖锐刀尖，这类刀形与辽金刀有高度的相似性。大部分宋刀刀尖都是斜直或平直，图 236-1、236-2 所示宋刀与淳安宋刀图 222-6、222-7 都是此类，刀刃较高级的会在刀背开制细血槽。236-3 是已知南方宋刀中品级较高的，手柄为铜镂空整体金属柄，刀首为环首，单独铆接于刀茎，刃有镂空刃夹。236-4 之宋刀整体较短，刃开血槽，柄为茄子形，刀首为 U 形覆盖片。国内藏家保存的宋刀总体风格都较为一致（图 237）。

收藏家杨勇先生保存的宋刀环体有凹面装饰（图 238），刃体刀头略放大，刀尖斜锐，靠格处有 L 形刃夹。整体刀形与南宋虞公著墓武士所持环首刀形制一致，刀尖的形式与《货郎图》中绘制的刀尖相同，是少有的能够和雕塑、绘画可以对应之实物。

2. 长柄刀

宋史料记载的斩马刀，现在无准确对应实物，按照史料中的尺寸，笔者认为应是图 236-1 造型。

南宋广西地区还有一类长茎宋刀（图 239）,刀刃长直,刀尖平直，刃长接近 1 米；格为新月形；刀茎较长，接近 40 厘米。此类长刀应是步兵使用，刀刃的形制还保留了汉唐时期的遗风，主要是南方地区较少出现重甲，不必将刀刃加宽。

宋朝的长柄刀出现一种特别刀形，除了满足刀刃的劈砍功能，刀尖特别尖锐，反刃较长，刀背有尖凸，部分刀刃还开制血槽。此类刀刃长多在 30—40 厘米，特别适合刺击（图 240）。木长柄刀的刀头有两种形式固定在木柄上，一种是使用插茎式，另一种是使用銎筒式。图 240-1 就是使用插茎方式，木杆顶端开槽，茎插入后，横向插入金属铆钉紧固，部分会在木杆顶端套金属筒，插茎结构更适合劈砍。240-2 使用銎筒结构，此种结构更适合刺击。宋代史料记载长柄有“丈二尺”，如此长的杆，刀头不会太长，此类刀头极有可能是南宋长柄刀刀刃。

3. 刀格

宋刀刀格主要有桃形格、圆格、月牙格、椭圆、方中带圆、柿蒂纹几类。

4. 刀环

宋刀环首制作相对简单，形状多为简单的圆形，部分为轻微椭圆形，较为高级的会在环上做装饰细节。有些刀环是和刀茎整体锻造在一起，部分环体单独制作好后，刀茎反折回来抱紧刀环。

5. 棹刀

棹刀是宋军中极为重要的长杆刀。宋史料《武经总要》刀八色中记载了"掉刀，刃首上阔，长柄施镈。……此皆军中常用。其间健斗者，竞为异制以自表，故刀则有太平、定我、朝天、开山、开阵、割阵、偏刀、车刀、七首之名，掉则有两刃、山字之制，要皆小异，故不悉出"（图 241-1）。《武经总要》前集卷七记载宋太祖赵匡胤发明的"平戎万全阵"中"其兵士队于阵内列行……掉刀二千八百八十……"。前文提及的"棹刀"与《武经总要》记载的"掉刀"实为同一器物，两字是在刻本时候弄错了。"棹"字本义为船桨，"棹刀"其意为类似船桨的长刀，与《武经总要》对应，就是"掉刀"。至此我们可知，"棹刀"为军队常备长杆武器，其形制"掉则有两刃、山字之制"，就是我们通俗所言的三尖两刃刀，为行文便利，后文皆用"棹刀"。

《宋史》中记录了一些有关"棹刀"的事件和人物，宋太宗赵匡义设立宣武军，宣武军为殿前直卫，"至道二年，又选军头司步直善用枪槊掉刀者立殿前步直，后废"（《宋史·兵志·禁军上》），说明宋太宗赵匡义时期殿前武士手中军器有"棹刀"。中国历代宫廷侍卫中使用的器物都是豪华装饰的军阵器物，在历代史书中的《舆服志》《兵志》中都得以记录。

北宋真宗一朝时期，《宋史·曹利用传》《宋会要辑稿》中记录了宋军平定岭南"陈进之乱"事件，其中宋军制胜就依靠了"棹刀"。宜州知州刘永规驭下残酷，其手下的军校对其多有怨气，真宗景德四年（1007）七月，宜州澄海军校陈进率本部卒杀刘永规后叛乱，拥立判官卢成均为帅，号南平王，随即攻陷柳城县，兵围象州，后分兵掠广州，岭南骚动。真宗命东上閤门使忠州刺史曹利用、供备库使贺州刺史张煦为广南东西路安抚使，如京副使张从古与内殿崇班张继能为副使，调遣荆湖、蕲黄州兵，前往宜州平叛。宋军与陈进叛军在武仙县李练铺对阵，史载："贼衣顺水甲、执标牌以进，飞矢攒锋不能却，前军即持棹刀巨斧破其牌，史崇贵登山大呼曰：'贼走矣，急杀之！'贼心动，众遂溃。"（《宋史·张继能传》）宋军借助棹刀巨大的劈砍威力，迅速击破叛军的牌阵，卢成均见宋军攻势凌厉，遂向宋军投降，张继能破象州后，斩杀陈进及叛将六十余人，叛乱遂平。这是史料中少有对棹刀以及其战法的记录，可知棹刀在攻击对方坚阵中有着重要的作用。

史料显示至北宋晚期，军中应用棹刀的能力有所下降。徽宗政和三年（1113），秦风路经略安抚使何常奏章中讲述太宗赵匡义朝征讨西夏李继迁，言西夏军的"步跋子"上下山坡，出入溪涧，最能逾高超远，轻足善走。"铁鹞子"百里而走，千里而期，最能倏往忽来，若电击云飞。两军皆优于宋军，他认为宋军应继续前朝用弩和盾牌遏制西夏军的进攻，并且"步兵之中，必先择其魁健材力之卒，皆用斩马刀，别以一将统之，如唐李嗣业用陌刀法。遇铁鹞子冲突，或掠我阵脚，或践踏我步人，则用斩马刀以进，是取胜之一奇也"。北宋中晚期宋军对西夏的战争中始终处于反复拉锯的状态，此时的宋军战力已经远逊宋初期。从这个奏章内容分析，这时候北宋朝廷似乎已经对棹刀较为陌生，所以重新提出使用斩马刀战术来对付西夏的重甲骑兵。

现存宋代绘画中，藏于台北故宫博物院的李公麟《免胄图》中有三尖两刃刀形象（图241-2）。南宋时期宋金反复交战，金军中也装备棹刀，山西平阳董明金代墓中的砖雕有武士持棹刀的形象（图241-3、4）。这些图画、雕塑显示了在宋、金两朝军中装备制式棹刀。平阳砖雕中的社火图（图241-5）、竹马图（图241-6）都有金朝棹刀的形象，与宋军棹刀形制一致。

四、小结

宋朝从开国至亡国整个三百余年中，战略环境极差，一直要面对强大的北方游牧势力的南下，北方重甲骑兵的压力迫使宋朝放弃汉唐以来窄细的刀型，刀刃的宽度普遍达到了4—5厘米，部分刀背厚度达到1厘米。从现有的考古资料和实物来分析，宋手刀大体刃长在60厘米，刀背厚7—10毫米，此种尺寸的刀非常适合挥舞。宋军主要是步兵，宋人平均身高大致在165厘米，人手与地面的距离就是65厘米左右，所以在这样的条件下，过于长的刀刃并不合理，故两宋时期的宋刀刃长多控制在60厘米左右。之所以会有这样的设计，主要是宋朝丧失了北方养马基地，造成只能通过重装步兵与辽、金、西夏的骑兵对抗，这样的对抗迫使宋朝大量生产双手刀和长柄刀，以期通过此种刀型克制对手的骑兵。北宋徽宗政和三年（1113），秦凤路经略安抚使何常上奏："又步兵之中，必先择其魁健材力之卒，皆用斩马刀，别以一将统之，如唐李嗣业用陌刀法。遇铁鹞子冲突，或掠我阵脚，或践踏我步人，则用斩马刀以进，是取胜之一奇也。"（《宋史·兵志》）斩马刀成为宋军极为重要的军器。

史料中记载的麻扎刀是宋军装备中"以步制骑"的重要武器，

在著名的郾城之战中，岳家军重装步兵即是以麻扎刀、捉刀和大斧大破金朝精锐骑兵。麻扎刀也在宋军中长期装备,《辛巳泣蕲录》载，在宋宁宗时，蕲州贮备兵器中有“长枪五百条，麻扎一百五十柄”。《嘉定镇江志》卷十载,镇江府驻军也配置麻扎刀。吴泳谈到宋朝“制马之具”时曾说，至南宋中期，“毕再遇、扈再兴之徒犹能募敢死军，用麻扎刀以截其胫。”(《鹤林集》卷二十《边备札子》) 可知麻扎刀主要技法是劈斫战马的小腿。笔者认为麻扎刀就是《宋史》中记载的斩马刀,麻扎二字应是指长柄外会缠绕麻绳,所以通俗称为麻扎刀。

宋长柄刀也是步军使用战例较多，李显忠归宋后，在绍兴二十九年（1159）率领宋军抗金作战中，“以大刀斫敌阵，敌不能支，杀获甚众，掩入淮者不可计。”(《宋史·李显忠传》) 由于宋军极其善用弩箭，故对战之中，对手往往会用“巨牌”遮阵，就是用大盾紧密排列掩护步兵，此种情况下必须用“破阵刀”“棹刀”砍开对方的大盾，保证军士可以冲入对方阵型，宋军对阵西夏和岭南“陈进之乱”都使用了此种战术。笔者认为，此种破阵刀有两种可能性，一种是双手长柄刀，应是图 234 类型；另一种是木杆、铁杆类长刀，以棹刀为代表。

宋刀整体比较简素，体现出在长期战争条件下，武器制作需要简单有效的原则。北京钢铁学院对江苏咸淳铁刀做过金相实验，铁刀熟铁做刀身，刃口使用夹钢技术，刃口硬度较高的钢和刀身锻接在一起，保证刃口硬度同时保证刀身的柔韧性。夹钢技术相对烧刃硬化刀刃技术更加简单，这样的技术可以满足大量刀剑的生产。

宋刀在中国刀历史当中造型最为简素质朴，装饰较为简单，多数装具上没有装饰纹饰，少部分錾刻花纹。北宋时期的刀形与辽制有一定的融合，扬州博物馆藏宋刀就是其中一例；南宋时期又与金朝有融合，贵州官田宋墓中的长柄刀就是例证；两宋和辽、金长期的战争促使宋刀脱出汉唐遗风，形成了现在已知的宋刀形制。由于实物的稀缺，也很难还原出史料中记载的每一种刀形。北宋骑兵使用的“劈阵刀”、呼延赞使用的“破阵刀”就无迹可寻，不能不说是一种遗憾。

第五章 蒙、元刀

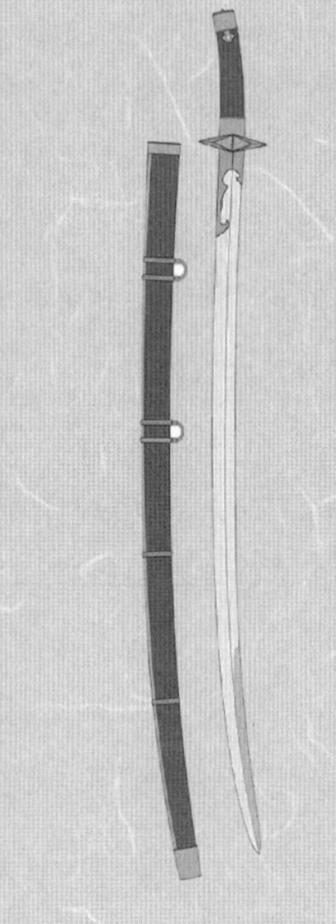

公元1206年，蒙古乞颜部族的首领铁木真统一蒙古诸部族，在斡难河畔宣布建立“大蒙古国”，铁木真被称为“成吉思汗”。大蒙古国于1227年攻灭西夏，联合南宋于1234年灭金朝。同一时间，大蒙古国在西方不断扩张，先后发动三次西征。第一次西征（1219—1223）是在成吉思汗在位期间，灭西辽、花剌子模、亚美尼亚、格鲁吉亚和阿塞拜疆，并越过高加索山击破钦察各部。第二次西征（1236—1242）于窝阔台汗在位时期发动，以拔都为主帅，先后征服伏尔加保加利亚、保加利亚人的卡马突厥国，进而灭亡位于东欧平原的基辅罗斯，而后击溃波兰王国和神圣罗马帝国联军，大败匈牙利王国、保加利亚第二帝国，前锋远达当时意大利威尼斯共和国的达尔马提亚、原南斯拉夫地区的拉什卡。第三次西征（1256—1260）于蒙哥汗在位时发动，主帅为旭烈兀，灭亡了木剌夷（暗杀组织）、两河流域的阿拔斯王朝，以及叙利亚的阿尤布王朝，蒙古军短暂占领叙利亚，后被马木留克骑兵王击败。蒙古帝国在三次西征过程中共攻灭40余个国家。按照蒙古人的习惯，分封领土，成吉思汗长子术赤的次子建立了金帐汗国（又称钦察汗国），次子察合台系建立了察合台汗国，三子窝阔台继承了成吉思汗的汗位，其孙海都建立了窝阔台汗国，幼子拖雷的第六子旭烈兀建立了伊利汗国（伊尔汗国）。

蒙哥汗攻宋，死于四川。公元1260年，忽必烈和阿里不哥争夺帝国汗位，忽必烈自立为第五代大蒙古国大汗，1264年战胜阿里不哥，随后迁都大都（今北京），1271 年定国号“大元”。1279 年元军彻底攻灭南宋。忽必烈和阿里不哥的汗位争夺战争标志着大蒙古国的分裂，钦察汗国、察合台汗国、窝阔台汗国、伊尔汗国先后各自为政，拒绝承认忽必烈为大蒙古国大汗，直到公元 1303 年，元成宗与四大汗国、蒙古诸王意识到，黄金家族的内战是破坏大蒙古国基业的最大威胁，终于达成和解，约定四大汗国名义上重新承认元朝皇帝为大蒙古国大汗。

公元 1368 年八月，明军攻陷元大都，元惠宗北逃，史书称此为元朝结束之年。然而元廷仍在上都，往后史书称之为北元。而明廷认为元惠宗顺天明命，谥号为元顺帝。

以忽必烈改国号大元至元顺帝失国，国祚 97 年；如果以成吉思汗建立大蒙古国开始计算，国祚 162 年；如果以金帐汗国在公元 1480 年灭亡，蒙古人建立的政权持续了近 300 年。

蒙古人自蒙古高原开始扩张，在百余年的战争中灭 40 余国，征战无数，建立了人类历史上横跨欧亚、土地面积最为广大的国家。国内外对蒙古历史、元朝历史研究的专著汗牛充栋，但是至今尚未有一本专著对蒙古武备进行分类。

蒙古汗国、四大汗国、元朝疆域广大，这些区域遗存的蒙古刀剑稀少，研究蒙古风格刀困难极大，本章立足于史料、绘画、实物，尝试对蒙古系刀做相应的梳理。

一、史料中的蒙古、元刀

南宋出访蒙古士人的笔记中，以及西方传教士都记录了部分蒙古汗国时期刀的形制，《元史》也对元刀有相应的记载，这些内容对研究蒙古刀有相当大的参考意义。

蒙古人崛起之前，铁器匮乏。所谓“鞑人始初草昧，百工之事无一。……止用白木为鞍，桥鞔以羊皮。蹬亦剜木为之。箭镞则以骨，无从得铁”（南宋彭大雅《黑鞑事略》）。再加上辽朝统治者对蒙古控制极严，虽设置榷场与蒙古贸易，但铁禁甚严。金朝取代辽朝统治北方后，铁禁逐渐废弛。金朝扶植的刘豫傀儡齐国政权因不用铁钱，蒙古人才开始大量购买到铁料，“金人得河东，废夹锡钱，执刘豫，又废铁钱，由是秦晋铁钱皆归之，遂大作军器，而国以益强”（李心传《建炎以来朝野杂记》乙集卷十九）。蒙古人在金朝时期才开始逐渐使用铁制兵器。

南宋彭大雅对蒙古早期佩刀有记述：“有环刀，效回回样，轻便而犀利，靶小而褊，故运掉也易。其长技，弓矢为第一，环刀次之。”（《黑鞑事略》）蒙古这一阶段的征战可以作为分析早期蒙古刀形制的依据。彭大雅、徐霆两人分别在公元1232年和公元1235—1236年随奉使到蒙古，在二人去蒙古的时候，成吉思汗已经于公元1217年灭西辽（哈喇契丹）、公元1219年西征灭花剌子模，公元1227年灭西夏，公元1234年灭金国。此时的蒙古刀是典型的早期形制，蒙古军灭这些政权后，其武备形式应该受到这些区域的影响。其中“回回样”应该是彭、徐二人对蒙古刀吸取中亚和北亚弯刀风格的一种认知，因为当时的宋人对中亚和北亚的民族并无准确认知，以“回回”统称。《黑鞑事略》中记录的“环刀”，环应该是指刀首。但是，蒙古攻灭的这些区域在已知的考古中并无“环刀”，所以《黑鞑事略》中记录的环刀究竟是什么形制，不得而知。

“环刀”一词在其他蒙古史料中也有记载，《蒙古秘史》记载札木合向乃蛮部落首领塔阳汗介绍成吉思汗手下将领时候说：“那四条猛狗，额像铜铸，嘴像凿子，舌如锥子，有铁一般的心；拿环刀当鞭子;饮用朝露解渴，骑着疾风而行。”四猛犬是指“者勒蔑、忽必来、哲别、速不台”这四大猛将。《蒙古秘史》被誉为蒙古史三大要籍之首，记载了成吉思汗一生的经历，大部分都是第一手史料，甚至是唯一的记载。

除了中国的文字记述，在西方的文史资料中也对蒙古弯刀做了记述，意大利人约翰·柏郎嘉宾（Giovanni da Pian del Carpine）于公元1247年受到罗马教廷委派出使蒙古国，他出使蒙古后编写了《YstoriaMongolorum（出使蒙古记）》，这是西方第一次在笔记体资料中描述西方人眼中的蒙古，对早期蒙古研究有极高的史料价值，他在书中描写了蒙古武士的高级佩刀形制“富者佩带有犀利的剑，单刃和略呈弯曲”（耿昇、何高纪译《柏朗嘉宾蒙古行纪鲁布鲁克东行纪》，中华书局1985年）。

元朝其他史料中也记载宫廷御赐“镔铁环刀、赐宝饰镔铁樧、镔铁宝刀”（虞集《道园学古录·曹南王勋德碑》）。

《元史》中对刀的记录也颇多。元朝宫廷侍卫称之为“云都赤”“阔端赤”，殿前值卫“侍上带刀及弓矢”（《元史·兵志》），陶宗仪撰写的笔记《南村辍耕录》对“云都赤”宿卫专门作了解读:“负骨朵于肩，佩环刀于腰，或二人四人，多至八人。”说明元朝宫廷仪卫中武士佩带“骨朵”“环刀”。

《元史·舆服志》中对宫廷仪仗用刀做了记载:“长刀，长丈有奇，阔上窄下，单刃。仪刀，制以银，饰紫丝帉鐥。横刀，制如仪刀而曲，鞘以沙鱼皮，饰韸革帉锴。千牛刀，制如长刀。刀盾之刀，制如长刀而柄短，木为之，青质有环，紫丝帉锴。”这段史料显示的长刀应该是长杆刀，与金代长杆刀形制近似;仪刀不知形制，装具银质，手绳是紫色丝绦；横刀是指武士佩带的腰刀，特别强调了是仪刀和横刀，都是弧形刀刃，鞘室裹鲛鱼皮；仪仗中刀盾手所持刀刃前宽后窄，刀首有环，紫色丝绦手绳。单从文字记载来看，横刀形制与杨勇先生藏南宋手刀风格近似，或许元朝舆服制度综合了金、南宋的制度，在刀制上也接受了南宋的风格。

史料记载了元朝皇帝、武将、军士大量佩刀，佩剑只有两例。元朝御赐之物中也多有刀，刀在御赐过程中有两个意义，一是赏赐恩宠，二是代行天子事。

木华黎的玄孙脱脱早年丧父，幼年时就被元世祖忽必烈抚养教导，后成为忽必烈的宿卫亲军。至元二十年（1283）随忽必烈征讨蒙古宗王乃颜叛乱，忽必烈在山顶观察乃颜军，斥候来报说乃颜军的阵型有空隙，如果突袭，可破乃颜。“脱脱即擐甲率家奴数十人疾驰击之。众皆披靡不敢前。”忽必烈看见脱脱冲击敌阵勇冠三军，大加赞赏，并遣侍卫召回脱脱，对脱脱说：“卿勿轻进，此寇易擒也。”忽必烈看见脱脱冲锋拼杀后刀折断，胯下马也中箭，就对周围的近臣说：“撒蛮（脱脱父）不幸早死，脱脱幼，朕抚而教之，常恐其不立，今能如此，撒蛮可谓有子矣。”言语中充满对脱脱的关爱，“遂亲解佩刀及所乘马赐之。”（《元史·脱脱传》）御赐佩刀显示对脱脱的宠幸。元世祖时期，刘哈剌八都鲁长于医术，至元十七年（1280），擢升至太医院管勾。至元十二年（1275）元朝西北宗王昔里吉叛乱，忽必烈命宗王别里铁穆而征讨，令刘哈剌八都鲁随军从征，他向忽必烈请求赐盔甲，忽必烈说你是一个医生，不需要甲胄，但是"惟赐以环刀、弓矢、裘马等物"(《元史·刘哈剌八都鲁》)。至元十年（1273），西夏宗室后裔李恒率军攻南宋，破樊城、襄阳、鄂州、汉阳，以功迁明威将军、宣威将军，为嘉奖其功勋，"帝赐以宝刀"(《元史·李恒传》)。

亦力撒合在成吉思汗时期是察合台的部属，至元十年时（1273）为宫廷宿卫，常常侍奉忽必烈，后升任河东提刑按察使、平阳路达鲁花赤、南台中丞。南台中丞实际是御史中丞，从事监察宗王、百官，为了勉励亦力撒合，"帝出内中宝刀赐之曰：'以镇外台。'"这里御赐刀的含义明显就是代行天子权力。

整部《元史》中对剑的记录只有数例。忽必烈在驾崩后，元成宗在元大都大安阁即位，蒙古诸王多有不服，左丞相伯颜"握剑立殿陛，陈祖宗宝训，宣扬顾命，述所以立成宗之意，辞色俱厉，诸王股栗，趋殿下拜"。至元十五年（1278），宋将张世杰拥立广王赵昺于海上称帝，张弘范在御前领命灭宋，忽必烈授张弘范"蒙古汉军都元帅"，并御赐锦衣、玉带，张弘范不接受，请赐"剑甲"，"帝出武库剑甲，听其自择，且谕之曰：'剑，汝之副也，不用令者，以此处之'"(《元史·张弘范传》)。此处的御赐剑明显也带有代行天子事的含义。张弘范病故之前请出忽必烈御赐的"剑甲"，对儿子张珪说："汝父以是立功，汝佩服勿忘也。"张珪后拜江南行台御史，延祐二年（1315），拜中书平章政事，封蔡国公。

史料显示，蒙古汗国和元朝初期，宫廷、军队明显配有“环刀”，刀身是弧形弯刀，手柄是下弯；长刀是前宽后窄的长杆刀；元朝仪刀也是弯刀，而且高品级的刀是镔铁制作。

二、考古、绘画中的元刀

中国文字史料多记载事件，对器物外形的描述甚少，从以上史料大概了解蒙古汗国和元早期的刀形制，史料中提及的“环刀”“靶小而褊”“横刀，制如仪刀而曲”“镔铁”是解读蒙古刀的重要细节。

要解读蒙古刀“横刀，制如仪刀而曲”“靶小而褊”，就必须要了解蒙古高原的历史。蒙古高原在公元 11 世纪左右是契丹人统治的范畴，辽朝后期被金朝取代，蒙古高原的统治权在公元 12 世纪落入女真人手中，公元 13 世纪蒙古人在崛起后成为蒙古高原的主人，从崛起之初蒙古人继承了金朝、辽朝的武备形式。蒙古高原自古以来就是欧亚大草原的东端，北亚风格的弯刀就沿着大草原向东方传播（图 242），此种风格首先是对辽刀形制产生了影响，辽朝开始出现窄细弯刀；进而影响到金朝，金朝的此种风格弯刀应该在其疆域内的蒙古高原继续留存，随着蒙古势力的崛起，有理由推测，蒙古人的早期刀制中应该有北亚弯刀风格和金朝较为常见的盔首、鱼腹刃形风格两种。随着成吉思汗灭西辽、金、花剌子模后，所用的刀制应该进一步吸收了西辽、花剌子模控制的中亚风格。而西辽、花剌子模地处欧亚大草原与蒙古高原的中段偏南地区，这个区域的刀制也同样受到了北亚游牧风格的影响。从蒙古势力崛起到建立蒙古汗国这个阶段，蒙古系的弯刀逐渐形成。下文根据金帐汗国、伊尔汗国以及元朝的考古实物、绘画分析蒙古汗国至元朝刀的形制。

随着南俄罗斯、远东地区的考古发掘，图 242 中的 1、2、3、4 的南俄草原、北亚风格的刀逐渐被认知。图 242 中的编号 3、4 是公元 8—10 世纪南俄罗斯草原风格弯刀，5、6 的刀型是公元 13 世纪俄罗斯奔萨州军事遗址中出土，俄罗斯考古学家认为该遗址是公元 1237 年被蒙古人摧毁，这个阶段正是蒙古的二次西征，俄罗斯考古学家并未给出此刀究竟是当地的基辅罗斯人使用，还是蒙古人使用，笔者认为 5、6 两刀可能是蒙古军使用的弯刀。此种风格的弯刀应该在公元 11 世纪就已经在蒙古高原存在。在中亚建立政权的西辽有很大的可能性就是使用此种风格的弯刀。此类弯刀重要的特点是：刀茎短小，并且与刀刃弧度呈轻微反向下弯，刀茎有 2—3 个茎孔；刀格为浅十字格；刃夹呈 L 形，下端较长；刃体微曲，刀尖呈剑形，部分刀背反刃处有轻微的隆起，部分刀刃靠近刀背处会开制血槽。俄罗斯在南西伯利亚叶尼塞河南段的考古中也出土了公元 11 世纪北亚风格的弯刀（图 243），图 242-3 和图 243 的弯刀形制对辽朝刀形产生了较大影响。

俄罗斯对金帐汗国的考古中有金帐汗国刀出土（图 244）。此刀极为独特的是内弧式样，单侧开制血槽，刀格为十字护手，十字格左右横枝较宽，上下两枝较尖锐，刀首形式不详。

伊尔汗国统治西域时期，留下了相当多蒙古风格的细密画，在这些细密画中也能找到早期蒙古刀的图像。

西亚地区的蒙古系细密画分成了三个阶段，早期是典型的伊尔汗国大不里士风格，中期是帖木儿王朝风格，晚期则是卧莫儿王朝风格。细密画诞生于波斯时代，主要作书籍的插图和封面。题材多为人物列传、肖像、图案、风景、风俗故事。采用矿物质的颜料、珍珠、蓝宝石磨粉作颜料。公元13世纪伊尔汗国细密画是波斯风格与中国艺术风格的相互结合，形成了独特的“大不里士（伊尔汗国首都）”风格细密画，这些细密画成为国际上研究蒙古人的重要依据。较为重要的是《列王记》系列，《列王记》故事虽然记载的是伊朗地区波斯王朝以及上古神话传说和勇士故事，但绘画中人物的形象则是采用了蒙古人的形象。伊尔汗国“拉施迪耶”宫廷画院于公元1300—1330年绘制的“蒙古大《列王纪》”版最为珍贵，该版图本被法国古董商德莫特从伊朗带走，曾试图卖给纽约大都会博物馆，但大都会没有接纳。德莫特便把其中插图拆出送拍卖公司出售，其余书法页面因保管不善而遗失。该绘本可能原始有120幅插图，现存77幅插图，流散四处，分散收藏在大都会博物馆和弗里尔美术馆。除了美国博物馆保存的细密画，德国国家档案馆、爱丁堡大学都大量保存了伊尔汗国时期的细密画，这些世界级博物馆保存的细密画是研究蒙古武备的重要依据。

纽约大都会博物馆69.74.4号藏品（图245-1），就是大不里士宫廷画院作品，右侧武士手中刀形微曲，刀格为浅十字格，腰侧鞘室双提挂，鞘尾为筒式，正视为长方形。美国弗利尔美术馆F1945.26.1号藏品（图245-2），应该和大都会博物馆是一套细密画，图像中蒙古武士手持刀微曲，刀格为浅十字格形，手柄下弯，右侧武士腰侧的鞘室为包边结构。柏林国立图书馆保存的数张公元13世纪“蒙古军攻陷巴格达”细密画中（图246、247），蒙古武士腰间悬挂的都是浅十字格护手刀剑，图247的蒙古武士刀刃略弯，刀背装饰有金线，应该是在刀背有嵌铜工艺，刀格为浅十字护手。柏林国立图书馆藏另一张《蒙古宴会图》(图 248)(S. 10, Nr. 1: MongolischeThronszene)是伊尔汗国较早期的细密画，武士携带的长刀为浅十字格，鞘室双提挂，鞘室外侧采用金属包边，手柄有两处横向铆接固定手柄和刀茎，柄略弯。爱丁堡大学博物馆 0003501 号藏品(图 249)，绘制时间大约在公元 1306—1314 年，是典型的伊尔汗国时期作品。画面左侧的武士擐甲持刀盾冲锋，画面右侧武士穿棉甲持刀对冲，两只刀的刀型与其他博物馆藏品几乎一致，刀身微曲刀尖上挑。大都会博物馆藏帖木儿时期细密画显示刀形制已经发生变化，其中刀格变化最大，上下两端开始变长，整体十字结构更为清晰(图 250)。

国内近年的考古发掘中也有少量元刀出土。河北省沽源境内的“梳妆楼”经考古勘察证明是元代墓葬建筑，已经确定其墓主身份为元代蒙古汪古部贵族阔里吉思，该墓出土十字残刀一件(图 251)，此刀未做展出，也未有考古报告，所以不知道其详细数据，图像资料仅在央视视频中公布，这是目前唯一一只文博系统公布的元朝佩刀。从有限的资料中只能看出其刃体不长，刀体微曲，刀格为十字格，左右横枝较宽，上下两枝较长。

南京博物馆藏明初康茂才墓出土的十字格刀一只(图 252)，考古报告记录：“铁刀 1 件。刀身狭长，刃尖上挑，柄、格部用铜皮包裹并镶嵌金丝。长 89、宽 3.5 厘米。”(南京市博物馆《江苏南京市明蕲国公康茂才墓》,《考古》1999 年第 10 期)康茂才在元朝末期曾经被元廷封为淮西宣慰使、都元帅。朱元璋率军渡过长江，当时康茂才军屯驻采石，扼守长江，屡次将渡江的朱元璋击败。后来，常遇春将康茂才的精锐消灭后，康茂才聚集残军，又在天宁洲设立营寨。

朱元璋军破天宁洲后，康茂才退守集庆（今江苏南京），朱元璋破集庆后，康茂才率部投降。此后，康茂才在平定陈友谅、张士诚的作战中起到关键作用。洪武元年（1368），康茂才随大将军徐达北伐，攻取汴梁，经略中原，抚绥晋陕。洪武三年（1370），夺取兴元（陕西汉中），回师途中病死，追封蕲国公，葬于南京。康茂才墓出土十字格刀最早见于考古报告，报告中未提及此刀有鞘室，近年公布的照片显示此刀保存情况良好，鞘室为木质裹绿色皮革，不知鞘室是否有其他金属装具，从图片上未见有金属装具的痕迹。十字格横枝较宽，上下两枝较窄，非常特殊的是十字格上枝下有一舌形物，此物衬在十字格上枝之下，应该是怕较窄的上枝变形，鞘室上端有明显为配合此物的 U 形缺口。报告说“柄、格部用铜皮包裹并镶嵌金丝”，因为没有较为清晰的图像资料，笔者怀疑是铁鋄金，柄中有一横向中空孔，可拴手绳，柄首横截面应该是椭圆或桃形。此十字格刀肯定是康茂才生前爱物才随葬，此物应为非常明确的元刀。

山东博物馆藏明洪武时期梁山出土失事海船中的十字格配刀也是元刀(图 253)。相关资料介绍:“贾庄沉船多兵器遗存,性质属兵船,铳筒铭文有‘洪武十年’，沉没时间应为洪武十年（1377）以后，此期间北方战事不断，贾庄沉船可能担负武装押运军事物资包括粮食的功能。”（冯广平等《山东梁山明代沉船木材类型及其漕运指示意义》,《科学通报》2013 年 58 卷）山东博物馆藏品刀身平造，刃体微曲，刀身如鱼腹，刀尖略微上挑，格为铜铸造十字格，左右横枝较宽，上下两枝较为窄细，手柄下弯，柄首为横截面为圆形，柄有两横向铆钉。

蒙古国国家博物馆曾经公布过一只蒙古风格的佩刀（图 254），

但是博物馆并未详细说明来源，刀刃微曲，刀尖折断，手柄下弯，格为一字型平格，整体风格不会晚于15世纪。

前文罗列了金帐汗国、伊尔汗国、蒙古国藏品、国内四处资料，大略可以总结出蒙古汗国时期有几种风格的刀存在。从刃型来看，有剑形刀尖和鱼腹形刀刃两种，剑形刀尖类偏北亚和辽朝风格。彭大雅编撰的《黑鞑事略》记载的蒙古早期佩刀“轻便而犀利，靶小而褊，故运掉也易”，与北亚风格的弯刀完全契合。鱼腹形刀刃应该是从金朝佩刀刃型中演化过来的。刀格有浅十字形和十字格两种，十字格左右横枝较宽，上下两枝较窄；刀柄轻微下弯，刀柄有2—3个横向铆钉。

但是《黑鞑事略》中记载的“环刀”则完全无法对应现在已经掌握的资料,这是一个非常令人困惑的问题。《元史》中宫廷宿卫“云都赤”的“环刀”虽然没有实物出土,但是在明朝的水陆画中有体现。山西朔州右玉县宝宁寺保存有明代初期水陆画139幅，原名“敕赐镇边水陆神帧”，是一套保存完好的佛教绘画。目前国内学者对此套水陆画年代有两种认知，一种根据清代康熙、嘉庆两次重裱题记所载推测为明代宫廷“敕赐”，有“镇边”的政治功用；沈从文先生认为此套水陆画中人物多穿着元朝服饰，从诸多细节认为是元朝绘本。“第五十八往古顾典婢奴弃离妻子孤魂众”水陆画中有一蒙古人形象，其身穿“辫线袍”，头戴前圆后方钹笠帽，腰系革带，左侧携带环首刀一只（图255），弓囊、弓一副，解手刀子一只，右侧带箭囊。画中蒙古人形象非常准确，“辫线袍”是蒙元时期最为流行的袍服，时称“辫线袍”，俗称“辫线袄子”，或称“腰线袄子”。《元史·舆服志》记载:“辫线袄，制如窄袖衫，腰作辫线细褶。”其式样如《事林广记》

中步射总法插图射箭人物所穿袍服（图 256）。画中蒙古人戴的这个帽子非常特殊，是元朝特有的前方后圆笠帽，《元史 · 世祖昭睿顺皇后传》载："旧制帽无前檐，帝因射，日色炫目，以语后，后因益前檐，帝大喜，遂命为式。"后"国人皆效之"，为一般官吏所喜戴。元朝世祖忽必烈时期的太傅刘黑马及其家族墓出土有陶制笠帽（图 257），与水陆画中蒙古人所戴的帽子完全一致。此张水陆画中蒙古人的笠帽、辫线袍非常准确地反映出是忽必烈时期。

元人所配环刀图像非常清晰，环为金环，手柄裹鲛鱼皮，鞘室黑色，鞘室中段提挂下有一单独环，鞘室尾端狭窄尖锐，装饰鎏金鞘尾，从鞘室来看，刃型微弧形，刀尖尖锐。其刀型应该与故宫博物院藏南宋或元初佚名《二郎搜山图》中鬼卒所用的刀型一致（图 258）。至此，元朝环刀的形制就非常清晰了，元环首和刀茎固定的式样从图像上反映得不是非常清晰，笔者推测是刀茎反卷后包紧刀环，刀环极可能是鋄金装饰；刃体不长，微曲，刀尖较尖锐。此类风格的佩刀极大可能就是"云都赤"环刀。

三、现存实物

除了博物馆现在已知的元刀，国内外收藏家都持有一定数量的元刀。这些元刀实物非常值得探讨和研究。国内现存的元刀在总体风格上趋同，刀身多为镐造起脊，剑形刀尖，少部分刀背反刃处有尖凸；装具分成铜、铁两类，铁装整体较素，铜装会錾刻纹样装饰；刀格形制有菱形格、山形格、浅十字格、十字格四类。

铁装元刀（图 259，深圳收藏家贵子哥），刀刃狭长微曲，刀尖呈剑形，反刃至刀背处有一尖凸隆起，刀身略呈镐造，刃夹为 L 形，刀格靠身体一侧平直，佩表一侧为山形，手柄下弯髹漆，柄首正视为梯形，靠柄一端略宽，柄首端外置一环，可拴手绳。装具都为铁质。此刀格为山形格，明显是延续辽、金朝风格，刃体明显是受到辽、北亚风格影响。

南方地区也出过风格近似的铜装元刀（图 260、261，深圳收藏家贵子哥），装具为铜质鎏金，部分錾刻花纹。图 260 刀刃为镐造，剑形刀尖，剑格整体呈菱形，两端收分成锥形。图 261 元刀有鞘室零件，木胎损毁，鞘尾为筒形结构，鞘口应该为一较窄的铜箍，鞘室下缘有铜包边。提挂较为简单，铜皮折弯后，在顶部开孔，制成提挂。刃体镐造，剑形尖；刀背上有尖凸隆起，这种刀背尖凸的隆起也是承袭北亚风格，并对明刀产生了影响；剑格中段是菱形，延伸至两端呈薄片状态，此种格明显是十字格和一字格相互结合的表现。

江西地区还出土过风格近似的元刀三只，都是整体包边鞘，整个木鞘外围环包铜片，鞘尾为圆弧形；鞘室髹黑漆；提挂都是双鞘束式样；刀刃镐造剑形刀尖；都是铜装具，格的风格近似菱形。其中一只较为完整，柄木朽烂后重新修复（图 262）。笔者保存的一只鞘室朽烂，残存一双鞘束提挂，后经过修复恢复原貌（图 263）。这类元刀刃体锻造精良，刃长达 80 厘米，镐造的刀刃厚 6 毫米，格前端都有 L 形刃夹，整体刀刃较为轻薄，非常利于骑兵使用，刀刃的弧形类似于在一个圆上截取一段弧线，手柄轻微下弯，柄首外侧有手绳环，此番设计都是便于骑兵使用。这几只元刀风格相近，都带有明显北亚风格。此类剑形刀刃非常符合意大利人约翰·柏郎嘉宾描写的蒙古武士的高级佩刀形制“富者佩带有犀利的剑，单刃略呈弯曲”（耿昇、何高济译《柏朗嘉宾蒙古行纪·鲁布鲁克东行纪》，中华书局，2013 年版）。

双鞘束、包边鞘是元刀的一个显著特征，双鞘束提挂形式来自北亚游牧风格，包边鞘在北朝出现，晚唐五代盛行，元朝沿用。此类形制在元明绘画中得以体现，较为典型的元朝永乐宫壁画中，神将所带的剑、刀鞘室都是包边鞘结构（图 264）；美国弗利尔艺术馆藏元朝何澄绘制的《下元水官图》，对此类包边鞘都有较为清晰的表现（图 265），此刀鞘室采用双鞘束提挂，此种提挂源自北亚游牧风格（图 266），在北亚地区较为流行，后进入蒙古武备体系，在史密斯尼学会博物馆保存的伊尔汗国的细密画中也有所体现（图 267）（Folio from a Shahnama (Book of kings) by Firdawsi (d.1020); verso: Ardashir captures Ardavan; verso: text: Kavus journey to Barbaristan Smithsonian Institution museum Il–Khanid dynasty (1256 – 1353) S1986.103）。至公元 17 世纪，此种形制仍旧保留在蒙古部族中，乾隆三十六年（1771）一月，蒙古土尔扈特部首领渥巴锡率部众三万多户、约十七万人，行程万余里，回归祖国，同年九月，乾隆皇帝在避暑山庄多次接见并宴请渥巴锡等人，渥巴锡遂将祖传腰刀（图 268）进献给乾隆皇帝。其佩刀是：“祖父阿玉奇在哈萨克西北的洪豁尔铸造的，洪豁尔以‘产精铁’著称，制造的刀矛等冷兵器多精良锋利，阿玉奇对这把腰刀极为珍视，曾令‘子孙世守’。”（胡建中《清代皇家武备（之二）》）土尔扈特部明末时期与准噶尔部不和，迁徙至伏尔加河、乌拉尔河一带下游沿岸的南俄罗斯草原。土尔扈特部的西迁和东归，说明在欧亚大草原上，游牧势力的长途迁徙，除了人为的障碍之外，并无地理上的困难。

忽必烈在元大都建国后，元朝刀型出现了一种新变化，早期的浅十字格逐渐变大，左右两枝变得宽厚粗大，上下两枝相对细窄，手柄依旧保持下弯，但是手柄比早期风格有所加长。国内藏家藏有此种风格的元刀（图 269），刃体微曲剑形刀尖，十字格和刀首铁质，刀茎有 2 个横向销钉。其刀整体风格与南京康茂才墓佩刀相近。此种类型的格有铁质，也有铜质，笔者保存一个北京地区元朝青铜十字格就是此类造型（图 270-1），与山东博物馆元刀十字格一致，此种格上下两枝开口宽度不同，朝刀刃方向开口大，木柄方向开口小（图 270-2），此类十字格亦有铁质，部分格两侧有乳突。

大都会博物馆 2002 年出版的 *The Legacy of Genghis Khan: Courtly Art and Culture in Western Asia*（《成吉思汗的遗产：西亚的艺术与文化》）书中公布一只伊朗出土的 13—14 世纪蒙古刀（图 271），此刀十字格与山东博物馆藏元刀的十字格完全一致，左右横枝较宽，上下两枝较窄，刀茎有 3 个横向销钉。此刀刃型除了继承北亚弯刀的形制外还有所不同，刀尖反刃部分逐渐略有放大。此刀不是考古出土，最早由国际著名的武备经营商 Runjeet 公布，Runjeet 活跃在世界各大博物馆和艺术品展览会上，也是世界多家博物馆的顾问。

公元 1246 年，元朝宗王阔端和萨迦班智达在“凉州会谈”，西藏纳入中国版图，成为不可分割的领土。元朝在中央设立宣政院，掌管全国佛教事务并管理西藏地区。元朝中央政府在当时的西藏地区分设朵思麻宣慰司、朵甘思宣慰司、乌思藏纳里速古鲁孙宣慰司，宣慰司下设安抚司、招讨司、宣抚司与元帅府、万户府等机构，对西藏进行有效统治。

西藏高僧达仓宗巴编撰的《汉藏史集》中称蒙古刀剑为“呼拍”，并详细记录了蒙古人刀剑在西藏的流传和造型。“呼拍是蒙古人的刀剑，是在成吉思汗在位时候兴盛起来的，它是蒙古地方名叫呼拍的人打造的。……呼拍和他的后裔打造的刀剑称为呼拍。一个给呼拍当助手的人也学会了打造刀剑，他和他的后裔打造的刀剑称为呼若。”呼拍刀剑的特点是“刀剑有刀鞘”“刀剑大多数闪青光，像一条被大鹏追逐的青蛇”“从刀尖往下一半再往下五指处，有老虎斑纹一样的花纹”“呼拍类刀剑的外形特点一样,其内部特征是有红褐色的刀鞘”。（达仓宗巴·班觉桑布《汉藏史集·刀剑在吐蕃传布的情况》）

原文中对蒙古刀的起源认为是“呼拍”地方制作的，南宋史料显示蒙古人征服中亚花剌子模后提高了兵器制作技术，那么藏语中的“呼拍”是否指中亚区域？这还需要藏语言专家和文史专家一同商讨。史料中描述呼拍类刀剑鞘装饰铜饰“刀鞘外部渗有响铜”“刀鞘内部渗有响铜成分”“刀鞘内外都渗有响铜成分”，这样针对细节反复描述，说明蒙古刀剑刀鞘装饰的“响铜”装饰非常华丽，才会给达仓宗巴或更早的文献记录者留下如此深刻的印象。笔者发现一些早期藏刀刀鞘装饰了大量镂空铜压片装饰，这样的装饰压片有单层、双层甚至三层，纽约大都会博物馆出版的 *Warriors of the Himalayas:Rediscovering the Arms and Armor of Tibet*（《喜马拉雅的战士》）一书中，首次披露了英国 V&A 博物馆、利物浦博物馆收藏了一种造型特殊、鞘室外装饰大量镂空铜片的藏刀,中国国家博物馆《复兴之路》专题展中也展陈出的一只外鞘用三层叠压镂空铜压片装饰的藏刀（图 272）。此类藏刀和现存形制藏刀有显著的区别，鞘室装饰的多层镂空不同颜色合金铜压片是其外形最重要的特点之一。史料记载，呼拍“其内部特征是有红褐色的刀鞘”是指刀鞘内侧红褐色丝绸，内蒙古博物馆藏呼拍腰刀（图 273）虽是明初之物，其鞘室内层就是红色丝绸。此种保存在西藏、蒙古地区的佩刀就是典型的蒙古系的“呼拍”类佩刀。

史料中“老虎斑纹一样的花纹”描写的是刀刃的锻造特征，此句是典型的西藏式比喻，实际是指刀刃上出现的多层旋焊锻造纹理。多层旋焊的刃体在经过酸洗或氧化后，呈现出特有的斑斓状，此种斑斓状纹理与老虎身体侧面的斑纹非常相似，西藏的语言风格中喜欢用此种表述方式，故达仓宗巴用“老虎斑纹”描述来表述多层旋焊锻造纹理（图 274），此句的描述说明在蒙元统治西藏时期，其刀剑使用了旋焊锻造技艺，藏文典籍中此段文字应是国内外现有文史资料中最早、最清晰、最准确、唯一记载蒙元刀剑锻造方式的文史资料。

西藏地区除了保存蒙古“呼拍”类刀剑风格，还有蒙元十字格风格弯刀遗存。西藏地区精良的铁雕技艺结合蒙古风格形成了西藏系十字格佩刀，笔者保存的西藏“双面铁雕镂空龙纹鋄金佩十字格佩刀”（图 275），刀柄包鲛鱼皮，柄首镂空雕刻龙纹，十字格镂空卷草，圆形提挂，鞘口、鞘尾双面龙纹穿枝，刀刃为旋焊锻造。笔者在西方拍摄的西藏老照片中发现此类佩刀都是西藏噶伦官员的佩刀，此刀是目前已知的西藏十字格佩刀中保存最好、级别最高的。西藏地区保留的十字格佩刀的装具既有镂空雕刻龙纹、卷草纹，也有平面阴刻鱼鳞纹和缠枝纹，皆鋄金装饰。两种工艺的装具都有一定数量，但是镂空装具的数量明显较多一些，较为高级的铁雕镂空鞘口、鞘尾使用龙纹，龙纹明显继承了元朝龙纹的特征，西藏十字格护手刀装具中的龙纹和上海博物馆藏元朝玉带饰中的龙纹完全一致（图276），龙首高昂，鬣发双分朝上飘扬。

现存完整的西藏十字格佩刀很稀少，工艺较好的镂空装具主要是明、清初，确切的元朝十字格刀剑的零件尚未发现。拉萨古董市场能看到进入清代中晚期仍有一些较为粗糙的十字格佩刀饰件，和明、清早期的精湛工艺完全不能相提并论，间接说明此类风格在藏区流传时间很长。随着时间的推移，十字格佩刀由贵族才能佩带的形制逐渐简化并进入低层官员，形成平面阴刻装饰类型，而阴刻多装饰为鱼鳞纹，少部分为卷草纹。

四、元朝十字格的来源和传播

随着蒙古人的西征、建立四大汗国和入主中原建立元朝，蒙古风格的十字格弯刀对东欧、西亚、中亚、中原刀制形成了巨大影响。国外武备研究学者对蒙古十字格弯刀的认知有诸多不同看法，未能形成共识。笔者以时间线、考古实物和传播路线来梳理十字格的产生和传播。

十字格护手最早诞生在大约公元6—7世纪的阿瓦尔人族群中，阿瓦尔人在中国史书载其为“柔然”一部。在俄罗斯南部Malaya Pereshchepina地区阿瓦尔人墓地考古中有出土实物，现保存于俄罗斯艾尔米塔什博物馆，博物馆编号：1930-2（图277）。该区域现属乌克兰波尔塔瓦地区，这个十字格上下两枝明显长于左右横枝，横枝两端装饰类似云头纹饰，博物馆未提供该十字格是何种材质制作，从图像上显示为铁错金。在公元6世纪，突厥势力崛起后，不断攻击柔然。公元6—7世纪左右，柔然残部阿瓦尔人从北亚西迁进入了东欧乌克兰西部、格鲁吉亚北部、俄罗斯南部区域。横跨欧亚大草原的突厥汗国在隋朝的打击下，分裂成东、西突厥，东突厥先被唐朝灭国，唐显庆二年（657）苏定方灭西突厥，西突厥残余势力为了生存开始西迁，西突厥所属一部可萨人（哈尔扎人）开始进入南俄罗斯草原。可萨人最早见于《隋书·北狄传》《旧唐书·西戎传》和《新唐书·西域传下》称其为“突厥可萨部”。唐朝杜环《经行记》载:“苫国（叙利亚）有五节度，有兵马一万以上，北接可萨突厥，可萨北又有突厥。”西突厥汗国覆亡后，可萨人建立了可萨突厥汗国，大约在公元7世纪中叶，可萨突厥汗国已是北高加索和伏尔加河下游地区一个重要的国家。此阶段可萨突厥人不断地西迁，阿瓦尔人的生存空间被不断挤压，后迁入东欧地区，匈牙利的考古资料证实，东欧阿瓦尔人墓葬中出土的公元7世纪刀剑中，都能看见上下两枝较长的十字格形式并且出现细窄的弯刀形制（图278）（GyulaFülöp Az igariavarkorivezérleletek 1987 P51）。匈牙利科学院考古学院Gergely Csiky博士编撰的*Avar-Age Polearms and Edged Weapons*（《阿瓦尔人时期的长矛和边缘武器》）一书中记载的大量阿瓦尔人的佩刀多为十字格形式，其中出土自东欧地区（Košice - Šebastovce 94号墓）的一只佩刀的十字格则出现了一些变化，Gergely Csiky博士认为这样的形式是阿瓦尔人式十字型格和萨珊一字型格的结合，该书中显示阿瓦尔人的十字格都是配合弯刀使用（图279）。南俄罗斯草原出土的公元7—8世纪可萨突厥系佩刀中也出现了十字格形式（图280）。这些考古资料说明阿瓦尔人、可萨突厥在这个时期都是使用十字格佩刀。

俄罗斯的南部、北亚、中亚地区一些考古资料显示，公元7—9世纪出土的刀剑中基本都是这类浅十字格造型。俄罗斯的武备研究学者戈雷利克·米哈伊尔·维多托维奇在其著作*Армиимонголо-татар X—XIV вв. Воинскоеискусство, оружие, снаряжение*（《10—14世纪蒙古鞑靼人的军队军事艺术，武器装备》）中列举了元7—9世纪这些区域十字格出现的类型，出土的十字格中有两个分类，一个是左右两端有宝珠型，一个是左右两端收窄的十字形（图281），这两类都是可萨突厥的十字格形式。俄罗斯BILSK MUSEUM博物馆中保存一只9世纪时期出土的突厥酋长佩刀，其刀格为十字格，十字格护手上装饰狮子纹（图282）。这些北亚游牧势力在相当长的阶段都在使用突厥风格的十字格形制佩刀剑。

十字格风格在欧亚大草原、北亚游牧区域内广为传播，粟特人、突厥人的刀制都采用了此种风格。俄罗斯艾尔米塔什博物馆保存有一件公元7世纪，俄罗斯库拉吉什地区的银盘（图283）（*About the Sword of the Huns and the"Urepos"of the Steppes* HELMUT NICKEL Curatar of ArmsandArmor,TheMetropolitanMuseum of Art 1973），银盘表现了两个粟特武士决斗的形象，右侧武士的腰侧悬挂双P型附耳的鞘室，地上有一折断的十字格佩刀。这个资料在1973年被大都会博物馆学刊披露，在国际学刊涉及粟特人兵器甲胄研究中，此银盘多次被引用。此种十字格由粟特人带至中亚地区，斯坦因从哈萨克斯坦Murtuk洞窟带回的壁画中，天王所持剑格形式（图284）（*Along the Ancient Silk Routes: Central Asian Art from the West Berlin State Museums*）与粟特人银盘中十字格完全一致。

随着粟特人、突厥人在中亚和北亚的活动，此种十字格形制沿着丝绸之路向东亚地区传播，进入唐朝。现存于新疆维吾尔自治区博物馆的阿尔卡特墓出土突厥石人（图 285），是典型的 6—9 世纪活跃于阿尔泰地区的西突厥人形象，石雕能够看到其佩刀都是双 P 型双附耳佩戴形式，其长、短刀的刀格都是浅十字格。此种格传入唐朝对唐刀产生影响，公元 8 世纪唐建陵石翁仲手中唐剑格明显出现浅十字格（图 286），格左右两端有凸起装饰。此种格在国内收藏家手中都有保存（图 287），与唐建陵几乎一致，两枝较长，中间较短，同属早期较浅十字格形态。同时期日本正仓院保存的“金银钿庄唐大刀”剑格（图 288）也具备这些特征。

大都会博物馆保存的公元 9 世纪西亚伊朗地区刀剑（馆藏编号：40.170.168）（图 289），其十字格形式与盛唐时期（8 世纪）的十字格极为相似，说明在西亚地区也出现了早期十字造型，此刀是现存已知西亚地区最早的十字格造型。此十字格造型有可能是阿瓦尔人或者突厥势力带入西亚地区，由于西亚出土此类实物仅此一件，只能说明西亚地区在这个阶段出现了此种类型，鉴于没有更多的出土资料，故不能确认其形式为西亚十字格刀剑系列的起源。

从前面的各国出土实物来看，十字格造型最早诞生于东欧和南俄罗斯草原，由阿瓦尔人最早开始使用，十字格造型由东欧南俄罗斯草原沿着欧亚大草原传播至突厥势力范围，进入中亚和北亚地区，由粟特人和突厥人带入中国，形成中国唐朝十字格形式，这是十字格在中国发展的第一阶段。唐朝武周时期出现十字格形式，可以称之为突厥系十字格护手。此种风格在唐朝灭亡后，从中国刀剑系列中消失。

公元 10—12 世纪时期，北亚地区的游牧势力广泛使用十字格形式和与之配合的细窄弯刀，在俄罗斯的诸多考古资料中都有显示。浅十字格和一字格两种形式沿着欧亚大草原一直向东亚传播至喀喇汗国和契丹人势力范畴。契丹人建立辽国以后，辽刀、剑在早期风格接近唐朝，中期开始大量吸收北亚游牧风格。辽刀、剑中既有类似萨珊风格的一字型格，又有早期左右两端带宝珠型突厥风格十字格护手，从刃型来看，辽朝早期仍旧以唐式样直刀为主。国内收藏家保存的辽刀格多为浅十字格造型，收藏家潘赛火先生保存的一只出土于黑龙江五常地区的辽刀（图 290）是此类辽十字格的典型。

除了同时期出土的实物之外，在同期绘画中也能看到十字格的形象，1994 年发掘的内蒙古阿鲁科尔沁旗东沙布日台乡宝山村 1 号墓的壁画《厅堂图》中绘制了一只非常清晰的辽刀，其格为典型的浅十字型（图 291），壁画有明确题记辽“天赞二年”，此时距离唐朝灭亡仅仅过去了 16 年。壁画中的刀完全继承了唐朝风格，格的造型与唐陵石翁仲刀格完全一致。美国史密斯尼学会藏传唐阎立本绘画《索谏图》中有明显对浅十字格的描绘（图 292，藏品编号：F1911.235）。此图为庞元济旧藏,绘画内容为十六国时期前赵（汉赵）廷尉陈元达向皇帝刘聪冒死进谏的情景，画卷右侧有明万历时期收藏题记,此画应该是比较典型的北宋画作,画卷右侧有武士腰悬佩刀,佩刀首为圭型首，十字格，鞘室有云纹装饰;其余武士所配刀剑圭首,剑格皆为一字型，所有武备器形颇有唐、辽气息。从画卷中左侧女性的服饰、凤纹、织锦图样、刀剑胡禄鞘室云纹都能看出是北宋时期的风格和特点，其中云纹的绘制形式与故宫博物院藏李公麟《维摩演教图卷》中表现形式完全一致。现存台北故宫博物院北宋画家李公鳞绘制的《免胄图》（图 293），回纥首领跪拜唐将郭子仪，其中郭子仪及部众甲胄为宋制，回纥首领的甲胄兵器应是参照北宋当时对手辽国形制，其携带的腰刀佩刀就是典型十字格护手弯刀，绘画中护手呈菱形，因为十字格护手是早期辽刀重要的特征，画家在绘制过程中较为夸张地表现，这是在中国传统绘画资料中看到较为明确宋、辽时期十字格护手图像，与现有的出土实物完全能够相互对应。

公元13世纪北亚、辽风格的十字格佩刀随着蒙古势力南下而进入中原，十字格配合弯刀形式进入中原武备体系。在北亚出土的大量实物显示，早期的十字格是和弯刀一起诞生的，刀茎略短，刀柄相对也较短，刀刃下端出现较长的刃夹，几乎所有的刀茎都会略向刃的方向弯曲，这些重要的特征都表明了十字格弯刀的一个早期使用技巧，就是在骑马使用弯刀劈砍时候，持刀手的食指扣住十字格护手朝刃的横枝，三指握紧刀柄，大拇指再扣紧食指和无名指，虎口顶住十字格护手，此种握刀形式会使握力增加，同时也要求手柄必须向下弯曲以配合手掌，使刀刃指向的控制更为有利，同时较短的手柄在骑马作战的挥舞中也较为便捷。这样的持握形式要求刃体根部必须有刃夹，以避免割伤食指，这种长刃夹是后世明、清刀刃夹的起源。同时要求十字上下两端较短，避免食指扣握困难，这也是早期十字格护手上下两端相对较浅的原因，这样的持握形式在北印度的格斗技法中依然保存。

元时期的十字格佩刀前文已经罗列。明时期十字格刀剑在中原地区有明确文史资料记载和相应的出土资料，《大明会典·军器》记载“十字隔手事件腰刀”，“事件”通饰件，“十字事件”就是十字格护手。北京定陵出土万历皇帝随葬十字格护手刀（图294），鞘身饰云龙纹；私人收藏中也有万历风格的十字护手，同样风格在西藏十字格中也有表现，只是装饰上融入了西藏地区的元素（图 295，浪潮君物藏品），这类十字格就是《大明会典》中记载的“十字隔手事件腰刀”类型。

其中西藏地区的十字护手佩刀从元朝开始出现，但遗憾的是，准确元朝佩刀并无实物遗存。西藏地区的十字格总体有两种风格，一种风格是横枝较宽（图 296），这类格与山东博物馆、康茂才墓元刀十字相似，此类风格明显是元朝风格的延续。另一类十字格四枝粗细相近，大都会保存的 2001.163.1 藏品（图 297）就是此类典型，此种风格是准噶尔、和硕特部风格。

蒙古诸部中，准噶尔部、土尔扈特部在明朝至清朝初期还保留有十字格形式佩刀，其中故宫保存的准噶尔达什达瓦部所贡“巴罕策楞敦多克腰刀”（图 298）是清初蒙古十字格佩刀代表。乾隆十年（1745）准噶尔汗噶尔丹策零病殁，其子嗣围绕着汗位的继承问题展开内讧。次子策妄多尔济那木扎勒承袭汗位，由于他嗜杀成性、荒淫无道，属下多有不服。不久，其同父异母的长兄喇嘛达尔扎在众宰桑的拥立、策划下，袭杀策妄多尔济那木扎勒，并取而代之，自立为汗。策妄多尔济那木扎勒的盟友达什达瓦也未能幸免,惨遭杀害。达尔扎对达什达瓦部任意欺凌，乾隆十五年（1750），达什达瓦遗孀携属下宰桑萨喇尔率所辖部众内迁归附清廷。此腰刀是乾隆二十年（1755）十二月，达什达瓦遗孀遣头人厄齐尔进献乾隆皇帝。由于和硕特、准噶尔蒙古在清初时期进入西藏，和藏传佛教的格鲁派建立西藏政教合一的政权，西藏地区的较窄十字格形式则是受到了和硕特、准噶尔蒙古影响，西藏地区的十字格两次受到了不同时期蒙古十字格的影响。

公元13—18世纪的文史和考古资料说明了十字格护手类刀剑作为一种制式刀，在元、明两朝较为普遍存在。元朝时期的十字格护手已经和突厥风格不同，上下两枝逐渐变长，上下枝较细，左右横枝较粗。元朝十字格护手和明代保留十字格护手形制都有一个特点，就是护手上都没有纹饰装饰，十字格护手中棱线分明，从山东博物馆藏品、定陵出土资料、北京地区元墓的十字格来看都是如此。元、明两朝十字格护手上下两枝逐渐加长，在十字格护手下端甚至出现柄束。

元末明初时期，中原地区的十字格佩刀的刀柄逐渐由弯变直，这种变化应该是基于中原地区骑兵数量相对较少，直柄较弯柄更适合步军作战。进入明代晚期，格的上下两枝和左右横枝宽窄变得几乎相同，万历墓中出土的御用佩刀的十字格就是此种变化的例证。清代初期的十字格佩刀形式几乎只存在于准噶尔蒙古和西藏地区，清代宫廷和官方佩刀彻底放弃了此种形制。

公元10—13世纪阶段，早期突厥十字格护手形式在南俄罗斯地区一直保留，顺欧亚大草原传入北亚游牧民族地区，然后由北亚游牧势力将此种形式传播至辽、西辽控制的广大区域，形成辽系十字格起源。蒙古统一北方草原后继续南下，十字格护手和北亚游牧风格弯刀形式随着蒙古势力进入中原地区和西藏地区，是十字格形制向中原传播第二种路线。蒙元至明朝的十字护手佩刀可以称为蒙古系十字格护手，也是十字格在中国的第二阶段发展。蒙古入主中原建立元朝，弯刀的形制逐渐取代中原自汉朝至宋朝的直刀形式，明清两朝的刀型基本都来源这个阶段的形制，自此弯刀成为中国刀的主流。

公元13世纪以后，西亚、中亚和南亚地区刀剑上也大量出现十字格形式，这些十字格都和蒙古西征有着深刻的关系。前文所罗列的金帐汗国、伊尔汗国的资料充分说明蒙古大军装备十字格弯刀，此种形制应该由蒙古人传播至中亚、西亚区域。尤其是伊朗出土伊尔汗国的十字格铁刀，其格的形式与山东博物馆藏梁山地区出土元弯刀的十字格、笔者保存的元大都青铜十字格完全一致，相隔如此遥远的两个蒙古统治区域有完全相同的格，说明在蒙元大帝国时代，十字格护手形成了统一制式装备军队。

伊朗出土伊尔汗国刀尖前部略微放大的蒙古系弯刀，是蒙古人通过西征，将十字格形制和刀尖放大的弯刀形制自东亚传播至西亚，形成西亚地区刀剑十字格和弯刀起源的一个非常重要的证据。这个刀型是奥斯曼土耳克里奇弯刀的鼻祖，皇家军械博物馆XXVIS.293号藏品（图299）是已知最早的克里奇弯刀，其刃型完全继承了早期蒙古风格。

进而在公元15世纪的帖木儿帝国时代（1370—1507）的细密画中，十字格上下两枝已经逐渐加长，十字格弯刀已经发展成为现在西亚地区熟知的式样（图300），由此十字格成为西亚地区最重要的刀格形式。随着伊尔汗国的崩溃，取而代之的是突厥化的蒙古人建立的帖木儿帝国，帖木儿帝国鼎盛时期，其疆域以中亚乌兹别克斯坦为核心，势力范围从格鲁吉亚一直深入到印度，之后的帖木儿的后裔在印度建立莫卧儿帝国，故印度刀剑中（图301）（大都会博物馆藏品）广泛使用十字格也是深刻地受到蒙古势力的影响。在伊尔汗国中期，突厥人建立奥斯曼帝国，在其早期刀剑形式中明显能看出是受蒙古十字格护手风格的影响。

笔者推测，应该有两种传播路径形成了西亚十字格弯刀的起源。

第一种传播路径是十字格护手随着西辽势力进入中亚地区，在金国灭辽国阶段，耶律大石率部众至中亚地区建立西辽，建都于虎思斡鲁朵（吉尔吉斯斯坦共和国托克玛克东南布拉纳），突厥语和西方史籍称西辽为哈剌契丹或喀喇契丹。西辽政权向西域、漠北、中亚等地区扩张，西辽在公元 1141 年的卡特万之战击败塞尔柱帝国联军后称霸中亚，高昌回鹘、西喀喇汗国、东喀喇汗国及花剌子模先后臣服于强盛期的西辽。在这个阶段的征战过程中，西辽有可能将十字格形式带入中亚和西亚地区。

第二种传播路径是蒙古灭金之后，随即在公元 1218 年灭西辽，公元 1231 年征服花剌子模，经过这个阶段蒙古开始继承和使用十字格刀剑形式，随着历次西征，蒙古势力进入中亚和西亚地区。

由于在西亚、中亚、南亚地区经历的战争和王朝更替极为频繁，世界各大博物馆都没有系统保存这个区域公元 14 世纪之前的刀剑，所以西亚、中亚、南亚地区十字格的形成，两个传播路线都有可能性。相对而言，第二种传播路线更为可靠，国际武备研究学者也较为认同弯刀和十字格都是随着蒙古崛起和扩张而形成的。美国北乔治亚大学文学院教授、副院长梅天穆撰写的《世纪历史上的蒙古征服》一书第五章《新式战争》中记录蒙古式弯刀对世界的影响：

蒙古人也改变了中东战争中的武器和战术，首先最重要就是弯刀的普及，这也发生在其他地区，但是弯刀在整个中东乃至全世界成为骑兵的首选武器，主要应该归功于蒙古人，这种趋势始于13世纪，到16世纪已经无处不在，尽管弯刀最早的使用是随着突厥人的到来而传入，但当时其他各民族更愿意保留自己的直刃长剑。不过随着蒙古人的到来，几个世纪以降，弯刀成为马背上战士的最常用兵器。《世纪历史上的蒙古征服》，民主与建设出版社2017年）

俄罗斯的中亚、北亚考古资料也比较清晰地证明第二种传播路径。

五、小结

元朝国祚97年，加上蒙古贵族葬制秘密化，至今蒙古皇室、宗王的墓室都未曾被发现，其高等级武备至今未能有准确考古实物。加之蒙古贵族基本没有汉化，文史资料也极为稀少，所以对蒙古、元的武备很难形成有效认知。

本章用历史上的金帐汗国、伊尔汗国、元朝的史料，博物馆、私人藏品、西藏实物进行相互比对，还原蒙古武备中刀的形制，对十字格弯刀的起源、传播做了梳理。期待未来有更多考古实物能完善对蒙古刀制的研究。

第六章 明、清刀

明朝自洪武皇帝朱元璋于公元1368年在南京建都立国，至崇祯皇帝于公元1644年吊死煤山失国，国祚276年。明朝刀制初期受到元朝影响，明中期开始受到倭寇入侵影响，明朝开始仿制倭刀，逐渐形成一种新风格佩刀。

一、明朝刀

明洪武二十六年（1393），太祖朱元璋仿《唐六典》敕修《诸司职掌》。分吏、户、礼、兵、刑、工六部和通政使司、都察院、大理寺和五军都督府十门，共十卷，记载了明朝开国到洪武二十六年（1393）前所创建与设置的各种主要官职制度。英宗朝开始修纂，孝宗嗣位后，因洪武后累朝典制散见叠出，未及汇编，不足以供臣民遵循，遂于弘治十年（1497）三月，敕命大学士徐溥、刘健等进行系统纂修，弘治十五年（1502）修成，赐书名为《大明会典》。

《大明会典》较为详细地记载了明朝军器名称，是研究明朝刀制最重要的参考资料：

绿线扎靶、红斜皮描金鞘、黄铜事件摩挲刀

黑斜皮鞘、羊皮扎靶、黄铜事件摩挲刀

红鲨鱼皮靶、黑斜皮鞘、减金芝麻花、十字隔手事件腰刀

红鲨鱼皮靶、黑斜皮鞘、减银事件腰刀

黑漆鞘靶、火漆铁事件滚刀

黑漆靶、黑斜皮鞘、红铜事件倭滚刀

黑斜皮鞘靶、火漆铁事件米昔刀

黑漆鞘、羊皮扎靶、黄铜事件黄莲刀

黑漆鞘靶、黄铜刀盘眼钱噙口火漆铁事件开脑大刀

红斜皮鞘大样摩挲刀【下九样刀、皆一年一修造】

黑漆鞘靶摩挲刀

黑漆鞘靶腰刀

朱红漆鞘靶滚刀

黑漆长靶滚刀

红鲨鱼靶、黑斜皮鞘、减银事件倭腰刀【有二等、随用、皆青线鞓带挽手、一有小拴】

黑漆皮鞘靶米昔刀

黑斜皮鞘黄莲刀

黑漆鞘靶马刀

脂皮刀鞓带【下二样、皆一年一修造】

青线绦、绿线宝盖、红线穗刀挽手(《大明会典》卷一百九十二《军器·军装一》)

“绿线”是指绿色丝绳;“靶”指刀柄。“斜皮”是西藏、青海、蒙古、华北地区一种特别硝制的半熟皮,表面呈斜纹,后世称之为“股子皮”(图302),是由牛、马臀部的皮革硝制而成,早期使用的是野马、野牛皮料,此种制成的皮革《新唐书·地理志》有所记载:“会州会宁郡……土贡:野马革。”明、清两朝“股子皮”大量应用在马鞍、火镰、皮靴上,清朝少部分高级刀剑也使用此种皮革包裹鞘室。“事件”指刀剑装具;“减金、减银”是指錽金银工艺。錽金、银工艺在南宋成书的《百宝总珍集》中就有记载:“减铁元本北地有,头巾环子与腰条。马鞍作子并刀靶,如今不作半分毫。”此种工艺产生于金朝,南宋时期开始流行,元朝宫廷专门设置“减铁局”从事铁雕、錽金银制作。明朝杨升庵的《升庵集》“錽瓖”载:“錽,音减,以镂金饰马首。又曰铁质金文曰也。”錽金、银是在铁地上开制细密网纹,再将金、银片锤入网纹,未錽金的铁地做黑色点漆衬托黄金同时防锈。

錽金银是元、明、清三朝对铁器装饰的重要技法，宫廷器物中多有表现（图 303）。此种工艺至清末消失，近年再次被挖掘出来。“鲨鱼皮”指鲛鱼皮。挽手的丝绳有“青线绦、绿线宝盖、红线缌”不等。

《大明会典·军器卷》记载的军器刀型中有“摩挲刀、大样摩挲刀、十字隔手事件腰刀、腰刀、滚刀、倭滚刀、米昔刀、黄莲刀、开脑大刀、米昔刀、倭腰刀、鹁鸽头刀”。明朝史料虽然较为详细地记录了军中刀制的名称，但是要与今日遗存的明刀相对应，也是极为困难的。如果仔细分析官修明刀的名称，会发现整个明刀按照称谓分成三部分，第一是受蒙元、西域影响的“十字隔手事件腰刀、米昔刀”；第二是受日本影响的“倭滚刀、倭腰刀”；第三类是明朝自己风格的“腰刀、滚刀、鹁鸽头刀”。

1. 蒙元、西亚风格

“十字隔手事件腰刀”就是典型的蒙元风格十字格佩刀，前文已经对十字格的产生和流传做了梳理，南京市博物馆藏康茂才十字格佩刀、山东博物馆藏十字格佩刀、万历陵出十字格佩刀就是《大明会典》中记载的“十字隔手事件腰刀”。十字格佩刀从元朝一直延续至明晚期，万历皇帝本人的随身佩刀（图 304）也是十字护手，可见十字格佩刀在明朝的重要性。万历佩刀：

长条形，鱼腹刃。刀把两侧有木夹柄，柄首包镶金片，上饰流云纹。柄中部靠下有金十字形护手。刀外有鞘。出土时刀与鞘锈蚀在一起，无法剥离。刀已经断成段。鞘，木质，外包一层沙鱼皮，髹红漆。脊部镶长条形金饰，上刻两组云龙纹，末端包有金琫，上饰流云纹。鞘口及上半部分共镶金箍四道，中间两道较窄，素面。鞘口及下部两道较宽，上刻流云纹，每一箍的脊部有柿蒂形饰及扁鼻，上套一圆环并系有丝带。丝带残断，宽 1 厘米。另有扁方形金箍六个，带扣眼二个，金环一个，金钩一个，当为丝带的附件，用以系挂。铁刀通长（带鞘）95、宽 4.2 厘米，护手长 9、宽 7 厘米。（中国社会科学院考古研究所、定陵博物馆、北京市文物工作队《定陵》，文物出版社 1990 年）

定陵十字格横枝相对较宽，上下两枝较窄，从风格上明显是保持了元末明初形制。受当年考古条件所限，未做考古 X 光探测，所以此刀刀型究竟是何种式样，不得而知。此种提挂式样在明朝较为流行，北京明十三陵神道武将石翁仲剑鞘的提挂（图 305）也是此种风格，此种风格的提挂来自南宋，元朝永乐宫壁画中也有表现（图 306）。考古报告中刀的线图是直柄，笔者认为此处应该有误，是因为刀柄木质损毁后，考古人员根据自己的感受做出的绘制，从鞘室来看，刀身是有轻微弧度的，所以对应下来，手柄应略有下弯更为合理。此类明十字格护手在国内收藏家手中多有保存（图 307），收藏家汗青先生保存的一只十字格直刀（图 308）非常值得研究，格为铜制，左右两横枝较上下两枝稍粗，靠刀背处有一血槽，由柄至刀尖，且由深转浅，非常特殊，此类直刀是较为典型的明初风格。十字格形式的佩刀除了在中原地区流传，随着蒙元将西藏纳入中国版图，西藏地区也受到蒙古风格影响，西藏地区对蒙元十字格进行吸收和改良，形成了带有西藏铁雕风格的佩刀形式，此类佩刀完整器稀少，中国人民革命军事博物馆藏有一只清代早期西藏风格十字护手佩刀（图 309）。

明朝初期流行一种刀尖尖锐、刀背隆起的刀型，收藏界俗称“鱼头刀”。刀背隆起的风格在中国最早出现于辽朝，后被蒙古继承，元朝开始流行，笔者曾经见过一八角档鋄银“至正”年款。现存此类刀多是八角档风格，此种风格在明初较为流行，甚至对朝鲜半岛的佩刀形制也产生深远影响。“鱼头刀”风格的刀都是蒙元刀型的延续。收藏家杨勇先生保存的八角档“鱼头刀”（图 310）柄首为圆弧铁片，具有元末明初时期风格的特点。

要弄清“米昔刀”是何物，必须先厘清“米昔”作何解。元、明两朝史料中记载有“密昔儿国”“密斯儿麦国”（《永乐大典》残卷 32182），元宪宗时期旭烈兀西征，其手下将领郭侃在西亚屡破阿拉伯军，攻克百二十余城。其军队足迹远至麦加、埃及以及叙利亚。丁巳岁（1257），侃攻下天房（天方，麦加），“又西行……，至密昔儿。”（《元史·郭侃传》）近代学者经过考证，认为“密昔儿国”就是今埃及，马明达教授撰文《密昔刀考》认为“米昔刀”就是埃及刀，其形制亦不可考。郭侃西征至明弘治朝已经过去二百余年，笔者认为明朝史料中的“密昔儿国”更多的意义是代指叙利亚、埃及区域，并不一定就是埃及。蒙古人在西亚建立伊尔汗国，对西亚的刀制产生了深刻的影响，从公元 13 世纪开始，蒙古弯刀形成了西亚弯刀的起源，后世主要演变成奥斯曼帝国的“基利”“舍施尔”两类，纽约大都会博物馆藏 36.25.1297 号藏品是奥斯曼帝国公元 1522—1566 年作品（图 311），刃型是属于“基利”型，笔者认为“米昔刀”应该是此种风格的佩刀。这类风格的十字格和刀刃形式都是蒙古风格在西亚地区的演变。

2. 日本风格

“倭滚刀”“倭腰刀”毫无疑问是日本风格的佩刀。中日之间在历史上兵器的交流从汉朝就已经开始，日本奈良县天理市栎本町东大寺山古墓出土一只东汉环首刀（图 312），学界普遍认为环首系日本本土制作，刀身为中国制作后传入日本。铭文“中平□□五月丙午造作（支刀）百练清（刚）上应星宿（下）辟（不祥）”。

唐朝的刀东渡日本后，对后世日本刀的起源有重要意义，日本正仓院保存了相当数量的唐刀。至宋朝时期，日本刀的锻造技艺已经完全成熟，并且通过贸易和礼物向中国输送日本刀。宋太宗召见日本高僧奝然，“抚之甚厚，”奝然遣弟子喜因向宋宫廷赠送礼物就有“铁刀”。欧阳修《日本刀歌》:“宝刀近出日本国,越贾得之沧海东。鱼皮装贴香木鞘，黄白间杂鍮与铜。百金传入好事手，佩服可以禳妖凶。”可见宋人对日本刀已经有了较为深刻的认知。元朝两次征讨日本失败，但是民间的贸易并未完全断绝，王辑五编撰的《中国日本交通史》说：“日本商品之输入于元代者，则为黄金、刀、剑、扇、时绘……”

明朝立国之后，日本刀进入中国总共有三种形式，第一种是日本王室、幕府将军对明廷的进贡。明朝建文、永乐、宣德朝时期，日本贡品中就以刀为主，其中永乐元年（1403）日本献“方物”中刀有一百把；宣德九年（1434）献“方物”中“撒金鞘大刀 2 把，黑漆鞘柄大刀 100 把”（时晓红《明代的中日勘合贸易与倭寇》,《文史哲》2002 年第 4 期）。第二种输入渠道是勘合贸易。洪武时期海禁，成祖永乐时期中日之间恢复勘合贸易，大量日本刀通过贸易向中国输入。

永乐元年（1403）九月，明廷命左通政赵居任、行人张洪等出使日本。礼部尚书李至刚奏说："日本国遣使入贡，已至宁波，凡番使入中国，不得私载兵器、刀槊之类鬻于民，具有禁令，宜命有司会检。番舶中有兵器、刀槊之类，籍封送京师。"李至刚出于对民间持有兵器的顾虑，认为兵器不许买卖。明成祖认为日本来贡，于国家有利，并且想借助日本政府剿灭袭扰中国的倭寇，于是下诏："毋拘法禁，以失朝廷宽大之意，且阻远人归慕之心。"（《明实录·太宗文皇帝实录》卷二十三）明成祖认为"外夷向慕中国，来修朝贡，危蹈海波，跋涉万里；道路既远，赀费亦多，其各有赍，以助路费，亦人情也，岂当一切拘之禁令？"令官府按照中国的市值付给日本勘合商人，购买输入的日本刀。随后明朝对中日之间的勘合贸易中的刀剑做出规则："永乐初，诏日本十年一贡，人止二百，船止二艘，不得携军器，违者以寇论。"（《明史·外国传》）严令禁止日本贸易船携带军器。事实上，日本朝贡使团除了少数贡品外，大部分是商人携带的贸易货物。

由于日本刀从宋元时期就已经成为中日贸易的主要物品，故日本商人多携带刀剑。明朝规定所谓的朝贡刀剑不能进入民间交易，这些刀剑都是被官府购买，当时的日本刀剑价格昂贵，最高价者达万钱，大量的刀剑给明朝政府带来了相当沉重的经济压力。明朝成化时期，明廷要求朝贡船队每次携带刀剑不超过三百只，而日本贡使和商人则置若罔闻，所带刀剑有增无减。

第一、二次勘合贸易所带刀剑不过三千把，第三次则飙升为三万七千把，第四次勘合贸易船带刀三万把，第四次勘合贸易船带刀七千把，第六次带三万六千把。第七、八次勘合贸易所带刀剑各为七千把，第十次是二万四千一百五十二把，仅有的记录可证的十一次勘合船入舶，共向中国输出日本刀二十多万把，数目不可谓不大。（马明达《说剑丛稿》，兰州大学出版社）

日本刀在一定程度上比当时的明制刀剑优越，嘉靖时期“明六大家”之一唐顺之也作《日本刀歌》赞颂：

有客赠我日本刀，鱼须作靶青丝绠。重重碧海浮渡来，身上龙文杂藻荇。怅然提刀起四顾，白日高高天冏冏。毛发凛冽生鸡皮，坐失炎蒸日方永。闻道倭夷初铸成，几岁埋藏掷深井。日淘月炼火气尽，一片凝冰斗清冷。

可见在明朝，日本刀的犀利已经形成了社会共识。这些所谓朝贡、勘合贸易的日本刀成为明军京师军队的佩刀。第三种形式是日本通过走私向中国输出日本刀。日本刀剑在中国市场有着丰厚的利润，整个明朝，中国沿海地区一直存在大规模走私贸易，明末的广州、澳门都有荷兰人售卖日本刀，走私至中国的日本刀数量完全无法统计。

在明朝中日贸易中，日本鹿儿岛的岛津家族是贸易的主要力量，他们从日本贩运至中国的日本刀大部分都是日本“备前刀”“高田刀”，这些数量巨大的日本刀加工简单、性能一般，在日本刀历史上被称作“数打物”。这些刀被明朝官方收购后装备明军，也被《大明会典》记录在案，称之为“倭腰刀”。“摩挲刀”“大样摩挲刀”也有极大可能是明人对日本刀的称呼。

明中期倭寇的入侵也是倭刀在中国的流行因素之一。成化三年（日本应仁元年，1467），日本进入封建割据的“战国时代”，各大名之间连年征战，互相兼并。战争中的溃兵败将和一些失业浪人逃往海上，加入到倭寇的行列中，倭寇除日本职业武士外，还有盘踞沿海的海盗和武装走私集团，汪直、徐海就是这种武装走私集团的首领。明世宗嘉靖以后，倭寇猖獗，劫掠范围扩大到山东、江苏、安徽、浙江、福建、广东六省，在明朝历次剿灭倭寇的战争记录里，真倭是日本职业武士，大致占据十之三四，从贼是汪直、徐海等组织的武装海盗走私集团。日本职业武士和性能优良的日本刀在与明军的交战中给明军带来巨大的威胁，日本刀的技法引起了戚继光、程宗猷、何良臣等抗倭将领和武术家的注意，戚继光说：“（长刀）自倭犯中国始有之。彼以此跳舞，光闪而前，我兵已夺气矣。倭善跃，一逆足则丈余，刀长五尺，则丈五尺矣。我兵短器难接长器，屡不捷，遭之者身多两断。”此种长刀应是日本武士善用的野太刀，明仇英绘制的《倭寇图卷》中就有倭寇使用此种长刀（图313）。明末徽州武艺家程宗猷在《单刀法选》中说：“其用法，左右跳跃，奇诈诡秘，人莫能测。故长技每每常败于刀。”何良臣在其《阵纪》中说：“日本刀不过三两下，往往人不能御，则用刀之巧可知。”

戚继光注意到明军在和倭寇的交战中，兵器在质量上逊于倭刀，士兵在作战中对倭寇的战法不熟悉，倭寇用刀擅长跳跃，加之倭寇的日本刀锋利，明军的军器以及人员大量损失，戚继光开始研究并且学习日本刀来改良中国刀，经过俞大猷、戚继光等抗倭名将的积极推行，《练兵实纪》中记载此种仿制日本风格的腰刀造法：

铁要多炼，刃要纯钢，自背起用平铲平削，至刃平磨，无肩乃利，妙尤在尖。近时匠役将刃打厚，不肯用工平磨，止用侧锉刀横出其芒，两下有肩，砍入不深，刃芒一秃，即为顽铁，此当辨之。

自此之后日本式的长刀、腰刀成为明军装备之一，仿制的倭刀在制作上尽量模仿了日本刀的弧度、镐造等特点，但是仔细观察就会发现，仿制倭刀在弧度上与日本刀有很多的区别，日本刀的弧度在靠近格前一尺左右就开始弯曲，至刀尖弧度减小，略趋直；中国仿制日本刀的弧度明显不同，刃体的弧度更近似整体圆弧的一段；刀尖的处理形式也完全不同，日本刀有横手，仿制倭刀没有这个细节；日本刀柄不论长短都是直柄，仿制倭刀更多是下弯柄。明晚期程子颐编撰的《武备要略》中绘制的单刀完全是日本刀风格（图314）。明朝正德时期，锦衣卫指挥使江彬曾经命兵仗局制作“倭腰刀万二千把，长柄倭滚刀二千把”（《续文献通考·兵器》），明仿制倭腰刀在当今收藏界则被称为“戚家刀”。其中“长柄倭滚刀”应该就是模仿日本的野太刀，周纬先生的《中国兵器史稿》最早披露故宫博物院保存了此种长柄刀（图315），认为是明御林军用大刀，故宫博物院馆藏编号故00171093藏品就是此种长柄刀（图316）。明朝史料和武术家都称此类刀为双手刀，至清朝晚期被改称“苗刀”，据已故武术家马凤图先生说，“苗刀”命名是比较晚近的事了，马凤图先生认为“应该就在曹锟设置苗刀营时期”，至于改名的原因则“很可能是出自对日本刀的忌讳”，而“如沿用程宗猷、吴殳的‘单刀’，又容易与一般的单刀混淆”，于是便改成了苗刀。马明达教授认为

"这一字之改很不高明，十之八九出自某位浅人"。收藏界中有相当数量在刃体靠近刀茎部位浮雕"日本国红毛州宝高造""日本国沙麾州宝高造"等铭文的仿日本刀，都是属于倭寇走私和仿制的日本刀（图317）。除了仿制日本腰刀之外，明朝还将日本风格的薙刀仿制，并且改制成双手刀,成为明军中另一种风格的长刀(图318,杨勇先生收藏)。

3."麻扎斩马刀、麻扎大砍刀、马军雁翎刀、腰刀"

《大明会典》中还记载有"麻扎斩马刀、麻扎大砍刀、马军雁翎刀、腰刀"等多种刀制。"麻扎斩马刀、麻扎大砍刀"表明此种刀使用麻绳缠杆，其刀型在明朝兵书有图像，明万历刻本《四镇三关志》描绘了明朝北部边军使用的"斩马刀"（图319-1),《武备要略》中也绘制了"斩马刀"的图像（图319-2）。此类双手长刀或长杆刀的刀型明显是延续宋朴刀风格。

雁翎刀也是明朝史料和诗中记载的制式刀，"马军雁翎刀"出自《大明会典》军器卷,嘉靖皇帝在毛伯温远征安南时所作的送行诗《送毛伯温》"大将南征胆气豪，腰横秋水雁翎刀"中的"雁翎刀"也是明刀一种形制，由于无明确的考古实物，要准确对应现存实物是较困难的。笔者认为此类刃尖属于剑形，但是锋刃较圆，刃体微曲，形体与大雁翅翎相似，是否开制血槽不得而知，故以"雁翎"命名。从本质上讲，是元朝剑形刀风格在明初的延续，明人根据其形制用雁翎来比拟此种刃型。

腰刀一词在明朝史料中多有提及，应是佩刀的统称，其中涵盖的形制范围较宽，极难一一对应。《四镇三关志》中绘制了北方明军使用一种腰刀（图320），此种直刀在"江口沉银"展中出现，系明末张献忠大西军军器。收藏界也保存有此风格明直刀（图 321，杨勇先生藏品），级别较高的直刀装具都是鋄金装饰。

直刀在明朝考古中也有实物，1950 年南京市博物馆在将军山发掘了明初沐英及其次子沐昂墓，在沐昂墓中出土刀、剑各一件，“刀 1 件。刀茎与刀身一体打制。茎圆形，首部已残，仅存根部；刀身长条状，一侧较宽、一侧开刃，刀头呈圆弧形。刀身已残断为两截，长度不明。刀鞘已腐朽不存，仅存鞘口部的银质扣件，表面锤揲缠枝花卉和云纹，顶端以银丝缠绕。刀身残长 53.2、宽 3.8、厚 0.5 厘米。”（图 322）（南京市博物馆、江宁区博物馆《南京将军山明代沐昂夫妇合葬墓及 M6 发掘简报》），此刀刀首造型不得而知，鞘室零件也仅存鞘口位置，此刀格也不知道为何种式样。从明初墓葬中实物到明晚期兵书中都有直刀，明军军制中一直装备此种形制。

沐昂墓中出土一把剑（图 323），是元末明初剑的重要实物。“剑 1 件。剑茎、剑身一体打制，茎圆形，外包之木柄已腐朽不存；剑身长直，两面起脊，头部圆尖，断面为菱形；剑鞘为木质，大部已朽，仅存鞘口部的镡和尾部的镖。镡、镖皆为青铜质地，表面鎏金。镡造型为鱼龙（摩羯），正面浮雕龙首，瞪目张牙，凶猛威严，背面浮雕龙尾和海水；镖近长方形，弧首，两面皆以戳刻珍珠纹为地，主纹为浅浮雕的云龙纹。剑身全长 88.4、宽 5.2、厚 0.8 厘米。”此剑格明显是继承于蒙元的兽面格形式，此种风格仅存于明初时期，之后此种格不再流行。此种兽面格在西藏地区发展成“知巴扎”风格。

1975 年成都凤凰山明蜀王世子朱悦燫墓出土带鞘铁刀一只（图 324），“铁刀长 59 厘米，柄上髹朱漆，刀鞘上有两个环，亦髹朱漆。”（中国社会科学院考古研究所、四川省博物馆成都明墓发掘队《成都凤凰山（蜀王）明墓》,《考古》1978 年 05 期）朱悦燫是明蜀王朱椿的长子。朱椿是明太祖朱元璋十一子，洪武十一年（1378）封蜀王，二十三年（1390）就藩成都。朱悦燫生于洪武二十一年（1388），死于永乐七年（1409）六月，葬于永乐八年（1410）四月。此刀刃型为弧，鞘室零件应为铜质，鞘室下缘有一包边，提挂造型独特，与部分宋元壁画提挂形式极为相似，刀格为柿蒂纹造型，此刀是元末明初时期宫廷佩刀的重要例证，明显能看出朝鲜半岛早期佩刀受到此刀风格的影响。

结合《四镇三关志》《武备要略》《武备志》几本明朝兵书来看，《武备志》中的兵器图像与《武经总要》相似，两者应该有明确的借鉴关系，《四镇三关志》和《武备要略》更能反映出明朝刀剑的一些细节，从《四镇三关志》的兵器图样来看，明人对倭刀、腰刀有明确的认知，并不混用。

“鹁鸽头刀”是《大明会典》中唯一以动物形态来命名的佩刀，其刀尖应该与“鹁鸽”的头相似，国内藏家有此类实物收藏（图 325-1、325-2，周柱尊先生藏品）（图 325-3，铁锤先生藏品）。

工部制造腰刀是明刀中较为特殊的一种形制，因刃体上錾刻铭文“工部制造”“工部制造重两斤零”而得名（图 326），工部制造腰刀是明刀中重量较大的一类，刃体重量在 1100 克左右，与铭文所标重量相近，远超普通明制刀刃重量，刃体较直，刀尖反刃斜直，刃体镐造，靠近刀背处有一浅细血槽，靠近刀格约 20 厘米不开刃，刀茎有铭文“天一”“天九”等。工部刀制作是通体都由两片皮铁夹刃铁的夹钢造法，且那两片皮铁也同样不是简单的一种材料所制，而是由两种不同的钢材折叠打造而成，因此形成了非常明显的团花，与明刀常用的锻造方式有明显不同，刃铁的弹性和硬度亦非常好，刀身叩之声音清亮，因为此种锻造方式，工部刀锈蚀都不甚严重。

此类刀总体数量不多，但是分布极广，藏、蒙、苏、浙、晋、陕、甘、宁以及朝鲜等地都有出现，如此广度的分布，说明其器形是明军中一种标准装备。此刀虽为单手形制，但是因其重量较大，实战过程中必是前手持握刀体不开刃部分，后手持握手柄，呈现一种双手刀技法。据武备收藏家汗青先生考据，认为工部刀出现在崇祯一朝，程子颐设计并传授用法，在李邦华任工部、兵部侍郎负责整改军政军务期间所造，制造时间大致崇祯元年中至崇祯三年初。

4. 绣春刀

《明史》《大明会典》《万历野获编》都记载锦衣卫佩“绣春刀”。“独锦衣卫堂上官，大红蟒衣，飞鱼，乌纱帽，鸾带，佩绣春刀。”（《明史·舆服志》）“若近侍长随，及各营总兵官，所披执盔甲绣春刀，则属御用监。”（《大明会典》卷一百九十二《军器》）“又锦衣卫官登大堂者，拜命日，即赐绣春刀、鸾带、大红蟒衣、飞鱼服，以便扈大驾、行大祀诸礼。”（沈德符《万历野获编》）锦衣卫堂上官是指锦衣卫指挥使，在随从大驾卤簿出行的时候穿戎装或飞鱼服，佩绣春刀。绣春刀佩刀制度应该是从元朝延续而来，明朝人孙承泽所著《春余梦明录》卷六十三的一段记载中，我们可以找到绣春刀制度的蛛丝马迹：

按：锦衣卫堂上官每驾出则戎装带绣春刀扈从。绣春刀极小，然非上赐则不敢佩也。其校尉皆衣只逊，其名仍元旧也。《元史》

云：国师法王至假法驾半仗以为前导，诏省府台院官以及百司庶府兼服银鼠质孙。此元人礼服，后乃为下役之服。

从这段史料显示了两个重要的细节，绣春刀体量较小，必须是御赐方能佩带，锦衣卫的校尉穿"只逊"服，实际就是"质孙"服，《元史》称之为"质孙，汉言一色服也"，洪武六年（1373）制定其校尉服饰："令校尉衣只孙，束带，幞头，靴鞋。只孙，一作质孙，本元制，盖一色衣也。"后演化成为明朝的"曳撒"。但是极为遗憾的是，绣春刀并无考古实物，也无明确绘画，台北故宫博物院藏《出警入跸图》中万历皇帝御马前的中官所携带的刀（图327），较为贴近史料中的绣春刀，前文对元环首刀的解读中，可知其宫廷宿卫"云都赤"的环首刀刃型较短、刀尖尖锐，与中官所携带刀型几乎一致。由此可知，《出警入跸图》中官所携带的刀就是《明史》中记载的绣春刀。

5. 双手仪刀

《刀兵相见》一书刊载杨勇先生收藏的一只双手仪刀（图328）。刀背雕刻一条行龙，龙身圆雕上吻长、下颚短，开口上下露尖齿，外露门齿（图329），宋元龙形多为尖鼻，入明以后龙鼻开始更为具象化，变得更为真实化，逐渐形成牛鼻或者向后翻卷。龙额高耸，鬣发成火焰形后飘，角下弯，这样的下弯形式更多出现在明代。颈部细而弯曲，左爪前伸，趾爪为三爪，身躯呈弓形，背鳍如火焰。右腿前伸在，三爪分趾，趾尖顺时针排列，如风轮。唐、宋龙三爪居多，进入元朝大量使用三爪，元晚期开始出现四爪形式，进入明代，舆服制规定五爪是皇室使用。尾部有一花枝镂空穿出缠绕，尾部渐收，而尾鳍非散开火焰形。以上这些特征都是既有元代特征，又有明代特征，说明是元龙向明龙造型过渡时期。刀挡前刀身浮雕睚眦（图330），睚眦为龙种，明朝杨慎所著《升庵外集》记载“龙生九子不成龙，七曰睚眦，性好杀，故立于刀环。”因此各种绘画和浮雕中都以龙形出现，此处的龙纹鬣发后飘，须发粗壮，龙额高耸饱满，上吻翻卷，开口露齿，舌前伸如浪，上吻长于下颚，这些造型特征都是明代早期风格，粗大豪壮。下颌须发翻卷，其中一缕长须蜿蜒较长，这样的纹饰特征是宋、元龙纹的表现手法。

刀挡处龙纹是整刀中表现龙纹最明显和最具特点的地方，刃夹和反刃处的龙形会因为受到造型的要求，有些细节不能完全表现，刀挡整体体量足够，所以会是所有纹饰中最具典型性的。此挡手是宋、元流行的海棠纹的变形，周围以八朵云型相互碰边形成外围的装饰边，云型作为装饰在宋元形成了比较标准的云头形式，元、明两朝云形相似，进入清代后开始变形。刀挡中云型包围的是双龙形，姿态非常矫健，龙首居中，龙尾蜿蜒至顶部，右爪前探，左爪曲于胸前，左右后腿朝左右蹬出，龙尾造型非常特殊，如散开两个花枝，枝头反卷。这个造型非常少见，挡手龙首能够清晰地看出额头高耸，双眼外凸，鬣发分于身体两侧（图331）。在故宫钦安殿的石雕上有一组石雕，是元大都遗物（图332）。石雕中的龙纹正是这样的散尾造型，龙上吻长而反卷，闭嘴露齿，双眼外凸，龙额高耸，鬣发分批身体左右两侧，出爪为三爪形式，另外一种故宫保存的永宣瓷器上出现散尾夔龙（图333），这种夔龙的形式都是元代龙形的延续。挡手中的这个龙形明显是元末明初宫廷龙形的表现手法。

龙纹的使用在元和明初非常严格，严禁僭越，明中期后逐渐放松对龙纹的使用，至清初又被严格界定，所以这样集中在大刀上使用龙纹，并且非常具有时代特征，这只大刀应该是元末明初时期皇家器物，极有可能为明宫廷之物。

二、清朝刀

清朝崛起于白山黑水，公元1616年努尔哈赤建后金，1636年皇太极改国号大清，1912年溥仪逊位，国祚276年。清朝刀制早期受到明朝风格影响，后吸收部分蒙古风格，最后形成清朝风格。清朝是距今最近的、也是最后一个封建王朝，保存的宫廷佩刀相对较多，较为著名的有沈阳故宫保存的清太宗文皇帝皇太极佩刀，清高宗纯皇帝御制刀剑、仪刀等。宫廷刀制总体来看工艺在清初最好，乾隆之后整体工艺水平开始下降。

1. 清太宗文皇帝佩刀

沈阳故宫保存的皇太极御用腰刀（图334）："全长94.5厘米，刃长75厘米，宽4厘米，厚度0.6厘米，柄长15厘米，镡长9厘米，宽8.5厘米，鞘长77.8厘米，宽5.4厘米，厚1.3厘米。"（《沈阳故宫博物院》，万卷出版公司）此刀保存完整，零件无缺失，刀挡外缘装饰连珠纹，次一层为莲瓣纹，主纹饰为如意双龙纹。柄首、箍；鞘口、尾，提挂都为单龙穿枝纹样。刀尖微上挑，刃尖开反刃，刀刃宽度从格处至刀尖略微放大，刀身双面皆制有两道长条形血槽，靠近刀背的血槽略窄，至前端收尖上挑，较粗的血槽内涂以朱砂。

鞘室木质裹颗粒炼皮，横截面为梯形，上宽下窄。此刀的装具完整，制作工艺是铁雕錽银鎏金，纹饰为穿枝龙，此种工艺和纹饰是明末清初时期仅次于御用器的水平。沈阳故宫资料说此刀装具是“镂空铜鎏金花纹”，事实上此刀的装具是铁雕錽银鎏金，可能是早期文博系统对铁雕和錽金银了解不多造成的。

天聪十年（1636）正月初六日，清太宗皇太极将此刀供奉于实胜寺。皇太极收服蒙古诸部后，林丹汗的妻子携带部众和元朝传国玉玺、玛哈噶拉造像投奔皇太极，由此皇太极开始信奉藏传佛教。此尊玛哈噶拉造像相传是由八思巴督造，极具神通，成为蒙古军的军神，忽必烈南下攻襄阳时，玛哈噶拉助力元军攻破宋军把守的襄阳。所以此尊玛哈噶拉来到皇太极处，皇太极极为重视，敕命建造“莲花净土实胜寺”供奉，在藏传佛教仪轨中，须向玛哈噶拉供奉军器，故皇太极将自身佩刀供奉在此处。清乾隆时期，距离清朝开国已经一百余年，鉴于清初创业阶段一些御用器物已经有所损坏，或失去传世凭证，乾隆皇帝特命人对先帝御用器物加以修复，并为各件物品制作了特殊的皮条或黄签，在其上书写列帝庙号尊谥，以此确保宫中旧藏不致失传。当时，皇太极御用腰刀也被制作了特别的白色鹿皮条。该皮条约长一尺余，表面经过细致打磨和处理，再用满、汉两体文字书写了此刀的名称与收贮地点。其内容为：“太宗文皇帝御用腰刀一把，原在盛京尊藏。”这从根本上证明了此件宝刀的身份及重要价值。中华人民共和国成立后，皇太极御用腰刀由皇家寺庙移入沈阳故宫博物馆（院）收藏至今。1993 年，清太宗皇太极御用腰刀因其具有特殊的历史价值，被文博界学者定为国家一级文物，成为目前所知极少几件清初帝王实用兵器之一。皇太极的佩刀是从明廷所得，还是后金自己制作，尚未有定论。

此种镂空雕刻风格的刀装具在明晚期、后金至清初时期较为流行，国内收藏家也保存有相同的完整器和部分零散装具（图 335），从铁雕技艺来看，此类风格的刀主要出现在明末至清康熙时期，现存的零件多出现在中国北方、内蒙古、西藏，应该都是清宫内府御赐之物的遗留。中国台湾卢益村先生、王琦先生都保存有此类完整器。

此种风格刀型对清廷仪仗有比较深刻的影响，乾隆时期出版的《皇朝礼器图式》中记载清宫皇帝大驾卤簿仪刀式样（图 336）、沈阳故宫保存的仪刀（图 337）、美国 Scott M. Rodell 先生收藏的仪刀（图 338），都使用了此种风格的纹饰。乾隆后期，宫廷仪刀开始使用铜鎏金装具（图 339），整体工艺水平下降。

2. 永靖龙荒

2017 年《文物天地》第 3 期公布宁波博物馆藏康熙御用战刀。档案记录：通长 119.0、柄长 40.5、刃长 73.7、鞘长 76.7 厘米。匣盖上部左右角残缺，中下部刻束莲纹将盖面分为两部分，下部竖行楷书“永靖龙荒”四字，上部竖行楷书“前康熙大帝亲征噶尔丹御用战刀谨呈国民政府主席蒋钧鉴”，款署：“蒙旗宣慰使土默特总管荣祥谨率所属叩献”。来源:奉化丰镐房征集。损伤现状记录:柄包木裂、鞘包皮裂；入藏日期：1991 年 3 月 25 日。器物原名为指挥刀，后改为错金腰刀，现定名：中华民国内蒙古土默特总管荣祥献给蒋介石的康熙战刀（附刀鞘与“永靖龙荒”木盒）。（图 340）

此刀装具铁雕镂空缠枝纹，鋄银鎏金，缠枝细密，枝条花叶尖端较为有特点，一侧为尖叶，另一侧卷曲呈珠，花叶的枝条较纤细。

刀挡内侧纹饰原文解读“两侧对称有点像西式栅栏上剑形叶柱，可能是法国王室徽盾中鸢尾花的变形”（图 341）。笔者认为此处的解读有误，其纹样是在金刚杵的图样上做的变形，藏传佛教对清廷、蒙古诸部、西藏影响深刻，在刀剑上出现多代表护佑之意。此刀的装饰风格与皇太极佩刀有相似之处，刀挡外缘都装饰莲瓣纹，装饰细节有明显的差异，皇太极佩刀使用穿枝龙纹，整体纹饰风格更中原化，宁波博物馆康熙佩刀明显具有蒙古装饰风格，与同时期的蒙古马鞍铁雕相同。努尔哈赤起兵建立后金时期，比较偏爱此类双手长柄刀，《满洲实录》描绘努尔哈赤征战的图像中就大量出现了这样的双手长刀（图 342），笔者推测图 338 的双手仪刀应该就是后金军双手长刀的起源，后成为清朝宫廷仪刀刀制。

宁波博物馆对此刀的身世考据得极为详细，故宫博物院、避暑山庄博物馆两馆判读此刀“造型、纹饰都具有清初宫廷刀的味道，应是清初物品”，宁波博物馆的综合考据后认为是“康熙三十六年（1697）西征凯旋，康熙皇帝至归化（今呼和浩特市）崇福寺（俗称小召）憩住，在住管纳依齐托音呼图克的请求下，把他的戎装武器（全副盔甲、战袍、锦靴、弓韬、箭、箙、腰刀、鞍辔等）赐给寺院作为永镇山门的纪念品。此后，每年正月十五日，这批戎装武器以‘小召晾甲日’形式在寺内陈列展览，历二百多年”。抗日战争胜利后，当时的蒙藏委员会委员兼秘书长、蒙旗宣慰使荣祥把此腰刀作为庆寿寿礼献给了当时的国民政府主席蒋介石。后几经辗转，为文物部门征集，现藏宁波博物馆。

3. 背衔金龙

清朝皇室佩刀中有一类形制特殊，在刀背浮雕或者圆雕龙纹，刀刃有曲刃和直刃两种，此种特殊的形制在故宫的典籍中称之为“背衔金龙”。

中国人民革命军事博物馆中保存了一只“背衔金龙”佩刀（图343），军博官方介绍中只称之为“宝刀”，并未详细说明此刀的来源和身份。此刀零件均为铁质鋄金，纹饰为镂空雕刻穿枝花嵌宝，柄首、柄束、挡手嵌珊瑚、松石。刀刃靠挡手部分左右浮雕金龙，刀刃双血槽，贯穿刃体汇于刀尖。最为精彩的是整个刀背浮雕金龙一条，龙首高昂，圆睁双目，双角反曲，龇牙吐舌，龙鳞甲内鋄金珠7颗、外环绕10颗，鋄金颗粒中髹黑漆，龙鳞甲层叠由龙首至刀尾，工艺极其精湛。同类形制的佩刀，内蒙古五当召寺庙内藏有一只（图344）；香港拍卖会出现一只（图345）；皇甫江藏有2只，一只品相较弱，刀装缺失，一只品相极好，唯一遗憾是鞘尾缺失（图346）；美国藏家一只（图347）。此五只刀刃型几乎一致，唯独装具有所不同。

故宫博物院官方网站命名为“镶鱼皮嵌石把铜边鞘神锋剑”就是“背衔金龙”剑形直刃刀（图348），故宫命名为剑是因为此刀是剑尖。法国军事博物馆藏有另一只“神锋剑”（图349），形制与故宫藏品一致，相对尺寸略长。这两只“神锋剑”实际上就是《皇朝礼器图式卷十八》记载的“皇帝吉礼随侍佩刀”（图350）。图式中对神锋佩刀的定义：

> 钦定吉礼随侍佩刀，炼铁为之，剑首单刃，通长三尺，刃长二尺五寸，阔一寸四分，中其脊三道，背衔金龙口外刃二寸

二分，近柄鋄银花文，左为“神锋”，右为“乾隆年制”，皆隶书，鋬为银盘鋄金花，厚两分，柄长四寸八分，木质蒙白鲨鱼皮，横饰九行，中绿松石，两旁青金石红宝石，相间上围饰绿松石红宝石，贯明黄绦，室长二尺七寸木质，中蒙绿鲨鱼皮，旁一铁皆缀金花，文琫珌皆缀银花，文亦饰绿松石青金石红宝石。

法国军事博物馆藏品应该是1860年英法联军攻占北京后掠夺之物。清震钧（唐晏）著《天咫偶闻》卷一《皇城》中记载：“御前有刀名小神锋，长二尺余。每驾出，侍卫一人，负之而行，此与神枪皆置御座之旁，顷刻不得少离。”可见乾隆皇帝对神锋刀的重视。

乾隆皇帝制作吉礼随侍佩刀是为了纪念两次平定大小金川的赫赫武功，根据缴获的金川土司佩刀造型（图351），再加上乾隆皇帝个人审美，制作成了“钦定吉礼随侍佩刀”。将北京故宫、沈阳故宫藏金川土司刀与神锋刀进行对比，不难看出两者之间的高度相似性。

背衔金龙这样的高级佩刀形式在清宫档案中并无详细记录，这是非常令人吃惊的，目前能看到的藏品就是以上8只。中国历史中各个朝代不断更替，虽然各个朝代的纹样纹饰都有所不同，但是后朝总是会或多或少延续前朝的一些制作工艺和纹饰特征，有些器物的形制也会在后朝建立初期延续前朝的样式，随着后朝的发展，会逐步确立本朝的纹饰风格特点。从故宫的“背衔金龙”来看是皇室特有的一种装饰手法，不然不会造出“神锋”和军博“龙背宝刀”两种造型，可见乾隆皇帝对此种造型的喜爱。这样的装饰手法实际上不会凭空出现，一定是延续前朝的风格，此种“背衔金龙”的形制应该是明双手仪刀的遗风明清时期大量的佩刀在刀夹的位置雕刻成龙纹，这样的形制其实源自宋、辽、金，早期的都是错金显示龙纹，元朝刀剑样本较少，尚无明确实例，至明朝开始大量出现，清早期沿用此种形制。

三、小结

明刀早期风格明显受到元朝影响，而且这种影响基本贯穿整个明朝，中期受到日本影响较大，形成明朝南北风格差异，北方明刀装具多用铁质，高级刀剑鋄金银装饰，南方多用铜质鎏金装具。现存的明刀风格多样，总体可以分成三类，元朝风格主要包含十字格类型、鱼头型；日本风格包含日本输入的倭刀、走私的倭刀、明朝仿制的倭刀；明朝中后期腰刀的形式更多，刀刃上血槽制作更为精细复杂，刃体浅浮雕动物、万字，刃夹位置出现浮雕睚眦等，甚至出现了贯穿刀背的滚珠刀；装具纹饰与同时期的玉器、金器相同。

明朝刀制对后金、康熙时期的形制明显有影响，乾隆一朝为告诫子孙不忘先祖创业艰难，制作“天、地、人”系列刀剑，此批刀剑现存故宫博物院，部分调拨至沈阳故宫和地方博物馆，这批刀剑都是铁雕鋄金装饰，纹样细密，刃体锻造精良，靠柄部错金银装饰刀名、图样、年款，乾隆时期风格开始转变，宫廷佩刀变得更为奢华繁复，镂空雕刻更追求细密，与清初舒朗的风格完全不同。乾隆之后，国家开始衰落，刀剑制作明显开始走下坡路，至民间更是在风格上走向民俗化。

从美学、符号学角度讲，任何一个时代的器物都是那个时代对器物审美的表现，器物上的纹饰也是那个时代的文化痕迹，那么每个历史时期的器物就会带有那个阶段独有的特征。这些特征不会随着历史进程突然消亡，而是会随着时间的推移逐步变化，在吸收和变化后形成下一个阶段的特点。但是随着统治者审美的变化，传递过程中往往会显现出个人的意志，乾隆皇帝在制作“天、地、人”系列刀剑中不断对送来的图样做修改，就是个人意志在这些器物上的体现。乾隆朝之后至民国时期的刀剑形制变化极小，研究意义也不高。

第七章 唐剑

李白多首诗作描写剑："停杯投箸不能食，拔剑四顾心茫然""腰间玉具剑，意许无遗诺"。唐太宗李世民也有诗作咏剑："慨然抚长剑，济世岂邀名。"事实上，唐剑在唐朝兵器中非常罕见，初唐时期仅在唐太宗传记中出现，中期开始出现在史料中，至唐末史料中逐渐增加。在敦煌壁画中，从中唐至晚唐剑只在天王像中出现，加之实物稀少，唐剑的形制和诸多细节几乎不为人知。本章通过壁画、雕塑、实物来解读唐剑的细节。

一、史料中的唐剑

《隋书·舆服志》中天子郊天、祀地、礼明堂、祠宗庙、元会时候佩“剑”；皇太子朝服带“鹿卢剑”；开国诸王、公、侯、伯、子、男、大司马、大将军、太尉、诸位从公朝服“腰剑”。“鹿卢剑”属于秦汉代时长剑之名，唐代经学家颜师古注释《汉书·隽不疑传》:“古长剑首以玉作井鹿卢形，上刻木作山形，如莲花初生未敷时。今大剑木首，其状似此。”汉玉具剑的剑首就是圆形，手柄丝缑缠绕成鹿卢形，后鹿卢剑通指礼仪剑，说明隋、唐时期对汉制剑是比较了解的，隋朝“鹿卢剑”剑形应该近似汉剑。隋朝对官员佩剑等级做了详细规定：

> 一品，玉具剑，佩山玄玉。二品，金装剑，佩水苍玉。三品及开国子男、五等散品名号侯虽四、五品，并银装剑，佩水苍玉。侍中已下，通直郎已上，陪位则像剑。带真剑者，入宗庙及升殿，若在仗内，皆解剑。(《隋书·舆服志》)

史料说明，官员佩剑在不同场合使用“像剑”和“真剑”，像剑就是木质剑，外形与真剑一致。

《旧唐书》载天子佩“鹿卢玉具剑，火珠镖首”；皇太子佩“玉具剑，金宝饰也，玉镖首”；亲王佩“玉镖金饰剑，亦通用金镖”。唐朝礼仪、舆服承袭隋制，天子佩玉具剑；太子剑制中“镖”通“摽”，鞘尾用珠宝镶嵌的玉作鞘尾，亲王用黄金鞘尾。这类礼仪制度中的剑与军旅中的剑有相当大差异，剑在隋、唐两朝的礼仪制度中占有非常重要的地位。

唐朝涉及军器武备的史料中较少提及剑,《唐六典》中对刀制、矛制、弓制都有较为详细的记载,剑制并无记载。《神机制敌太白阴经》记载唐军装备,唐军远射武器为弓箭,佩胡禄,箭为“射甲箭、生钹箭、长垛箭”三类;盾牌为牛皮制;军士的“佩刀”即为横刀,长柄武器为“枪”“陌刀”“棓(棒)”,军队的主要装备中并无剑。这些史料反映出剑已经不是唐朝主要的卫体武器,横刀成为宫廷仪卫、军制中的标准配备。

唐朝官方正史中对剑的使用有多处记载。唐太宗李世民和唐俭一同在洛阳苑狩猎,狩猎中野猪冲出,李世民引弓发矢,四只野猪应弦而毙,这时候一只公野猪冲过来,几乎冲撞到太宗的马镫,唐俭立刻跳下马来救援,“太宗拔剑断豕,顾笑曰:‘天策长史,不见上将击贼耶!何惧之甚?’”(《旧唐书·唐俭传》)李世民抽出剑砍杀了野猪。野猪是极凶的野兽,李世民能以剑断野猪,再一次体现了个人的武艺精湛,也说明其佩剑极为精良。24岁的秦王李世民在虎牢关破窦建德、王世充,为唐朝统一北方奠定基础。武德四年(621),李渊为奖赏李世民平定洛阳功而特置“天策上将军”一职,掌全国征讨,爵位在王、公上,终唐一朝,只有李世民一人获得此职位。唐俭曾任天策将军府长史。李世民一生中最擅长的兵器是弓矢,曾对萧瑀言:“朕以弧矢定四方,用弓多矣。”(《贞观政要·政体》)

《新唐书·李白传》记载“文宗时,诏以白歌诗、裴旻剑舞、张旭草书为三绝”,裴旻是唐朝非常著名的剑术大师,吴道子曾经请裴旻舞剑,“旻于是脱去衰服,若常时妆饰,走马如飞,左旋右抽,掷剑入云,高数十丈,若电光下射,旻引手执鞘承之,剑透空而下。

观者数千人，无不悚栗。”（唐李亢《独异志》卷中）颜真卿赋诗《赠裴将军》赞裴旻的剑术“剑舞若游电，随风萦且回”。裴旻的剑术在对外的征战中也有体现，“旻尝与幽州都督孙佺北伐，为奚所围，旻舞刀立马上，矢四集，皆迎刃而断，奚大惊引去。”（《新唐书·文艺传中》）裴旻平时善用剑，故此次裴旻在与奚人的战斗中不太可能使用刀。王维《赠裴将军》诗“腰间宝剑七星文，臂上雕弓百战勋”，也对裴旻的剑做了描述。这里有一个非常重要的细节“宝剑七星文”，说明在唐朝剑刃上会制作七星等星宿纹。

唐朝中期以后史料中宝剑的记载开始增多。唐中期，藩镇割据，骄兵悍将横行无忌。“元和五年，时禁军诸镇布列畿内，军人出入，属鞬佩剑，往往盗发，难以擒奸，”（《旧唐书·王播传》）军卒又开始佩剑。长庆元年（821），幽州、镇州叛乱，唐中期名将李愬“以玉带、宝剑与牛元翼”，并且告诉深州刺史牛元翼：“吾先人常以此剑立大勋，吾又以此剑平蔡寇，今镇人叛逆，公以此翦之。”（《旧唐书·李愬传》）李愬雪夜袭蔡州，生擒叛将吴元济，平定淮西，是唐中期宪宗“元和中兴”的肱股之臣。雪夜袭蔡州一战在中国古代军事战争史中有极高的地位，后世被无数诗篇赞颂。李愬将军的剑是家传之物，说明在唐朝世家中仍旧保留和使用剑。元和十年（815），成德节度使王承宗、平卢淄青节度使李师道两人遣刺客刺杀宰相武元衡和裴度，“度出通化里，盗三以剑击度，初断靴带，次中背，才绝单衣，后微伤其首，度堕马。”（《旧唐书·裴度传》）刺客所用武器是剑。

晚唐文宗时期，温造在太和四年（830）平定兴元军叛乱的时候，兴元都将卫志忠、亚将张丕配合温造设伏平叛兵，“志忠、张丕夹阶立，拔剑传呼曰：悉杀之。”

从史料显示，晚唐时期，剑又成为高级官员和军士的随身武备。

二、壁画、石雕中的唐剑

中国史料只会记录事件和人物，极少记载器物形制，至宋朝《武经总要》才开始在兵书中绘制武器图样。对唐剑的研究，依赖唐朝的雕塑、壁画，结合考古实物，才能略窥唐剑的形制。

敦煌中唐时期壁画、绢画中天王、武士手中多持剑，较少持刀，剑格形式主要有五类：直翼八字型剑格、浅十字格、元宝形、平面柿蒂纹、月牙格型。中唐时期敦煌第158窟《各国王子举哀图》中最早出现两把直翼八字型剑格的剑。第158窟开凿于吐蕃统治晚期的前段，大约在公元756—781年，西夏时期进行过重修。《举哀图》中右下角有一外族王子，持剑刺胸，其剑格为八字形（图352），两翼较直，中段有尖凸。壁画的左侧，另一王子背对画面，缠头，腰侧悬挂佩剑，剑柄较为模糊，但是能清晰地看出其剑格为直翼八字格，中段无尖凸，鞘室有金属包边。《举哀图》表现的是释迦牟尼入灭的时候，西域各国王子以“割耳剺面”“刺心剖腹”的形式表现对释迦牟尼的哀悼，“割耳剺面”“刺心剖腹”是东汉至隋唐期间出现在中亚、西域和中国北部诸民族的一种丧葬习俗。敦煌第61窟是归义军节度使曹元忠夫妇于10世纪中期所建的功德窟，五代时期修建，宋代重修部分壁画，其主室的东壁、南坡说法图中的武士所持长剑皆是直翼八字剑格（图353、354）。现存于大英博物馆、法国吉美博物馆，原藏经洞唐绢画中绘制了大量十一面观音、天王造像，其手中的剑虽然为法器，但是器形完全遵循当时剑的形制，手中剑多为直翼八字格。大英博物馆藏十一面观音像（图 355）年代为公元 701—850 年；吉美博物馆藏天王像（图 356），馆藏方未给出年代，从图像构图来分析应该不晚于五代；法国吉美博物馆藏敦煌《降魔成道图》中也有直翼八字形象（图 357）。这批敦煌绢画、绘本中的观音和天王手持的长剑都是直翼八字型剑格。吉美博物馆 EO1162 敦煌绘画组图中，辩才天手持长剑，剑格略呈新月形，剑首为环（图 358）。从图像上看，此类八字格剑的剑首多为环首，剑鞘形式不得而知，在同期的壁画中尚未发现八字格剑鞘形式，仅在《举哀图》中见到鞘室有此类剑鞘室有金属包边的特征。

浅十字剑格形式出现在武周时期，唐玄宗时开始盛行，此种剑格是受到突厥风格影响，在同时期的唐陵突厥石人中都有较为清晰的表现，已知的资料中多是刀格，较少是剑格。敦煌壁画中较少表现出此种风格，但是在斯坦因带走的敦煌绢画、壁画中能看到此类格的长剑形象。

现存于大英博物馆、由斯坦因带走的晚唐时期敦煌绢画中天王持长剑，剑格靠刃端为轻微 W 型（图 359），在哈萨克斯坦 Murtuk 洞窟壁画中，天王所持剑格形式（图 360）（*Along the Ancient Silk Routes: Central Asian Art from the West Berlin State Museums*）也是靠刃端为 W 形，整体还是属于浅十字格形。大英博物馆藏敦煌绢画千手观音像（馆藏编号：1919,0101,0.35）中的右侧天王像手中持长剑（图 361），剑格为浅十字剑格，而且此剑是环首形式，剑首明显为连珠风格。同一幅绢画左侧天王同样手持长剑（图 362），其剑格形式与唐玄宗泰陵石翁仲手中的仪刀剑格（图 363）一致，两者属于十字格的变形之一。山西五台山大佛光寺东大殿内，明间佛座后侧东腰处北部的一铺唐咸通年间天王像，手持一把长剑（图 364），剑尖、剑首不得而知，剑格较为清晰，是典型的两端如意形浅十字格。

斯坦因从敦煌带走的一经幡上，天王手持环首长剑（图 365），剑刃为六面刃，剑格主体为浅十字格，左右两端有云头装饰，剑首为环形，环体有卷曲纹。该剑格形式与敦煌莫高窟第 57 窟前室西壁绘制的一把长剑格形式（图 366）相同，剑首为环形，略扁，环体图像漫漶不能分辨细节，第 57 窟初唐时期开建，晚唐重修整。另大都会博物馆 30.65.2 号藏品唐刀也是此种类型的格，大都会藏品并无确切考古年代，笔者认为此刀、此幡都是盛唐时期风格。榆林窟第 25 窟前室东壁南方天王手持长剑（图 367-1），剑首为环形，剑环由于漫漶辨识困难，疑似双龙（图 367-2）。剑格实际上是八字格的一种变形，两翼相对较直，鞘室为双附耳型（图 367-3）。

四川地区石雕中的唐剑有两种风格，一种是八字格，另一种是元宝格。巴中水宁寺摩崖石刻是四川地区初唐、盛唐时期开凿。其中 2 号龛释迦说法像，武士手按的剑是八字格（图 368）。8 号龛释迦说法像是盛唐开凿，左侧天王正在将手中的剑拔出鞘室，剑格为元宝形（图 369）。四川安岳玄妙观武士石雕也有唐剑形象（图 370），玄妙观是全国重点文物保护单位，开凿时间在唐开元六年（718）至唐天宝七年（748），武士手中的唐剑较长，剑格造型较为特殊，剑格中部呈长条形，左右两端有较小的月牙伸出，是月牙格的一种演化，此种剑格在吐蕃剑中有所保留。

平面柿蒂纹格出现在晚唐时期。山西五台山佛光寺东大殿有一尊唐大中十一年（857）的天王像，手中长剑使用的是平面格（图371），剑首是多曲如意形，剑刃为六面刃，靠格处有刃夹。莫高窟第12窟主室西壁两个武士手中之剑就是柿蒂形平格，剑首为如意形（图372）。

大足北山摩岩崖造像中，毗沙门天王窟开凿于晚唐景福元年（892），毗沙门天王右侧有一侍者手捧长剑（图373），长剑鞘室有装饰纹饰，剑格为月牙格，中部有尖凸，剑首为三曲剑环。此剑格明显是对敦煌第158窟《各国王子举哀图》中八字格的延续，此种剑格后来在李茂贞陵石翁仲也有所表现。

三、考古中的唐剑

唐朝宫廷礼仪中剑是极重要的随身器物，尤其是天子、皇太子、亲王、五品以上官员佩剑，受限于考古资料的缺乏，无法得知其准确形制。

唐朝的班剑随着历年考古，其形制已经清晰。2004年发掘的西安刘智夫妇墓出土班剑一只（图374）（陕西省考古研究院、西北大学考古学系《陕西西安唐刘智夫妇墓发掘简报》，《考古与文物》2016年第3期），墓主刘智约生于武德元年（618），唐太宗或高宗朝从军征高丽，因战功加勋上柱国。此墓中出土的班剑是目前考古成果。最好的一只。唐代的班剑保存至今的完整实物仅见唐昭陵总章三年（670年）李勣墓出土的金铜装班剑（图375）（《唐昭陵李勣（徐懋功）墓清理简报》，《考古与文物》2000年第3期），刘智、李勣墓班剑都是金铜装，两者形制有明显差异。刘智墓班剑更似汉制，明显有剑璏，说明唐朝对汉制剑有明显的认识，在班剑造型上明显崇尚古制，剑首和鞘尾造型相近，錾刻卷草纹，柄首略大。李勣墓班剑柄首、鞘尾体量相同，剑格为平格，靠近鞘口位置有一附耳提挂。陪葬昭陵的唐开元六年（718）越王李贞墓出土的一件“玉（剑）柄”，根据考古报告描述的形制，就是班剑的首或摽；唐元和七年（812）惠昭太子墓出土的两件所谓“玉佩饰顶”（图 376）（陕西考古研究所《唐惠昭太子墓清理简报》，《考古与文物》1992 年第 4 期）其实也是班剑的首和摽。这种玉质摽、首的班剑剑身应系木质，已完全腐朽，其规格应当高于金铜装班剑，与《旧唐书》载皇太子“玉具剑，金宝饰也，玉镖首”一致。《新唐书·仪卫志》在“大驾卤簿”仪卫中有左右卫勋卫执“金铜装班剑”的记载，应该就是刘智、李勣墓中所出班剑形制，木质班剑就是史料中所载的“像剑”。

历年对隋、唐的考古中，刀剑实物出土寥寥可数，这是由于隋、唐两朝丧葬习俗的改变，造成兵器极少随葬，唐剑相对于唐刀数量更为稀少，对唐朝兵器研究是而言是极为遗憾的。

大明宫渠道考古发掘中出土唐剑一只（图 377），此剑未经整理，但是从格部位状态来看，极大的可能性是浅十字格（中国社会科学院考古研究所西安唐城队《西安市唐大明宫含元殿遗址以南的考古新发现》）。隋唐洛阳城考古出土铁剑两只（图 378），其中一只“柄残，刃长 87 厘米，最宽 4 厘米，脊厚 1.2 厘米”（中国社会科学院考古研究所《隋唐洛阳城 1959-2001 年考古发掘报告》，文物出版社），另一只残长 36 厘米，剑茎细长。

随着国内兵器收藏群体的增加，部分国内收藏家收藏有一定数量的隋唐剑，这些器物对研究唐朝兵器起到了相当关键的作用。

隋朝与唐朝武备实属一脉，也因其国祚太短，器物极少。杨勇先生保存了一只出自汉江的剑，剑茎末端为环首，刃体与剑身交界处较大，刃体朝剑尖收分较快，剑身前部开双血槽，中部有收腰（图379）。此类剑与北朝至隋朝造像中神王所持剑几乎一致，安阳隋开皇九年开凿的大住圣窟窟门雕迦毗罗和那罗延神王手执法剑就是此种形制（图380），笔者认为此种剑刃明显带有西域风格，而环首又是中原形制，是一种北朝开始的较为特殊的剑制，在北朝粟特人石棺雕刻中也能见到此类剑制。

唐剑南道地区出土过一种直翼八字格剑（图381-1，龚剑收藏），剑根部刃宽4厘米左右，至剑尖宽度2.5厘米，刃体四面，由根至剑尖收分较快，刃长68厘米。剑格两翼较直呈八字，顶部稍微有放大，佩表一侧（剑悬挂腰侧，朝外一悬挂面称为佩表）起脊线，佩里侧则是平面，剑茎类似汉剑，剑首为环形，剑格起脊面有羽纹装饰（图381-2）。整体制作工艺非常规范。

剑南道地区还出土一种元宝格环首唐剑（图382、383）。图382环首内明显有简易凤纹，与广元皇泽寺28窟雕刻的凤首刀环相似，两柄箍都为椭圆筒形；提挂为附耳式，附耳略窄，顶为弧形，此类附耳与陕西税村隋墓横刀附耳形制近似；剑刃四面，刃体较宽，剑尖和刃体有明显折角。此类剑鞘室的鞘口、尾都应是简单的铜制。图383剑为光素环，环略扁，剑茎反折包握剑环，剑茎在环底有方形凸起；剑茎自刃渐收两缓肩，茎较长。剑刃采取旋焊锻造为铁芯，外包钢刃，此剑的锻造技艺与剑南道唐刀一致，剑茎的做法和环刀一致。剑南道这两只剑与巴中水宁寺石雕武士剑格一致，都是盛唐形制。

剑南道地区的剑刃体相对较短，且都是双手长柄形制。剑南道从武周时期至开元初期与吐蕃军在松州、茂州数次大战，此类剑应是军中“队头”随身之物。

武备收藏家铁锤先生还藏有一只出自洛阳地区的浅十字格唐剑（图 384-1），此剑的剑格与已知的唐刀完全一致，为浅十字格，剑刃为六面，剑刃根部有一刃夹，刃长 70 厘米，剑茎较短，佩表面有手花，手花呈六边形镂空。此剑的剑首遗失，按照整体细节，此剑是武周至天宝年间之物，剑首应该有两种风格，一种是大明宫出土的圭形剑首（图 384-2），一种是大明宫考古所出的双龙环首（图 384-3），此剑是目前收藏界已知的毫无争议、品级最高的唐剑。从剑格、手花的制作来看，是典型的武周至开元时期形制，六面剑刃明显是追慕汉晋古风。

除了国内的唐剑，在日本的博物馆和神社中还保留有数只唐剑。被定为“国宝”的平安时代“无铭黑漆宝剑”（图 385），现藏于天野山金刚寺，剑刃最宽处 3.3 厘米，刃长长 62.2 厘米。日本静冈县伊豆神社藏公元 10 世纪“无铭剑”（图 386），全长 53.3 厘米。非常值得重视的细节是，这两只剑都是六面刃体。平安时代初期日本第一代征夷将军坂上田村麻吕（751—811）将生前佩剑供奉在岩手县“镇守府八幡宫”（图 387），从公布的有限资料中可见其器形与洛阳唐剑相似，剑身为四面型，剑脊处有血槽。

四、形制细节分析

将中、日两国这几把唐剑实物结合敦煌壁画和四川石雕进行对比，我们会发现很多值得研究的细节特征，从刃型、剑格等关系来分析唐剑原始的形制。

1. 刃型

剑刃造型分为两类，一类剑刃朝剑尖收分较快，剑南道直翼八字格剑、元宝格双手环首剑、洛阳唐剑和日本金刚寺、伊豆神宫、岩手八幡宫唐剑属于此类收分较快的做法，笔者推测是一种北朝的风格；另一类前后刃宽收分差异小，此类剑尖较为硬朗，剑刃向尖过渡明显有折角，剑南道铜装双手环首剑属于此类（图 382）。唐剑的刃长不算长，最长的是洛阳考古实物，为 87 厘米，洛阳十字格唐剑 70 厘米，日本保存唐剑总体在 50—60 厘米附近，相对较短。

刃体横截面是非常重要的细节，从已知的图像和实物来看，唐剑剑刃横截面分成四面刃体（图 388）和六面刃体（图 389）两种。敦煌壁画天王手中多是四面刃体，图 384–386 四件实物都是四面刃体。敦煌绢画中的环首剑、大佛光寺天王剑、洛阳唐剑、日本金刚寺无铭唐剑、伊豆神社实物都是六面刃体。六面刃剑形在汉朝长剑中就已经出现，私人保存的南北朝时期剑也有六面刃型，唐六面剑形应该是慕古之作。

2. 剑格

唐剑的剑格主要分成直翼八字格、元宝格、浅十字格、平面柿蒂、月牙格五种。直翼八字格在敦煌壁画、绢画图 354—357 中有比较清晰的展示,与剑南道直翼八字格剑完全对应。元宝格在四川巴中、安岳石窟的武士像中出现，与实物剑南道的两只剑完全对应。浅十字格在敦煌绢画图 359—362 中有准确表现，图 363、364 剑格是十字格的分支一，图 365、366 剑格是十字格的分支二。洛阳唐剑的十字格与现存的唐刀的十字格完全一致，和绢画图 361 完全对应。

日本系列的唐剑原始装具都不存，基本都是三股杵做手柄。对比洛阳唐剑和日本唐剑，剑刃下端有明显剑刃夹；都是短、扁茎形式，茎尾是圆弧形。

3. 剑首

唐剑的剑首分成两种，早期的剑首依旧延续汉至南北朝时期的环首造型，环首内有凤首装饰和光素环两种。壁画中的环首唐剑都是短柄，但从剑南道唐剑来看，军中以双手长柄为主。另一类剑首是圭首形制，洛阳唐剑和日本唐剑这四只剑风格一致，此类剑的剑首应该都是圭形剑首。

4. 锻造

洛阳唐剑剑刃锻造细腻，在刃尖明显有烧刃热处理工艺。日本金刚寺、伊豆神社两把唐剑剑刃也使用烧刃热处理工艺。

剑南道元宝格唐剑剑刃的锻造是旋焊做铁芯、外侧夹钢的制作方式。在以往的资料中，多认为旋焊锻造是元朝时期由西亚传播至中原地区。此唐剑出现的旋焊锻造技术是令人吃惊的发现，不由得令人联想到另一种常常出现在中国史料中的锻刀材料“镔铁”。在北魏时期，西域镔铁就已经传播至中原，学界对“镔铁”的定义有争议，早期学界认为“镔铁”为乌兹钢，近年学者提出了异议，事实上从现有实物来分析，中国古代兵器中至今未发现明确乌兹钢锻造的器物，笔者认为早期有可能有乌兹钢从西域通过贸易进入中国，后期史料中记载较多的“镔铁”极大可能就是旋焊锻造钢。无论从哪个角度来看，此剑的出现将旋焊锻造在中国刀剑的应用技术从宋元时期提前至唐，具有划时代的意义。

5. 由于没有出土实物，唐剑的剑鞘形制并不十分清晰，从敦煌第 25 窟南方天王壁画中可知剑鞘是附耳式样，与同时期唐刀风格一致。

五、唐剑的风格

唐剑是中国剑历史中承上启下的关键点。

从壁画、雕塑、现存实物中来看，已知的唐剑剑首早期都是环首形制，在武周以后剑首开始逐渐转变成圭首形。唐剑的剑格有直翼八字格、元宝格、浅十字格、柿蒂形四种形制，浅十字格明显是受到西域粟特、突厥文化影响。剑鞘的悬挂方式目前资料只显示出一种双附耳形式，明显继承于北周、隋的形制，此种形式明显也是受到西域文化影响。剑刃形制目前已知的资料显示有两种类型，一种是四面刃，一种是六面刃；形态上也分两类，一类剑体柄至尖收分较快，剑尖较为锐利；一类收分较缓，剑尖和刃体有明显折角。

唐剑的圭形剑首、直翼八字格、柿蒂形剑格、双附耳式提挂形式基本奠定了后世诸多王朝剑的形制。

第八章 五代剑

公元907年，后梁太祖朱温逼迫唐哀宗禅让，唐朝灭亡，中国又一次陷入了大分裂时代。唐朝末期各地藩镇纷纷自立为国，中原地区出现了后梁、后唐、后晋、后汉和后周政权，后世称之为五代。虽然五代实力相对较强，但仍无力统一整个中国，只是割据的地方朝廷，后梁、后晋、后汉政权是由沙陀人所建立。同时期在南方还有十个较小的割据政权，或自立为帝，或奉中原王朝正朔，被称为十国。五代十国时期战乱连年不休，统治者多重武抑文。中原的内乱，契丹势力得以南下并建立辽朝。五代十国是中国历史上的重要时期，其间河西和交趾地区逐渐脱离中央，交趾最终脱离中国独立。

这个时期军制多延续唐制，也有所变化，剑在晚唐时期又一次成为军中的主流，这是一个非常值得关注的变化。这种变化对辽、宋、金剑制都产生了较为深刻的影响。

一、五代史料中的剑

晚唐至五代，涌现出无数的善用剑的将校，剑也成了军中常用之器。剑在史料中出现的频次逐渐增多，一些重要的历史事件中都显示了剑的存在。

在较为重要的历史事件中，唐昭宗被弑，就是死于剑下。天祐元年（904）八月，唐昭宗被朱温囚困于洛阳皇宫，朱温心腹枢密使蒋玄晖“选龙武衙官史太等百人叩内门”，声称有紧急军情奏报，叛军冲入内宫，“史太持剑入椒殿，帝单衣旋柱而走，太追而弑之。”（《旧唐书·昭宗本纪》）《新五代史·杂传·李彦威》载“龙武牙官史太杀之，趋椒兰殿，问昭宗所在，昭宗方醉，起走，太持剑逐之，昭宗单衣旋柱而走，太剑及之，昭宗崩”。虽然两处史料记载的细节不同，但是史太用剑弑唐昭宗这个细节则完全一致。

史料显示，五代时期善用剑的军将有王重师、刘知俊、元行钦、夏鲁奇等。王重师唐朝中和末年投奔朱温，其人勇武，善用长槊和剑，“剑槊之妙，冠绝于一时。”（《旧五代史·梁书·王重师传》）唐大顺二年（891），刘知俊率两千部众投靠朱温，朱温任命他为“左开道指挥使”，刘知俊个人武艺超群，史载“知俊被甲上马，轮剑入敌，勇冠诸将”（《旧五代史·梁书·刘知俊传》）。后唐庄宗李存勖挑选骁将入自己麾下，元行钦自此跟随李存勖征战。李存勖生性好亲自冲阵接战，临阵之时元行钦都随身护卫。贞明五年（919），李存勖征后梁，在潘张一战中被梁军包围，“庄宗得三四骑而旋，中野为汴军数百骑攒攻之，事将不测，行钦识其帜，急驰一骑，奋剑断二矛，斩一级，汴军乃解围，翼庄宗还宫。”（《旧五代史·唐书·元行钦传》）。

夏鲁奇原为后梁军校，归附后唐而成为庄宗李存勖的护卫指挥使。贞明元年（915），李存勖率千余骑兵深入洹水侦查，中了后梁守将刘鄩的埋伏，数重敌军在魏县西南的葭芦围困李存勖，夏鲁奇与王门关、乌德儿等人拼死力战，自午时一直打到申时，最终坚持到李存审率军来援，共同将梁军击退。是战“鲁奇持枪携剑，独卫庄宗，手杀百余人”（《旧五代史·唐书·夏鲁奇传》）。说明在晚唐五代期间，部分军将善于用长剑作战。

五代时期后梁至后唐名将王晏球，天成三年（928）四月于定州“督厉军士，令短兵击贼”破契丹，“符彦卿以龙武左军攻其左，高行周以龙武右军攻其右，奋剑挥椎，应手首落，贼军大败于嘉山之下，追袭至于城门。”（《旧五代史·唐书·王晏球传》）“椎”是斩击之意，“奋剑挥椎，应手首落”是表述后梁军挥剑斩杀敌军，敌军首级应剑而落。说明后唐军中大量装备剑，并且善于短兵相接。后晋权臣景延广在石敬瑭死后、后晋新皇帝继位时，不愿意后晋继续对契丹称臣，契丹遣乔荣为使来责备后晋，景延广对乔荣言:“先皇帝北朝所立，今卫子中国自册，可以为孙，而不可为臣。且晋有横磨大剑十万口，翁要战则来，佗日不禁孙子，取笑天下。”（《新五代史·晋臣传·景延广》）此段史料可见后晋军队装备“横磨大剑”，数量且有“十万”之巨，当然这个数字可能是虚词，夸张显示势力，就算是虚词，也可见在后晋军队中有装备相当数量的长剑，由此推测，五代时期剑大量装备军队。后汉开国功臣史弘肇曾言“安朝廷，定祸乱，直须长枪大剑,若‘毛锥子’安足用哉？”（《新五代史·汉臣传·史弘肇》），从此句可知，当时的后汉军队中，剑应该是较为普及的军器，而且使用的是“大”剑。

唐僖宗文德年间，设立“左右长剑军”（《旧五代史·梁书·列传九》），由王重师统领。朱温设立“左长剑都”，由朱友恭统领（《旧五代史·梁书·列传九》），唐末藩镇的亲军往往称之为“都”。《资治通鉴》载十国中南吴开国国君杨行密“选其尤勇健者五千人，厚其禀赐，以皂衣蒙甲，号‘黑云都’，每战，使之先登陷陈，四邻畏之”（《资治通鉴·唐纪·昭宗景福元年》）。晚唐五代时期史料记载都虞候一职务渐增，神策军、地方藩镇都设立都虞候，有“马步都虞候、英武军都虞候、长剑都虞候”等，后梁徐怀玉军功累至“左长剑都虞候”。

经过这些史料的梳理，可知晚唐五代时期军中的骁将善用长剑，并且在军制中有独立建制的长剑军。

二、考古、雕塑、绘画中的五代剑

五代十国由于整体只有72年，相对其他王朝而言，能获得的考古实物和雕塑、绘画都稀少，这对研究五代十国兵器非常困难。从现存的一些雕塑、绘画中的剑还是能归纳出五代十国时期剑的特点。

五代义武军节度使王处直墓石雕彩绘墓门的武士（图390）是研究五代剑的重要依据。王处直为五代时期义武军节度使，其父王寮曾任唐朝的神策军吏、金吾大将军、左街使、遥领兴元节度使。其兄王处存唐僖宗时期因平定黄巢起义军有功，公元879年升任义武军节度使，从此，王氏一族开始世袭统治定州。公元900年，王处直继任义武军节度使，公元921年，王处直的养子王都发动兵变，囚禁了王处直，次年，王处直被囚禁至死，葬于曲阳仰盘山。王处直墓在 1994 年被盗，两天王像墓门被盗运至香港后转卖至美国，2000 年佳士得准备拍卖朱雀武士墓门，后被国家文物局阻止，并按照国际公约申请美方执行，后美方归还了该武士墓门。安思远先生机缘巧合收藏了青龙武士，主动将其归还。两武士墓门从海外回归后一直存放于中国国家博物馆，朱雀武士为长期展陈。墓门中两武士都是擐甲持剑，头戴兜鍪，青龙武士足踏鹿，朱雀武士脚踩牛。

两个武士所持的剑是研究五代长剑的重要依据。青龙武士长剑柄被双手遮挡大部，少部分剑首露出，剑首为环首，只是不知道是三曲环还是单环，外缘为连珠纹；剑格两端下弯呈新月形；剑环、剑格贴金；剑环套丝绦；剑刃脊处有血槽两根，血槽未贯通整个剑身，下端距离剑格有一段距离；靠剑格处有一窄平刃夹，曾经贴金；剑刃靠格处最宽，至剑尖收分较快，剑尖与刃有明显折角（图 391）。朱雀武士所持长剑完整展现，剑首为三曲环首，外饰连珠纹，环内底部饰如意纹；环首接柄处有柄箍，贴金；剑格为平格，整体如梭形，两端有如意形装饰，贴金；靠剑格处有刃夹，朝剑尖端有双曲纹装饰；剑刃靠格处最宽，至剑尖收分较缓，剑脊处有双血槽贯通至格；剑尖和刃夹交界折角较为锐利（图 392）。

王处直墓门上两武士所持剑，明确可知为环首式样，至少可以明确一类环首为三曲连珠纹，北朝开始出现的三曲环经历隋唐之后，在晚唐五代成为环首样式的主流。大英博物馆保存的由斯坦因从千佛洞带走的“千手观音”绢画，博物馆馆藏编号 1919,0101,0.35，大英博物馆给出的年代为晚唐五代时期，画面右侧武士持环首长剑（图 393），其剑形与朱雀武士剑形极为相似，绢画中的剑格是唐朝中期后较为流行的浅十字格，剑首为环首，外饰连珠纹。明显能看出连珠纹环首是晚唐五代时期诞生的一种新风格。

单从两个武士的拄剑姿态来看，两剑长度至腰部，按照人体比例来看，整体剑长在80—85厘米左右。剑刃明显有两种形制，一种类型由宽收窄较明显，此类剑刃风格与洛阳唐剑明显有继承关系；另一类型从宽至窄变化较小，此种风格的剑刃被辽、宋、金继承。

南唐李昪寝陵墓室中两尊武士浮雕也展示了五代十国南方剑的特征（图394），两武士头戴兜鍪，擐甲拄剑而立。两剑风格基本一致，剑格为月牙形，中间有尖凸，剑首为圭形剑首，由整片金属包裹剑首。整剑较长，柄在胸口，按照比例推测此剑长度在100—110厘米左右，剑刃为四面剑刃，无血槽和刃夹。

山西长治大云院七宝塔建于后周显德元年（954），位于平顺大云院山门外西侧，分为基座、塔身、塔刹三部，各占高度的三分之一。基座为束腰须弥式，下部雕覆莲，每面雕跑兽各一个，束腰处雕壶门，内置乐舞伎二身或三身。塔身正面辟门，中空，内侧有盘龙柱，柱后雕二金刚，右侧拄剑而立（图395）。此剑整体长度在腰间，推测尺寸在85厘米左右，剑柄成枣核形，剑格为新月形，刃体较宽，至剑尖收分不明显，剑尖不清晰，应该也是折角尖锐的造型。

现存宝鸡金台的李茂贞陵前石翁仲较为详细地表现了晚唐五代剑制的一些细节，尤其是石翁仲所拄之剑有剑鞘（图396），对研究五代剑制有巨大参考意义。

李茂贞在唐末成为割据西北的最大藩镇，对唐朝中央政府的政令影响非常大。李茂贞初入镇州博野军，以军功升任队长，之后所属军队击败了黄巢的部将尚让，李茂贞以军功迁神策军指挥使，光启二年（886），李茂贞以护卫唐僖宗之功拜武定节度使。光启三年（887），唐僖宗由凤翔返回长安，遭遇藩镇李昌符拦截，僖宗命李茂贞追击，李茂贞不负僖宗所托将李昌符击败斩杀。李茂贞晋升为凤翔、陇右节度使，大顺元年（890）封陇西郡王。之后南征北战发展了大片地盘，并开始对朝政指手画脚，使得嗣位的唐昭宗十分不满。景福二年（893）唐宫廷与李茂贞发生多次冲突，先后数次出兵讨伐，结果连连战败。唐朝灭亡后，李茂贞未向后梁朱温称臣，沿用唐哀帝的天祐年号，并准备联合蜀王王建、晋王李克用出兵讨伐朱温，但因各怀心事而不了了之。晋王李克用之子李存勖建立后唐后，李茂贞心怀不安，上表给后唐庄宗李存勖，向后唐称臣，李存勖因其是旧朝老臣，不加怪罪，改封其为秦王。不久，李茂贞于后唐同光二年（924）病死，时年六十九岁，葬于凤翔。

李茂贞陵石翁仲所拄之剑为环首，与晚唐关中唐皇陵近似，环底有如意纹；剑柄为双手持；剑格为新月形，中间有尖凸（图397）；鞘室较宽，说明剑也属于宽剑类型，鞘室有明显金属包边，用数道横束紧固，在剑格下第一鞘束、第二鞘束顶端明显有凸起，两个凸起之间有长条形构件连接，这三个部件构成提挂系统，这样的提挂造型在后期的刀剑中成为主流，唐朝刀剑较为夸张的附耳已经在五代初期消失；鞘底圆弧；鞘室正面起脊线，鞘室正面有明显的装饰绘画和镶嵌。包边鞘自晚唐、五代始，盖由此证。按照人体比例来推测，刃长在80厘米左右，剑柄约18厘米左右。

台北故宫博物院藏五代周文矩绘《苏李别意卷》中对五代刀鞘有描绘（图398），此画表现的是苏武被匈奴扣押后在北海牧羊，李陵前去与之会面的场景，画中所表现的事迹虽然是西汉，但是周文矩在绘画中的衣冠、器物都是五代风格。画面左侧是苏武，红袍带豹韬和剑的是李陵，豹韬遮挡了李陵佩剑的手柄，但是其剑鞘结构较为清晰。鞘室为金属边包裹木质鞘，鞘尾弧形底，鞘室中间起脊线，并有金属饰条装饰，横向有三条鞘束紧固鞘室外金属包边。整体风格与李茂贞陵武士所拄之剑一致。

1979 年，苏州七子山发掘一五代墓葬，该墓没有墓志铭，故无法准确判断墓主身份，根据《吴县志》记载，吴越王钱镠之子广陵王钱元璙及其孙中吴军节度使钱文奉葬在这里，所以推测此墓为钱氏贵族墓。墓中出土残刀一只（图 399），“铁刀一把。已断残成数段。总长 96.5（包括刀鞘壳）、刃宽 3.9、刀鞘壳宽 4.8 厘米，刀尖残留在鞘壳内，鞘壳髹棕漆皮，镶鎏金银饰，鞘末鎏金银壳正反面刻有狮子、凤穿牡丹、云纹等图案，地纹为连珠纹，针刻，形象生动，制作精细”（苏州市文管会、吴县文管会《苏州七子山五代墓》，《文物》1981 年第 2 期）。考古报告中声言此物是刀，按照中国古代制作刀剑的规律来看，刀装的鞘尾两侧明显会有厚薄之分，此鞘尾断面两侧厚度一致，故笔者推测此物是剑。此剑是迄今公布的五代十国墓葬出土最高级的剑，鞘室的形制与李茂贞墓石翁仲所拄剑形制接近，剑格形式从图像上不好分辨，鞘尾残存的上端左右两侧明显有金属条，说明整鞘外包金属边，靠近格处残存提挂关系，此提挂明显是一个缩小的唐式附耳，断裂的鞘室中段应该还有提挂零件，鞘室木胎髹漆，现在颜色呈棕色，原始色彩应该类似酱红色。现残存尺寸 96.5 厘米，缺柄首，如果柄首尚存，应该超过 100 厘米，柄首式样不得而知。笔者推测，此剑首应该是如意形剑首，因为木柄朽烂，柄首覆压零件散落在其他位置，可能因为考古人员对刀剑零件不熟悉，故未能将零件对应在剑上。

三、收藏中的五代剑

国内武备收藏中能够判断为五代时期的剑目前只有数只。

已知一只五代剑（图 400），剑身较宽，剑脊两侧各有一凹型血槽，血槽较深，内错金二十八星宿、龙纹、云纹、飞鸟纹；剑身至剑茎处两侧略微收窄，此处原为刃夹，刃夹已失。剑刃与茎交界处为坡肩形式，此种坡肩形式就是配合使用月牙格的典型特征；剑茎较直，至尾部有轻微收分，剑茎尾端有一茎孔。此剑鞘室残存一铜包边边条（图 401），边条錾刻卷草纹，包边鞘形制与李茂贞陵墓石翁仲一致。通过对错金图样的放大拍照（图 402），明显可见纹样是通过锋利的錾刻刀雕刻成型，再将金丝嵌入雕刻的缝隙，用小锤敲击形成紧密贴合后，用砥石磨平。所有的错金文字都在血槽中，这样的制作可以非常有效保存错金纹样不被磨损，但会显著增加施工的难度。此剑是目前已知级别最高的五代剑。

收藏家马郁惟先生藏的一只五代大剑，此剑刃长 81 厘米，茎长 15 厘米，刃最处宽 5.3 厘米，至剑尖宽 3.5 厘米，刃体靠剑格处厚 0.9 厘米；剑尖偏圆；剑茎较厚，至尾端渐收；刃体与茎交界处的两肩为弧形肩式样，原始剑格为月牙格，但是由于锈蚀残损，只存一半（图 403）。此剑宽厚、硕大，茎的特征颇有五代十国时期的风格，应是军阵之器。

四、五代十国时期的军器制作

唐朝中期军器制作分成官府制作和从地方采购两大类，地方制作是按照官府式样制作，制作军器都须在兵器上实行物勒工名制度。五代十国时期，由于各地藩镇分封自立为王，相互攻伐，故对军器的需求是前所未有的。大规模的作战下，兵器的制作就变得尤为重要，但是限于史料匮乏，能整理出来的不多。

《旧五代史·周书·太祖记》载："先是，诸道州府，各有作院，每月课造军器，逐季搬送京师进纳。"后梁兵器制作早期主要在中央设置"作院"，负责制造兵器，其余诸道、州、府地方都设立"作院"，朝廷对"作院"有严格的规定，每月须完成一定的制作数量，制造完成的兵器须向中央进纳。

后晋时期，由于地方制造兵器产生混乱，质量没有保证，而且军器制作容易流失民间，故敕令禁止地方制作军器。"晋天福二年，敕禁诸道不得擅造器甲。"（《文献通考》卷一百六十一《兵考》）但这种禁止状态并未维持很久，"开运元年，命诸道州府点集乡兵，率以税户七家共出一卒，兵仗、器械共力营之"（《文献通考》卷一百六十一《兵考》），后晋命令诸道出兵员，兵员须自行负责兵器。从史料可以看出，后晋时期兵器早期主要是中央制作，后期随着战争规模的扩大，地方州府也需制作，这也从正面承认地方拥有铸造兵器的权力。

后周时期进行军器制作改革，开始禁止地方州府私自制造兵器。"广顺二年，十月，庚寅，诏诸州罢任或朝觐，并不得以器械进贡，"（《旧五代史·周书·太祖纪》）周太祖郭威认为地方州府制造兵器时，可以随意向民间征配原材料，造成“民甚苦之”。同时“除上供军器外，节度使、刺史又私造器甲，造作不精，兼占留属省物用过当”，地方节度使、刺史制造的兵器质量不精，私自制造兵器不仅对中央产生威胁，同时增加民间困苦。“乃令罢之。仍选择诸道作工，赴京作坊，以备役使。”从此将兵器的制造权力收归中央，并将诸道、州、府的工人招集到中央作坊，统一制造兵器。

从史料来看，五代十国诸政权相互征伐，各个政权都相当重视军器制作，各政权在中央设置“作院”集中制作军器，同时在地方州府也设置作院进行兵器制作，并按照每月设立制作数量，并每季度向中央进贡，兵器制作中会根据政权的实际需求，放宽或收紧地方州府作院的军器制作。

五、小结

五代十国时期剑又一次成为军中的制式武器，军中诸多将领善用剑。从史料、壁画、雕塑、绘画、考古、实物多个方向，大致可以总结出五代十国时期剑的一些特征。

从资料中反映出五代十国剑刃分成两种，一种是刃体收分较快，此类剑形应该延续唐制，一种收分较缓。尺寸上较短的整体为 80 多厘米，较长的整体大致有 100—110 厘米左右。刃体总体较宽厚，最宽有 5 厘米左右。剑尖有两类，一类为较浑圆，另一类剑尖折角较为凌厉。剑茎由宽收窄，与已知的唐刀不同。综合来看，五代的剑条一改唐剑风格，以一种更为雄壮、厚实的形式登上中国剑的舞台，这样剑条不再适合刺击式的杀伤。从史料来看，五代十国时期的剑多使用斩击技术，其使用技法应该脱自刀术。

剑首风格也有两类，一类为连珠纹环首，另一类是圭首；连珠纹的环首明显是承袭唐代形制。

剑格总体多为月牙形格，格中间有尖凸，这类格和敦煌壁画中出现的月牙格有明显继承关系，而且此种格的形制对宋、元剑格有明确的影响。另一种平格，明显是继承于唐制，此种格对辽和北宋剑格有较大影响。

晚唐、五代十国时期的剑鞘开始使用金属包边鞘，此种包边鞘的形制对后世的宋、元、明历代都产生了影响。提挂形式上也分成两种，一种是对唐附耳式提挂的延续，整体附耳减小；另一种提挂形式在两个提挂之间有横梁连接，再与鞘束铆接，此种提挂形式首先出现在五代，一改唐式附耳式提挂结构，其风格深刻影响后世，宋元明清历代基本沿用此种提挂形式。

第九章 辽、金剑

契丹族首次出现在史料上是在北魏时期，这时期契丹人分成八部，逐渐开始通过互市、朝贡与北魏交往。至隋、唐时期，中原王朝与契丹部落之间根据各自目的不同，有和亲、朝贡、羁縻等行为。从唐玄宗开始，契丹与中原地区的交往加深，从考古实物发现契丹文化中带有深刻的唐文化痕迹，在唐末五代时期，契丹人已经有了很深的汉化程度。随着唐王朝在公元907年灭亡，原中原王朝在东北、华北的势力减弱，耶律阿保机趁机统一契丹诸部后，在公元916年称帝建国“契丹”，自此契丹开始逐鹿中原。石敬瑭以献出“燕云十六州”为代价，借助契丹势力建立后晋。燕云十六州包含今北京、天津全境，以及山西与河北的北部地区，辽国疆域扩展至长城沿线，中原王朝北宋的北方边境面临着无险可守的境地。公元946年耶律德光灭后晋，定国号为“大辽”。契丹人建立的辽朝疆域广阔，国势最盛时期，东至日本海，西极阿尔泰山，南至河北、山西一线。公元1125年辽朝被金灭亡，耶律大石在新疆、中亚地区建立的西辽在公元1218年被蒙古人灭亡，史学界称之为哈喇契丹。辽朝国祚按照辽天祚帝失国计算，共计210年。

公元1114年，完颜阿骨打统一女真诸部，起兵反辽。于翌年在上京会宁府（今黑龙江哈尔滨市阿城区）建国，定国号“大金”，金朝立国之初就联合北宋签订“海上之盟”共同灭辽，北宋将给辽的岁币转送于金。公元1125年，金军在应州俘获天祚帝，历时11年灭辽。灭辽之后金朝迅速南下，与北宋开战。公元1127年，金军破北宋都城汴梁（今河南开封），掳获宋徽宗、钦宗，北宋灭亡。金在灭辽之后占领了中国东北部，原属辽朝的蒙古高原被崛起的蒙古人占领，金朝的南部疆界更为深入中原，西北疆域至河套地区，与蒙古部、塔塔儿部、汪古部等大漠诸部落为邻；西沿泰州附近界壕与西夏毗邻；南部与南宋以秦岭、淮河为界，西以大散关与宋为界。赵构南渡后建立南宋，宋、金两朝不断北伐和南下，相互之间进行了百余年的战争。随后蒙古的崛起，南下攻金，在蒙古势力的不断打击下，金在北部边境的势力大减，放弃了两线作战的模式，停止攻宋。公元1233年，蒙古、南宋结盟灭金，公元1234年两军于蔡州灭金。

辽、金、宋是中国历史中的后三国时代，三朝之间征战、和谈将近三百年，在这三百年的征战中，三国兵器产生了相当深刻的交流和融合。本章从史料、雕塑、壁画、实物中归纳辽、金、宋三朝武备中剑的特点。

一、史料中的辽、金剑

《辽史》礼制“皇帝受册仪”“册皇太后仪”中，明确记载此类宫廷礼仪中皇帝带“剑”。皇帝衮冕礼服，祭祀宗庙、遣上将出征的时候的佩剑礼仪中强调“剑佩绶”“其革带佩剑绶”，说明皇帝佩剑是用革带系挂于腰侧，剑首悬有丝绦。《辽史》中较少记载官员礼服、宫廷仪卫的佩剑情况。史料中记载剑的情况较多，主要是皇帝御赐大臣代行天子事。辽中期圣宗耶律隆绪一朝多次御赐大臣宝剑，“统合元年，复诏赐西南路招讨使大汉剑，不用命者得专杀；”“统合二年正月乙巳，五国乌隈于厥节度使耶律隗洼以所辖诸部难治，乞赐诏给剑，便宜行事，从之；”“统合四年，潘美、杨继业雁门道来侵，……复遣东京留守耶律抹只以大军继进，赐剑专杀；”“癸巳，赐林牙谋鲁姑旗鼓四、剑一，率禁军之骁锐者南助休哥。”（《辽史·圣宗本纪》）“（耶律）德威，性刚介，善驰射。……统和初，党项寇边，一战却之。赐剑许便宜行事，领突吕不、迭剌二纠军。”（《辽史·耶律德威传》）“开泰元年五月戊戌朔，命枢密使萧合卓为都统，汉人行宫都部署王继忠为副，殿前都点检萧屈烈为都监，以伐高丽。翌日，赐合卓剑，俾得专杀。”（《辽史·圣宗本纪》）从史料中可知，辽中期圣宗一朝在对外用兵的过程中喜欢赐剑于大臣。至辽道宗朝，仍旧延续此种代替天子便宜行事的职能：“咸雍元年，加于越，改封辽王，与耶律乙辛共知北院枢密事。……阻卜塔里干叛命，仁先为西北路招讨使，赐鹰纽印及剑。上谕曰：‘卿去朝廷远，每俟奏行，恐失机会，可便宜从事。’”（《辽史·耶律仁先传》）

在史料记载中，军队也装备剑：“冬十月丙辰，命刘遂教南京神武军士剑法，赐袍带锦币。”（《辽史·圣宗本纪》）“十二月癸丑，诏诸军炮、弩、弓、剑手以时阅习。”（《辽史·兴宗本纪》）。

保大三年（1222），辽天祚帝在败亡的过程中，其皇子耶律雅里勤王，疑心太子太保特母哥对其不利，准备诛杀特母哥，天祚帝“仗剑召雅里问曰：特母哥教汝何为？”（《辽史·天祚皇帝》），说明天祚帝自身是佩剑的。

金朝立国之前，女真诸部臣服于辽朝。辽朝封女真部落首领完颜乌古乃（金景祖）为节度使，自此女真部落才具备纪年，女真人属于林中百姓，善于狩猎，辽朝皇帝“捺钵”狩猎用的鹰隼“海东青”都由女真部落朝贡。女真人早年的武备基本都是从辽朝购买所得，金景祖（完颜乌古乃）本纪载：“生女直旧无铁，邻国有以甲胄来鬻者，倾赀厚贾以与贸易，亦令昆弟族人皆售之。得铁既多，因之以修弓矢，备器械，兵势稍振，前后愿附者众。”（《金史·世纪》）当时“邻国”就是辽朝，所以从史料可知，女真早期武备形制都是沿用辽制。

金史中记载了皇帝用剑的情况。金世祖完颜劾里钵和女真另外两部桓赧、散达之战中，完颜劾里钵“袒袖，不被甲，以缊袍垂襕护前后心，韔弓提剑，三扬旗，三鸣鼓，弃旗搏战，身为军锋，突入敌阵，众从之”（《金史·世纪》）。在平定桓赧、散达两部的战争之后，“部人赛罕死之，其弟活罗阴怀忿怨。一日，忽以剑脊置肃宗项上曰：‘吾兄为汝辈死矣！刭汝以偿，则如之何？’”（《金史·世纪》）部将活罗因其兄战死，意图刺杀金肃宗完颜颇剌淑。从女真建国之初，明显可知女真建国初期首领和部将的武器多用剑。

皇统七年（1147）四月戊午，左副点检蒲察阿虎特子尚主，向金熙宗进礼物，熙宗备酒，赐宴于便殿。在宴饮中酌酒赐胙王完颜元，完颜元推辞不饮，“上怒，仗剑逼之，元逃去”（《金史·太祖诸子传》）。

金哀宗时期，金朝大部分国土已经沦陷蒙古军，金哀宗逃至河南归德（今河南商丘），忠孝军统领蒲察官奴恃功自傲、专权跋扈，发动兵变，杀害众多朝廷命官及无辜百姓，并软禁金哀宗。金哀宗在碧照堂设伏，诛杀了蒲察官奴，并随后杀死白进、阿里合等忠孝军骨干，史称“归德政变”。在此次诛杀权臣的事件中，史料记载金哀宗两次提剑，第一次是蒲察官奴兵变杀害朝廷官员时，金哀宗在宫廷内提剑自保，“都尉马实被甲持刃劫直长把奴申于上前，上初握剑，见实，掷剑于地曰：‘为我言于元帅，我左右止有此人，且留侍我。’实不敢迫，逡巡而退。”叛军都尉马实把负责宫廷内卫的“直长”官员“把奴申”押至金哀宗面前，哀宗见到马实，将手中的剑扔在地上，此时金哀宗身边已无人可用，让马实转告蒲察官奴，留下“把奴申”性命。第二次是金哀宗亲自提剑斩杀蒲察官奴。金哀宗决意诛杀蒲察官奴，与内侍宋乞奴进行了安排，敕裴满抄合召宰相议事，女奚烈完出埋伏在碧照堂门间。“官奴进见，上呼参政，官奴即应。完出从后刺其肋，上亦拔剑斫之。”（《金史·蒲察官奴传》）蒲察官奴进见，金哀宗呼叫参政，蒲察官奴立即答应。女奚烈完出从蒲察官奴身后刺他的肋下。金哀宗也亲自拔剑砍蒲察官奴。蒲察官奴受伤后跳下庭阶逃走，女奚烈完出喝令纳兰忔答、吾古孙爱实两人追上并斩杀了蒲察官奴。

史料记载了金朝皇帝三次用剑，早期金世祖提剑征战天下，显示出女真皇帝为开创天下亲冒矢石；中期金熙宗用剑逼迫臣子喝酒，可见皇帝的昏聩荒淫；晚期金哀宗提剑诛杀逆臣求自保。金朝皇帝三次用剑的事件，明显折射出一个王朝的兴衰。

元朝所修《金史》表明宫廷礼仪典章是在金朝中期完成的，当时海陵王完颜亮弑金熙宗后，将金朝首都从上京（黑龙江阿城）迁至燕京（北京），也就是后来的金中都，这个阶段金朝和南宋之间的战争反复拉锯。《金史》的仪卫志内容明显较《辽史》仪卫志更为详细，说明建立金朝后宫廷仪卫、舆服、礼制明显更加汉化。《金史·舆服志》记载金朝天子衮冕佩“玉具剑”，在导驾及行大礼中一品大臣朝服需“佩剑”。《金史·仪卫志》记载天子平常出行仪卫：“行仗……金花大剑六十俱垂红绒结子。”天眷三年（1141）的行仗“天武骨朵大剑三百一十人”“御龙直仗剑六人”。海陵王迁都后，“天德五年，广武骨朵大剑三百一十人……执银花大剑。”（《金史·仪卫志》）说明金朝的仪卫中有大剑，但是此种大剑是木质还是真剑，是否为前朝文献中提及的班剑，目前的史料并未说清。

除了史料中刻意强调的“大剑”在海陵王时代仪仗规模极大：“天德五年，海陵迁都于燕，用黄麾仗一万八百二十三人，骑三千九百六十九，分八节。”仪仗中还有单独的“剑”，“第五节。中道，开道旗一（铁甲、兜牟、红背子、剑、绯马甲）；第六节。中道，门旗队一百二十三人……步执门旗仍带剑；仗剑六人（皂帽、红锦团袄、红锦背子、铁甲、弓矢、器械），龙翔马队二十队，六百二十人，分左右，每队人员三人（皂帽、铁甲、红锦袄、红背子、弓矢、剑、骨朵、甲马）。”（《金史·仪卫志》）从史料的表述来看，这些军士都擐铁甲，戴兜鍪，故推测史料仪仗军士所佩的“剑”应该是真剑。宫廷宿卫中领军将领会佩剑：“完颜宗叙……正隆初，转符宝郎，在宫职凡五年，皆带剑押领宿卫。”（《金史·完颜宗叙传》）

剑也作为宫廷御赐之物，金熙宗在混同江捕鱼，随行的完颜宗敏喝醉了，纵马落入江水，金熙宗喊左右施救，仓皇中没有人施救，完颜思敬跃入水中，救了完颜宗敏，金熙宗大加赞许，重赏完颜思敬，“擢右卫将军，袭押懒路万户，授世袭谋克，”“（天辅）七年，召见，赐以袭衣、厩马、钱万贯。及归，复遣使赐弓剑。”（《金史·完颜思敬传》）

二、雕塑、壁画中的辽金剑

在现存的辽朝寺庙、塔、墓葬壁画中有相当数量的雕塑、壁画，其中的天王、武士像手中的剑是研究辽剑的重要样本。

辽墓壁画中有单独绘制的辽剑形象，1994 年内蒙古阿鲁科尔沁旗东沙布日台乡宝山村 1 号墓中，有一绘制极为精美的辽剑（图 404），“剑长约 90 厘米。”（许光冀《中国出土壁画全集·蒙古卷》，科学出版社 2011 年版）此墓室为天赞二年（923）下葬，此时距离唐朝灭亡只有 16 年。此剑的剑首为圭形首，手柄裹鲛鱼皮，剑格为浅十字格，提挂为双鞘束形。1992 年发掘的辽朝耶律羽之（890—941）墓中墓门绘制一擐甲持剑天王像（图 405），其剑首为如意形，剑格为两端如意形的平格。两只辽剑整体风格继承唐制。

山西大同下华严寺薄伽教藏殿天王手持长剑（图 406）（金维诺主编《中国寺观雕塑全集》第 3 卷《辽金元寺观造像》，黑龙江美术出版社 2005 年版），此殿建于辽重熙七年（1038）。两天王手中长的剑首都是如意形，剑格为柿蒂纹形。

内蒙古自治区赤峰市巴林右旗境内有一座辽庆州白塔，此塔名为“释迦佛舍利塔”，是辽重熙十六年至十八年（1047—1049）间，辽兴宗耶律宗真为自己的生母章宣皇太后建造，八角七级，通高73.27米的砖木结构拱阁式塔。塔上门窗、楣拱及砖雕斗拱、拱眼等处分别装有圆形、棱形青铜镜856面。每层塔檐砖雕斗拱上为木质檐椽，每支椽头各悬挂铁铸风铎一支。塔上七层共设壶门28个，门旁各有天王浮雕一尊，共56尊，这些武士头戴兜鍪，擐甲，手持剑、斧，武士所持之剑也是研究辽剑的重要依据（图407）。甲胄武士所持之剑的剑首有两种风格，一种为圆环首，环首外缘装饰宝珠，一种为如意形，如意外缘有宝珠装饰，如意造型与华严寺天王剑首相似。值得关注的是，剑格几乎都为柿蒂纹造型；剑刃狭长；在剑刃靠格处有较长的刃夹。

辽宁朝阳北塔是具有代表性的辽代佛塔艺术，兴建于辽初期，完成于辽重熙十三年（1044）四月八日。1988年，因年久失修和地震等影响，当地文物部门开始从上至下对北塔进行初步清理，发现了天宫、地宫，出土了上千件奇珍异宝，两颗佛祖释迦牟尼真身舍利再现于世。出土的木胎舍利银棺錾刻天王像（图408）。天王手持长剑与“释迦佛舍利塔”中的剑整体较为相似，细节又有所不同，剑刃和刃夹相同；剑格表现得较为清晰，是菱形平格；剑首为圭形首。

辽剑在辽墓壁画中也多有表现。1995年内蒙古敖汉旗四家子镇出土的辽墓《仪卫图》中武士腰侧悬挂一只长剑（图409）（许光冀《中国出土壁画全集·内蒙古卷》，科学出版社2011年），剑首是较大的如意形剑首，剑格为平格。2000年辽宁省阜新县关山辽重熙十四年（1045）的墓葬壁画中两天王像都持剑，左侧天王剑格为菱形平格，剑首为实心如意形剑首；右侧王剑首为三曲环首（图410）（许光冀《中国出土壁画全集》，科学出版社2011年版）。山西省灵丘县城觉山寺塔建于辽大安六年（1090），塔内一层辽天王坐姿持剑（图411），剑首为实心如意首，剑格为柿蒂纹形，刃夹两翼长，整体为V形。

从雕塑、壁画可以总结出辽剑早期形式明显为唐制，辽中期以后形制发生变化，剑首多为如意形，少部分剑首为三曲环首，剑格为菱形纹、柿蒂纹，剑刃有刃夹。

金朝壁画和雕塑中体现剑的内容较少，2008年山西省汾阳市东龙观村出土的金朝墓中有一袍服武士图，剑刃部分壁画漫漶，手柄较为清晰，剑首为如意形，剑格为平格（图412）（许光冀《中国出土壁画全集·山西卷》，科学出版社2011年版）。山西晋南地区的金墓中有相当精美的砖雕，这些区域属于金朝河东南路的平阳府，在山西稷山县金墓中的砖雕中有两组武士像（图413），主将着铁扎甲，手持如意环铁剑，剑格形式不明，从有限的资料来看，金朝剑也以如意环剑首为主（山西省考古研究所《平阳金墓砖雕》，山西人民出版社1999年）。

三、考古实物

历年来，辽墓考古中长度超过70厘米以上的剑，经过文博系统公布的资料汇总，共发现十只以内，不排除发现后未公布的器物。本章摘录部分较为有代表性的进行分析研究。

1982年5月至1983年8月，内蒙古自治区敖汉旗文物管理部门在敖汉旗南部的金厂沟梁镇四六地沙子沟和新地乡大横道子村大横沟的山上发掘一座辽墓。墓室中出土银装剑一只（图 414）：

尖锋，剑身两侧起刃，花瓣形银格，靠近格的剑身下端及柄上端均有银皮包裹。银皮上錾刻火焰纹和水波纹。剑的身、格、柄系分铸后再焊接而成。柄部应为铁芯，银格中部的扁孔存铁焊痕；铁芯已不存。剑身长 78、宽 5 厘米。还有小银饰 5 件。花瓣形饰，共八瓣花，相间的四瓣錾刻花纹，中部略鼓有一孔。同式 4 件。直径 2.5 厘米。鼻状饰。正面云板状。长 3.1、宽 1.2、鼻高 1.2 厘米。这 5 件银饰，似为剑鞘上的饰物。（敖汉旗文物管理所《内蒙古敖汉旗沙子沟、大横沟辽墓》，《考古》1987 年第 10 期）

根据出土的蹀躞带、马具器物，考古所认为沙子沟 1 号辽墓虽未发现有明确的纪年器物，但从出土的器物和墓葬形制、器物形制观察，应属于辽代早期。此剑为辽早期剑制，鞘室损毁，无法得知其提挂形式，推测为附耳式样；考古报告中未提及剑首情况，也未提及相似零件，故无法得知剑首形制，笔者推测应该与天赞二年（923）墓中壁画的圭形首相似；此剑手柄佩表、佩里两侧各有 4 片银花片，其中一组或两组有横销钉铆接剑茎和手柄；剑格俯视总体菱形平格；考古报告中认为“鼻状饰”是鞘室装饰物，从现在对刀剑实物的了解来看，构件有可能是提挂上的附件，而非鞘室装饰物。

1993 年辽宁凌源市城关镇八里堡村小喇嘛沟 M1 号辽墓中出土一只相对完整的辽剑（图 415-1）。M1 号墓等级较高，同时还出土了银鎏金冠、银覆面、银质马鞍、银蹀躞带、玉骨朵等器物，墓室中无墓志铭，经辽宁省考古所根据器物推断为辽朝中期辽圣宗时代（982—1031）墓葬。

剑身为铁质，外套木鞘，木鞘外包银皮。铁剑与木鞘已锈死，且残断为数段。剑鞘中部一侧有附耳，耳上有穿孔。剑鞘近柄部最宽，往上渐细。剑格为扁梭形，银质，略宽于剑鞘。剑柄为铁芯木柄，外包银箍和银皮，并用花瓣形银铆钉点缀。通常98，剑身长85厘米。（**辽宁省文物考古研究所《凌源小喇嘛沟辽墓》，文物出版社2015年版**）

此剑虽然残损，但是总体形制明显继承唐制，鞘室用双附耳结构，剑首损毁，不知其形制，推测为圭形剑首，鞘室前端的附耳应该是损毁，其形应与后附耳相同。笔者将另外一个附耳、圭形首按照推测位置绘制，大致可以呈现此剑造型（图415-2）。

1977年7月下旬，在内蒙古科尔沁左翼后旗呼斯淖公社所在地以北沙丘中发现一座古墓。部分随葬遗物已被牧民挖出流散。哲盟博物馆得知消息后，派人进行了清理。根据墓中出土器物，推断此墓是较早的契丹墓葬。墓中出土辽早期铁剑。

铁剑一件。银镡錾云、水、鸟纹饰。银首，木鞘外包银皮。剑首为两块錾以兽面的银片，敷于木质剑柄的两面，用空心铆钉铆合，两侧及端部用银皮包裹，用银钉钉固。空心铆钉孔可系剑穗。已残断，残长101厘米。（图416）（**张伯忠《科左后旗呼斯淖契丹墓》，《考古》1983年第9期**）

此辽剑除了鞘室悬挂方式不甚清晰，整体极为完整，尤其是柄首未遗失，对辽剑剑首形制定义具有重要意义。剑格为平格，刃夹为山形，两侧高，中间山形略低。剑刃是目前已知最长的。

1972年11月，辽宁朝阳县二十家子公社何家窝铺大队前窗户村社员因挖菜窖，发现辽代石板墓一座。墓室未经盗扰，出土有鸡冠壶、凤首壶等瓷器，完整铜鎏金马具、银鎏金大带等物，显示出墓主较高的身份。墓主下葬大致在辽圣宗统和后期至开泰初年之间，即大体上在澶渊之盟（1004）前后。墓室中存有“铁剑一件。剑身长77.5、基部宽5.2、锋部宽3厘米，横截面略呈菱形。卫手薄而窄，两端作如意头。柄残长8厘米”（图417）（靳枫毅《辽宁朝阳前窗户村辽墓》,《文物》1980年第12期）。此剑鞘室完全损毁,不知其形制，剑格与凌源M1号墓一致，无刃夹。辽宁朝阳姑营子出土一只辽剑，通长84、身宽4.5厘米，其剑格为椭圆平挡。

1975年11月辽宁第一师范学院扩建时，发现两座规模较大的辽代纪年墓，经过发掘整理，此墓为辽圣宗（982—1031）时期墓葬。二号墓中出土铁剑一只，“铁剑1件（M2：65)。锻制。双面刃，护手作椭圆形，剑铤与木柄之结合，先穿以铁钉，再套以铁箍固定。通长84、身宽4.5厘米。”（图418）（朝阳市博物馆《辽宁朝阳姑营子辽耿氏墓发掘报告》,《中国考古集成·东北卷》）此剑的剑首遗失，剑刃较宽,无刃夹,剑格为和柄箍的制作形式与图410、411、412一致。

1982年发掘的辽宁康平县后刘东屯二号辽墓出土铁剑一只：“铁剑1件。柄残，两侧直刃，顶端缓收尖峰。残长73厘米，身（刃）长69厘米。”（图419）（康平县文物管理所《辽宁康平县后刘东屯二号辽墓》,《考古》1988年第9期）此墓室中的辽剑，剑尖为逐渐收尖、无折角的类型，此剑的剑格制作相对简单。剑茎的制作方式与剑南道唐剑的制作方式相近。

四、现存实物

除了这几只考古实物外，收藏界的辽剑以及辽剑装具也值得关注。从目前已知的器物来看，按照整体金具材质、金具细节、剑刃，对辽剑做一下分类。

目前考古资料和现存实物都显示，等级最高的辽剑是银质装具，其次是铜鎏金装具，再次是铁质装具。银质装具的辽剑鞘室为银皮包裹木鞘，银皮上錾刻卷草纹、大雁、鸳鸯、走兽、云纹、鱼籽地等纹样，铜鎏金装具也多錾刻缠枝卷草纹，铁质装具有光素和错银、错金两类，辽刀剑中铁质错金银等级也较高。

目前已知较为高级的银质辽剑装具，剑格主要是平面格，两端为如意形，较为高级的银格两端的平面上有凸起装饰。

辽剑银质刃夹分成两类，一类是与敖汉旗辽墓出土剑的形制一致（图 420），刃夹为山形，两侧低，中间较高，只是装饰纹样有所不同，錾刻卷云纹和花叶。另一类刃夹则是两侧较高，边缘呈波浪形，中间山形较低（图 421），刃夹錾刻大雁纹和云纹。由于辽剑刃相对较宽，故柄箍形式靠格端较宽，柄端稍窄，柄箍中多錾刻云纹。

辽剑的剑首从辽庆州白塔石雕来看，环首和如意形都存在。环首目前实物较少，现存实物是三曲环的剑首，较为特殊的是三曲环与柄首的圆箍连接为一体（图 422，铁锤先生藏品），辽剑现存的剑首主要是圭形首为主（图 423-1、2），圭首中有的较方正、有的较圆，圭首形制也是延续自唐，辽时期圭首下端两翼开始逐渐加宽。木柄做成圭形后，金属片包裹其上，在金属片下端用铆点与木柄固定紧。柄首中间有孔，用金属管贯穿木柄，两侧有花片，有的剑茎较大的孔就是保证金属管可以贯穿，这样制作可以将木柄、花片、剑茎一体固定，中间的孔可以穿手绳，此种设计非常巧妙。还有一种剑茎较短，是在手柄中的几个花片中横向销钉固定木柄和剑茎，在柄首端开手绳孔。两种形式都因为柄首端主要是木胎，在墓室环境不好的情况下，一般木胎朽烂，柄首的金属片就随之丢失，故考古实物中，往往剑首和剑分离。这三只圭首与内蒙古科尔沁左翼后旗呼斯淖契丹墓所出的剑首一致。

辽剑的手柄左右两侧往往有小泡钉，这个小泡钉在功能上是将手指间的空隙填满，这样的分指结构在唐代刀剑中就已经出现，都是受到突厥文化的影响。

辽剑鞘室的提挂从考古和残存实物来看，主要是延续唐制附耳形式，附耳与鞘室的结合形式有三种，第一种是完全继承唐制（图 424）；第二种是附耳下有双鞘束（图 425）；第三种是单提挂形式，此类是附耳式样的延续，立于鞘室的附耳变成一个圆弧形，不似早期附耳有明显的多曲，鞘束两侧为弧形，正面錾刻花草纹（图 426）。

目前发现的级别较高的辽剑在剑刃、刃夹、装具上会有错金、错银纹样装饰（图 427）。已知国内最高级的辽剑错银纹饰有：毗沙门天王、龙纹、云气纹、星宿、卷草几种类型（图 428）。剑刃错金、银装饰形制源自唐朝，王维《赠裴将军》诗“腰间宝剑七星文，臂上雕弓百战勋”，对裴旻的剑刃上“七星文”重点描述，说明在唐朝剑刃上会制作七星纹或其他星宿纹。虽然现存唐剑中并无错银，但是唐朝时期传入日本的唐刀刃体上错“星宿、云气纹”。辽朝对唐文化有明显的喜好和模仿，故其剑刃出现诸多纹饰都是对中原文化的一种学习和继承。

剑刃纹饰中出现毗沙门天王是有深刻历史背景的。在唐初期，毗沙门天王崇拜从于阗传播至长安，至玄宗时期达到了高峰，成为唐军的军神，唐军出征和献祭都会进行祈请毗沙门天王仪式，《太白阴经》中甚至记载了军队中对祭毗沙门天王仪轨，祭文中“天子出师，问罪要荒，天王宜发大悲之心，轸护念之力，歼彼凶恶，助我甲兵，使刁斗不惊、太白无芒，虽事集于边将，而功归于天王”，带有极强的军事属性。毗沙门天王崇拜在吐蕃也广为流传，此种崇拜传播至辽朝是顺理成章的。

笔者认为辽剑中毗沙门天王和辽早期的“皮室军”有紧密的关联。皮室军的渊源可追溯到辽建国前部落联盟首长的亲军，耶律阿保机为“夷离堇（官职）”“于越（官职）”时，帐下设亲兵。《辽史·百官志·北面军官》载：“皮室军自太祖时已有，即腹心部是也。”“太祖以行营为宫，选诸部豪健千余人置为腹心部。”史料称之为“大帐皮室军”“御帐亲军”，最初的职能是作为宿卫亲军，保护耶律阿保机。耶律曷鲁、萧敌鲁等统领腹心部，之后，耶律老古参加平定诸弟之乱，“以功授右皮室详稳，典宿卫。”天显初，耶律颇德“为左皮室详稳，典宿卫”。由于宿卫任务的加重，皮室军的编制也在扩大。耶律阿保机建国之初，皮室军已分为左、右两部，分掌宿卫。每当辽皇帝亲征，皮室军必随驾从征。神册末年，辽太祖南略燕赵，右皮室详稳（北皮室详稳司，官署名。辽朝置，属北面官，统领大帐皮室军之北皮室军。设详稳。

亦称“北皮室军详稳司”）耶律老古随征，战死于云碧店。太祖亲征渤海，右皮室详稳耶律朔古从征。在耶律阿保机战胜部落反对势力、称帝建国的征战中，皮室军在辽代历史上起了决定性作用。至辽太宗时期进一步扩编皮室军，“益选天下精锐，置诸爪牙。”遴选范围超出诸部，州县汉军也在其列。“皮室”在其他传世文献中也作“比室”“毗室”“脾室”等。然而关于皮室军名称的含义，《辽史》却并未提及。长期以来,后世学界依据北宋余靖《武溪集·契丹官仪》说法，认为“皮室”乃“金刚”之意。事实上，从唐朝、辽朝的毗沙门天王崇拜来解读皮室军更具合理性，“毗沙门天王”也音译作“毗室啰末拏”，古汉语中“毗”“皮”通音，故“皮室”极有可能是“毗室啰末拏”之略音,《金史》中把“皮室”写作“毗室”，直接说明了两个词汇之间的关系。由此推知，辽太祖耶律阿保机正是因为受到唐代以来广为流传的毗沙门天王信仰的影响，同样将毗沙门天王视为辽军的军神加以崇敬，加之毗沙门天王所守护的北方正是契丹立国所在方向，辽朝认为其国是在北极星之下，自奉中华，受到毗沙门天王的护佑,故组建的亲军便以天王名号“毗室啰末拏”之略音“皮室”来命名，希望以此使这支军队得到神威庇护，所向无敌。所以，笔者认为在皮室军中很可能盛行毗沙门天王的崇拜，其军旗、军器都应该有毗沙门天王形象装饰，以区别于其他部队。在辽剑中出现的毗沙门天王像是对唐朝军旅文化的继承，已知的辽刀、剑中出现毗沙门天王并非孤例，刀剑各有两件，笔者认为用错银装饰毗沙门天王形象的剑应是《辽史》中“皮室军”高级军官佩带之物。

辽剑刃型较宽，平均都在 4.8—5 厘米左右，与五代初期大剑盛行不无关系。辽剑形制中剑尖和刃体折角明显，也有少部分无明显折角（图 429，马郁惟先生藏品）。

金朝立国后实行五京制，起初是上京、东京、西京、南京、北京。海陵王迁都后是中都、东京、西京、南京、北京。上京会宁府（今黑龙江阿城南）、东京辽阳府（今辽宁辽阳）、北京大定府（今内蒙古宁城县大明镇）、西京大同府（今山西大同）、中都大兴府（今北京）、南京开封府（今河南开封）。金太祖完颜阿骨打、太宗完颜晟死后都葬在金上京，太祖陵为睿陵，太宗陵为恭陵。金熙宗完颜亶末年的酗酒妄杀引起诸臣不满。皇统九年（1149 年）十二月，完颜亮同驸马唐括辩、皇帝近侍大兴国、仆散忽土等人发动宫廷政变，弑金熙宗。完颜亮即位称帝，改元天德，史称海陵王。海陵王是太祖之孙，完颜宗干的第二子。海陵王篡位之后，为了巩固皇权，加强统治地位而重用汉人、契丹人及渤海人，这些人成为金朝新贵。为镇压女真旧势力，完颜亮对守旧的女真贵族大开杀戒，太宗完颜晟子孙被杀绝。完颜亮决心通过迁都，消除残余女真贵族势力，来确保自己的皇位安全。完颜亮本人极度崇尚汉文化，诗词雄浑遒劲，气象恢宏高古，迁都之举也为金朝未来厉行汉化并彻底确定金朝为中原正统做准备。

迁都时候，将太祖、太宗陵迁至北京房山。北京房山金陵共计始祖以下十帝、太祖以下五帝，有行宫，有两处诸王兆域，具有相当规模。明天启朝时期，后金崛起，明廷罢金陵祭祀，天启二年（1622）拆毁山陵，劚断龙脉。明廷对金陵的破坏是非常彻底的，地面建筑被拆毁，地宫被挖掘，剖棺弃尸。天启三年（1623）在金陵修关帝庙，用厌胜之术阻断后金龙脉。

2001 年，北京文物研究所开始对金陵考古发掘，在金太祖完颜阿骨打睿陵神道西侧陪葬墓 M4 中出土一只铜柄铁剑（图 430），现存首都博物馆。“铜首铁剑，1件，长125厘米，云头状铜质剑首，铁质剑茎贴附木柄，剑身为铁质，经X光检测，剑脊饰银线，前端镶嵌北斗七星。”（北京文物研究所《北京金代皇陵》，文物出版社2006年版）

这个剑是目前已知唯一的金朝皇家剑。从考古报告中可知剑身在X光照射中显示剑刃有错银纹饰，虽然考古资料未显示图样，仅在示意图中描绘了剑尖的七星，说明金朝高等级剑也在刃体错金、银装饰，此种风格都是延续辽制。此剑刃长95厘米，刃宽6.7厘米，是已知中国剑中最宽的，刃夹铜质为山形，两侧高，中部山形做如意状，如意两旁各开一圆孔，刃夹形制明显也是继承于辽制。剑尖和刃体有明显折角。此剑剑格为平面格，俯视整体呈菱形，边缘有窝角。剑柄横截面为椭圆形，柄上下两端都有一柄箍。剑首是如意环形，此种如意环在元、明时期的剔犀器中称之为“剑环纹”（图431），此环单独制作，环体底部有一椭圆形盖，中有孔，罩住柄箍后，剑茎通过椭圆盖后铆接紧固环首。此种做法较为独特，在南宋地区出土的宋如意环首刀也见到相同结构。

在《金代兵器初步研究》一文中介绍黑龙江还出土过金朝铁剑：

> 在黑龙江地区发现两件，一件出土于肇东八里城金代古城址，全长76厘米。另一件出土于阿城市亚沟乡，全长84厘米。后者剑柄有护手，剑刃保存完好。这种铁剑形制基本相同，均有三角形剑头，剑身剖面呈菱形，是武将佩带的兵器。（史凡《金代兵器初步研究》，《内蒙古社会科学（文史哲版）》）

这两件器物都未能在相关考古报告和博物馆资料中查询到图片，故不能知其手柄形制，仅从文字中能了解的重要信息是金剑的剑尖与刃体折角明显，应与金皇陵出土实物一致，说明金朝剑较为明显的折角剑尖是一种标准形制。

在实物收藏中，有两类金朝剑的细节值得研究。一类剑手柄为整体铜铸造，如意环剑首单独制作，整体较平环下有舌，剑茎、环舌都插入铜柄内，铜柄内有木，通过胶合剑柄、剑环、剑和为一体（图 432）。剑格为平格，整体呈菱形，两端多做成洋葱形装饰。整体金属手柄就发源于金朝，后世的元朝、明朝都沿用了此种风格。还有一类剑的剑环为三曲如意形，环底有凸起的如意形，环多为铜质，与剑茎浇铸为一体（图 433）。刃夹的变化是金朝剑中一个有意思的细节，刃夹相对于辽剑较短，中间的造型也发生变化，相对变化得更为简单。而且金朝的剑在刃夹靠格的位置轻微内收，这个细节是中国剑中极其少见的，在金朝剑中较为明显。

五、辽金时期的兵器制作

20 世纪 30 年代，冯家昇在《契丹名号考释》一文中曾详细考释“契丹”“辽”两国号之蕴义，认为“契丹”可解为“镔铁”，乃民族之号；“辽”则为国号，得名于辽水。

从辽朝建国中可知契丹人善于冶铁。据《辽史・食货志下》载：

> 坑冶，则自太祖始并室韦，其地产铜、铁、金、银，其人

善作铜、铁器。又有曷术部者多铁，“曷术”，国语铁也。部置三冶：曰柳湿河，曰三黜古斯，曰手山。神册初，平渤海，得广州，本渤海铁利府，改曰铁利州，地亦多铁。东平县本汉襄平县故地，产铁矿，置采炼者三百户，随赋供纳。以诸坑冶多在国东，故东京置户部司，长春州置钱帛司。太祖征幽、蓟，师还，次山麓，得银、铁矿，命置冶。圣宗太平间，于潢河北阴山及辽河之源，各得金、银矿，兴冶采炼。自此以讫天祚，国家皆赖其利。

辽代的金属矿产产地还有铁利州（今辽宁抚顺北）、银州（今辽宁铁岭）、兴中府（今辽宁朝阳）、泽州（今河北平泉境内）、营州（今河北昌黎）等地，这些丰富的矿产资源为辽朝的金银工艺、兵器制造提供了大量原料，促进了辽朝的冶铁业、金银手工制作、铜器、兵器制作业的发展。辽朝以冶炼“镔铁”名闻天下，甚至以其为民族之名。

女真人在部落状态时期就已熟练掌握了冶铁与铁器制造工艺。《三朝北盟会编》载：“随阔（绥可）自幼习射采生，长而善骑射猎，教人烧炭炼铁。”（《三朝北盟会编》政宣上帙十八《神麓记》）金朝献祖绥可（10世纪末—11世纪初）女真人就已经可以“烧炭炼铁”，掌握了钢铁冶炼技术。至金景祖时期（1021—1074），女真人的冶铁业开始初具规模，除了完颜部，女真部族中的温都、加古两部也以炼铁著称，并且出现了专门从事铸铁的家族与专门的手工业者“铁工”。史载：

乌春，阿跋斯水温都部人，以锻铁为业。因岁歉，策杖负檐与其族属来归，景祖与之处，以本业自给。既而知其果敢善断，命为本部长。……加古部乌不屯，亦铁工也，以被甲九十来售。（《金史·温都乌春传》）

女真铁工不仅可以锻造刀剑，还可以锻造甲胄。目前金代遗址出土的铁器包括生活用具、生产工具和兵器三大类，常见的有锄、刀、马凳、剪子、锅、盘、锥、销、铁钉、锯、箭镞、三足器、长剑、长刀等。由此可知，女真早期就善于锻造甲兵，立国后伐辽更促进冶铁业的发展，使铁制品广泛应用于军事及生产、生活各个领域。

金海陵王迁都燕京后，开始全面汉化，宫廷中重要官职都已经由汉人、渤海人、契丹人掌握，完颜姓旧贵族基本被其屠戮一空。金朝汉化后，宫廷百官完全汉化，设立军器监“掌修治邦国戎器之事”，即掌管修造国家兵器的事务。金章宗承安二年（1197）“始置军器监，掌治戎器，班少府监下，设甲坊、利器二署隶焉”。至泰和四年（1204）军器监被废除，甲坊、利器两署合并为军器署，设置令、丞、直长，直接隶属于兵部。金卫绍王至宁元年（1213），复设军器监，军器库、利器署隶属于它。军器库，设置于金大定五年（1165），至宁元年（1213）曾隶属于大兴府，在贞祐三年（1215）归军器监管。军器库的职责是“掌收支河南一路并在京所造常课横添和买军器”，即掌管收发河南一路和在京制造的规定数量和额外增添的军器并购买军器。此处所记的军器库乃是宣宗南迁之后之制，在南迁之前，各京府和地方诸州均置有军器库，属于地方官。利器署本来为都作院，在兴定二年（1218）更为此名，“掌修弓弩刀槊之属”（《金史·百官志》)，也就是掌管修造弓、弩、刀、槊之类的武器。从《金史》的《百官志》设置来看，与北宋官职几乎一致。

六、辽、金剑小结

从前文罗列诸多资料可知，剑在辽朝、金朝都有比较重要的位置。从造型上来看，辽剑装具的附耳形式、錾刻的卷草纹、鸟兽纹，剑刃上的错银毗沙门天王、龙纹、星宿、花草这些造型和细节上明显是对唐文化的继承。宫廷仪卫、大驾卤簿中使用剑；宫廷宿卫官员会佩剑；军中也有剑的装备，尤其是皇帝的大帐亲军“皮室军”极大可能装备具有毗沙门天王的甲胄和剑；辽皇帝将剑作为重要的赏赐物，会赐予出征的大臣，以代行天子事，后世随着话本小说的流行，成为民众熟知的“尚方宝剑”。至金朝，完颜阿骨打起兵伐辽，剑作为皇帝御用器物一直贯穿金史，宫廷宿卫、大驾卤簿、御赐都在使用剑。早期金剑在一定程度上继承了辽的风格，在剑刃上依旧保持装饰错银纹饰，后期纹饰简化，多为星宿纹。金朝迁都后，金朝剑和宋剑更为接近。金朝的铁质剑具中多有错银装饰，直到元朝错银工艺被鋄金工艺替代。

辽、金两朝都是崛起于白山黑水，辽剑明显对金剑有较大的影响，故将两朝剑放在一起分析，从而能更好地看出其形制的延续性和流变。总体来说，两朝刃器中剑与刀相比数量仍旧相对较少，刀依旧是两朝格斗兵器中的主流。

第十章 宋剑

宋朝武备是中国冷兵器发展的一个重要阶段，从北宋立国开始至南宋灭亡，与同时代的辽、金、西夏、蒙古一直处于战争状态，与周边诸政权大规模的战争促使宋朝兵器产生了纷繁复杂的形制，并且产生独有的风格，这些不同形制的兵器部分既继承唐、五代的兵器特征，在后期又吸收了部分草原兵器的特点，形成后世明、清兵器的原型。本章重点分析宋剑的形制，探讨其形制的继承、交流关系。

一、史料中的宋剑

《宋史》《文献通考》等史料较为详尽地记载了宋朝宫廷卤簿、皇帝、官员朝服、御赐、军将以及军中用剑的细节。

《宋史·舆服志》中对皇帝、皇太子服饰中的剑记载："宋初因五代之旧，鹿卢玉具剑，玉镖首，镂白玉双佩，金饰贯真珠；""太祖建隆元年鹿卢玉具剑，大珠镖首，白玉双佩，玄组；""皇太子之服。玉具剑，金涂银钑花，玉镖首。"《舆服志》规定宋朝宫廷服饰遵循唐制，皇帝、皇太子的佩剑都是崇古之制，玉具剑自汉朝始，后世至宋朝，都作为皇帝、皇太子佩剑形制。历代宋陵都被盗扰，至今不能知宋天子剑是何种形制。

百官祭服中亲王至五品官员在朝服中可以佩剑，有"银装佩剑""铜装剑"（《宋史·舆服志》）不等。百官在大朝会的时候会在丹墀西阶"解剑"后，再入朝堂。皇帝也会对部分赵氏亲王赐"剑履上殿，诏书不名"（《宋史·真宗本纪》），以示荣宠。宋初，宫廷宿卫"选三班以上武干亲信者佩櫜鞬、御剑"，在宫廷内佩剑入内殿近侍，被称之为"带御器械"（《宋史·职官志》）。

后周殿前都点检赵匡胤在显德七年（960）受命抵御北汉及契丹联军对后周的进攻，在"陈桥兵变"中被拥立为帝，旋即回京逼迫后周恭帝禅位，建国称宋。所以宋朝初期有相当多的武将是五代旧臣，北宋初期仍旧按照五代制度在军队设立"大剑都指挥使""长剑都指挥使"。宋初"史珪，河南洛阳人。少以武勇隶军籍，周显德中，迁小校。太祖领禁卫，以珪给事左右。及受禅，用为御马直队长，四迁马步军副都军头兼控鹤、弓弩、大剑都指挥使"（《宋史·史珪传》）。

"荆罕儒，冀州信都人，……显德初，世宗战高平，戮不用命者，因求骁勇士。通事舍人李延杰以罕儒闻，即召赴行在，命为招收都指挥使。会征太原，命罕儒率步卒三千先入敌境。罕儒令人负束刍径趋太原城，焚其东门。擢为控鹤弩手、大剑直都指挥使。"（《宋史·荆罕儒传》）这两处史料说明，在宋初，大剑和长剑在宋军中是有单独部队的。

北宋初期，在赵匡胤的亲自督查下，北宋的军器制作极为精良，《文献通考》记载："宋太祖皇帝开宝八年，京师所造兵器，十日一进，谓之旬课。上亲阅之，制作精绝，尤为犀利。"赵匡胤会每十天亲自检查京师制作的兵器。其中负责军器制作的南、北作坊："岁造……钱剑、大剑、手剑……"（《文献通考》卷一百六十一《兵考十三》）钱剑是何种形制，不得而知；手剑应是较短的一种剑；大剑应是指"大剑直都"等部队装备的五代风格大剑。

宋朝武将中有相当多的人极善用剑。"王彦升，字光烈，性残忍多力，善击剑，号'王剑儿'。"（《宋史·王彦升传》）五代至北宋初年名将何继筠，北宋建立后，屡立战功，官至建武节度使、判棣州。宋太祖赵匡胤亲征太原伐北汉，辽朝派军援北汉，当时何继筠屯驻阳曲县，赵匡胤以驿马急招其至太原城下，亲授破辽方略，随后命何继筠率精锐骑兵数千赶赴石岭关，以阻扼辽军，何继筠依计行事，大破辽军。何继筠病逝后，太祖赵匡胤亲临吊唁痛哭，对近臣言："继筠捍边有功，朕不早授方镇者，虑其数奇耳。今才领节制，果至沦没，良可惜也。"并且特令："以生平所佩剑及介胄同葬。"（《宋史·何继筠传》）"桑怿，开封雍丘人。勇力过人，善用剑及铁简，有谋略。"（《宋史·桑怿传》）这三处史料说明剑是武将重要的随身刃器。

剑也会作为宋朝宫廷御赐物给予大臣，作为恩宠赏赐和代行皇权两种用途。太平兴国四年（979），契丹数万骑兵攻击中山，李汉琼与契丹在浦城、遂城交战，大败契丹，俘斩万计，加检校太尉，宋太宗赵光义“加赐战马、金甲、宝剑、戎具以宠之”。此处御赐剑就属于恩赏荣宠。开宝七年(974)宋太祖诏命曹彬、李汉琼平定南唐，太祖召彬至前，立汉琼等于后，授以剑曰：“副将以下，不用命者得专戮之。”(《宋史·贾昌朝传》)宋真宗时期，“田敏……迁北平砦总管，赐御剑，听以便宜从事。”(《宋史·田敏传》)此两处的御赐之剑就是以剑代表皇权，赐臣子代行天子事。

宋朝初期对剑极为偏好，“太宗选军中勇士，教以剑舞，皆能掷剑凌空，绕身承接，妙捷如神。每契丹使至赐宴，乃出以示之，凡数百辈袒裼鼓噪，挺刃而入，各献其技，霜锋雪锷，飞跃满空，及亲征太原，巡城耀武，必令剑舞前导，观者神耸”(《文献通考》卷一百五十二《兵考四》)，宋太宗从军中专门选拔数百勇士，组建一只特殊的使剑的部队。此特殊部队武士善舞长剑，可以凌空掷剑，还可以旋转身体接剑。北宋自北伐辽朝失败后，一直引以为憾，令此队在契丹使臣面前舞剑，明显具有威慑的含义。在太原城中“巡城耀武”，也明显是用军士的剑技来威慑辽朝和西夏。

从史料的梳理中发现，北宋时期宫廷、军将、军队用剑在史书中记载较多。至南宋，剑在史料中出现的频次逐渐减少，说明军中用剑开始减少，刀在史料中出现的次数开始增多。

二、雕塑、壁画中的宋剑

北宋剑制总体是延续五代风格，五代出现了大剑、长剑，较为有代表性的就是李茂贞墓石翁仲手中长剑（图 434）和王处直墓墓门武士石雕手中环首剑（图 435，@老邪新槍儿摄影）。李茂贞陵石翁仲手中大剑是环首、月牙格、双手大剑；王处直墓墓门武士手中的剑是三曲连珠纹剑首。剑格有两种形式，一种是两端有如意装饰的菱形平格，一种是月牙格，青龙、朱雀武士手中剑都是单手剑。

北宋皇陵的石翁仲手中长剑形制（图 436）也非常值得关注，中唐以前的石翁仲手中都是环首仪刀，唐玄宗之后环首刀开始改变，至晚唐皇陵石翁仲所持都已变成环首剑。至北宋又一次发生明显变化，剑首分成三种，第一种三曲环首，神宗永裕陵为代表；第二种是实心如意首，永昭陵为典型；第三种是圭形剑首，永昌陵、永裕陵（图 437）是典型。剑格分成两类，一种为两端如意形的菱形格，此种格与辽朝格基本一致，太祖永昌陵、太宗永熙陵、哲宗永泰陵都是此种风格；另一种为典型的新月形格，格中有尖凸，宋神宗赵顼（1067—1085）永裕陵石翁仲就是典型代表，明显是对李茂贞五代风格的延续。

特别值得关注的是宋太祖赵匡胤永昌陵西侧石翁仲手中长剑无剑鞘，是历代皇陵中极为罕见的表现形式，剑刃整体较宽，剑尖和刃有明显折角；剑刃靠格处有刃夹，刃夹呈山形，与辽剑一致（图 438）。此剑形制应该就是五代、宋朝史料记载的军中“大剑”的造型。

除了北宋皇陵中剑的形象，其他石雕和壁画也反映出北宋剑造型。1977年郑州开元寺塔地宫中所出石雕武士手中宋剑也非常值得研究（图439），武士手中剑的剑首为实心如意首，正中有五瓣花片装饰，此种剑首由圭形首演变而来，圭形首两侧更加内凹，形成如意首。剑格为平格，刃体有刃夹，刃夹呈V形，剑尖损毁不知其形。2008年洛阳出土北宋宰相富弼墓，富弼（1004—1083）洛阳人，历任宋仁宗、英宗、神宗三朝宰相。墓中有一武士持剑壁画（图440），剑首为三曲连珠纹剑环，格为平格，刃夹呈V形，剑尖与刃折角明显，剑尖三角形。北宋太宗元德李皇后陵地宫石门西扉上有线刻持剑武士图（图441），武士手中剑的剑首为多曲如意形，外侧有宝石镶嵌，中开孔穿手绳，剑格不甚清晰，刃夹呈V字形。

北宋武宗元（约980—1050）绘制的《朝元仙仗图》中提供了宋剑的两种形制。第一种威剑神王、稽元金刚所持长剑，刃体修长，剑格为新月形，剑首为如意剑环（图442-1）。第二种天丁、破邪两力士所持长剑为柿蒂纹平格，剑柄较长，有横向铆钉，剑首为如意剑环（图442-2）。美国克里夫兰博物馆（Cleveland Museum of Art）藏南宋白描绘画《搜山图》（馆藏编号：2004.1.41）中二郎真君手持长剑，剑格为直翼八字格，剑首为如意剑首（图443），从图像上看属于实心剑首，剑首中开孔，拴手绳。

南宋时期绘画中宋剑形制与北宋略有差异。中国国家博物馆藏南宋《中兴四将》图中可以看见韩世忠和岳飞的侍从都佩剑，剑首如意型，剑格朝剑刃方向弯曲，如新月形，鞘室为金属包边结构，鞘口至下提梁环装饰金属压片，压片两头錾刻如意纹，下提梁环至鞘尾，中段有金属錾刻卷曲纹样装饰压片，鞘尾底部有金属鞘尾，双环挂于腰间（图444）。故宫博物院藏南宋佚名《二郎搜山图》中两位二郎神随扈手持的长剑一种是月牙格形式、一种是直翼八字格八字格形式（图 445），两剑的剑首是如意首晚期的形式，外形更似多曲菱形。

南宋石雕中剑的实例逐渐减少。四川地区的石雕武士中多有持剑的形象，安岳毗卢洞《柳本尊十炼图》系南宋开凿的石窟，石窟左侧的武士都戴兜鍪，全身擐甲，右手持剑（图 446），剑格为柿蒂纹平格，剑首为大如意形剑首，首端有孔，剑刃宽大，至剑尖收分较缓，刃夹较短，整体呈 U 形，剑尖与刃体有折角。泸县神臂城南宋墓武士手中剑的首为三曲环首（图 447，木岛主摄影），剑刃较宽，剑格是平格。四川合川三汇南宋墓中武士所持长剑（图 448），剑首为三曲环首，剑格为八字格。宁波博物馆、东钱湖南宋石雕博物馆武士手中的剑（图 449-1、2）与四川南宋剑有明显不同，剑首形制多不可见，剑格呈四如意形或柿蒂形，格前有浮雕龙首式样的刃夹。

辽宁省博物馆藏宋桃形双剑铜镜中的剑（图 450）也非常值得关注，镜中双剑剑首为三曲剑环，剑刃宽厚，刃夹相对较长，中间呈 V 字形，剑格应为平格或柿蒂纹。

三、考古中的宋剑

1982 年，淳安县界首乡驮花坞自然村东北约 400 米的山坡上出土了一批铁兵器，共计 20 件，这批兵器埋在约 1 米深的土坑内，外面未经包裹，土坑内尚可捡到刀鞘、剑鞘的外壳碎片。该坑出土刀 15 件、剑 1 件（图 451）、镗耙、矛、爪钩各 1 件。“剑 1 件。铜护手，剑身留有鞘上的铜饰，身长61、柄残长1.7、阔3.2、中间厚0.7厘米。”（鲍艺敏《浙江淳安出土的宋代兵器与方腊起义的关系》，浙江淳安县文管所2004.4）此剑是目前考古发掘中唯一公布的南宋剑，由于未做清理，不知其提挂形式，剑格是柿蒂纹造型。

《武经总要》是宋仁宗时期由曾公亮和丁度主持的中国第一部由官方主持编修的兵书，也是中国第一部有图像的军事著作。现存的版本主要是明弘治版，书中绘制的宋剑有两把（图452），左侧剑的剑首为多曲菱形，右侧剑的剑首为椭圆形，两剑的剑格从图像上看与东钱湖南宋石雕相似，书中记载宋剑：“剑饰有银、输石、铜素之品，近边臣乞制厚脊短身剑，军颇便其用。”说明北宋时期剑装有银、输石、素铜材质，与《宋史》的《舆服志》《仪卫志》记录相同。

四、收藏中的宋剑

国内现存的宋剑装具、实物比较有代表性的有数只。收藏家铁锤先生收藏的铜质月牙格格剑錾刻铭文“宣和乙巳”（图453），宣和乙巳年是公元1125年，是徽宗第六个年号，此剑格是目前已知唯一的具有北宋年款铭文剑装具，月牙格与柄箍为一整体，月牙格中间有尖凸，月牙格中间部分最厚，月牙两翼逐渐收窄。

广州收藏家蓝定先生藏宋剑的剑格也是月牙格（图454），剑格鋄金螺旋纹，是已知宋剑中最高级的剑装具。

笔者收藏的一只出自南京地区的宋剑（图455），随剑一起出土有月牙剑格、柄箍、木鞘室。此剑刃体较为宽厚，剑刃长68厘米，刃体近剑格处宽 4.4 厘米,厚度为 9 毫米,至剑尖宽度渐收为 3.4 厘米,厚度收为 5 毫米,剑尖呈圭形,刃体与剑尖折角有过渡弧线。整剑厚、重、宽大,锻造精良,两刃夹钢,刃体表面有较为细微的横向打磨痕迹,此种打磨痕迹在中古时期锻造的剑中多见,笔者认为是某种原始的砂轮工具对刃体打磨形成的痕迹,后晋权臣景延广对契丹使臣乔荣言:"且晋有横磨大剑十万口。"(《新五代史·晋臣传》)"横磨"二字应该就是指刃体上的这样的打磨工艺。此剑形制与《武经总要》记载的"厚脊短身剑"极为接近,此处的"短"是相对于五代"大剑"而言,五代大剑刃长已知的超过 80 厘米,刃宽 5.5 厘米。目前来看,笔者所藏此剑的刃体是已知宋剑中最好的。

铁锤先生收藏的宋剑的剑格平面柿蒂纹格,剑柄木质,剑首为如意形,此类剑首外应有金属包边,剑刃靠格部较宽,至剑尖收分较快,明显延续了收分较快的唐制剑刃的特征(图 456)。

江西出土一只宋剑(图 457-1、2),剑柄整体铁质,剑首为圭形,剑格和柄一体,柄朝剑刃方向略微膨大,左右两侧有小月牙伸出,表面错银装饰;鞘室铁质包边,包边错银装饰,鞘室木质,佩表面镶嵌多片锤揲纹饰铜压皮,铜压片正中有柿蒂纹开窗,中间有海马、犀牛纹等纹饰;鞘室由多条鞘束紧固;佩里面与铜压片对应的是铁压片,压片表面错银丝;剑尖与刃体的折角不明显,有轻微弧度;提挂残存一件,呈莲花型铆接于鞘室边条。此剑是目前已知保存细节较多、级别最高的宋剑。

五、宋朝的军器制作

北宋初期兵器生产主要通过官府作坊进行，在京师和各州郡都设置兵器作坊。北宋时期主要有东西作坊（神宗熙宁六年（1073）之前称作南北作坊）、东西广备（又称广备攻城作）、万全作坊、弓弩院、弓弩造箭院（真宗天禧四年（1020）前称南、北造箭二库）、鞍子作、斩马刀所（局）等。

南宋时期在临安除沿用北宋旧制仍置东作坊和万全作坊外，还设有器甲所、御前军器所、制造军器所和都作院等。京师的兵器作坊又分为内廷（御前）和外廷（朝廷）两个系统，内廷系统（北宋的斩马刀局、鞍子所、御前生活所，南宋御前应奉所的“制造军器处”）制作的兵器供内廷使用或者赏赐臣僚，同时内廷作坊所制兵器往往当作法定兵器样式颁降各州府作坊，用于各州府按照标准样式进行制作。北宋早期，外廷作坊规模较大，东西作坊有兵校、工匠7931人，中叶以后虽有所减少，大致仍然保持在5000余人；万全作坊则有3700余人。南宋时期，随着疆域的缩小和朝廷财力、物力的不足，万全作坊和东西作坊一般保持在2000人左右。京师作坊中，其内部分工之细为以往历代所不及，东西作坊内分为木作、漆作、马甲作、大弩作、鞍作、剑作、器械作、皮甲作、枪作等五十一作；东西广备在隶军器监之后，内部分为“火药作、青窑作、猛火油作、金火作、大小木作、皮作、麻作、窑子作。”各州府作坊也按照此种分工协作进行生产，这样的兵器作坊内部细密的分工，是宋朝军工手工业发展的一个重要因素。

六、小结

从晚唐、五代、辽、北宋几朝来看，大剑的产生是有其特殊的背景，这种变化和中国铠甲的形制发生改变有关。在唐朝之前，中国铠甲基本都是短身甲。唐朝开始，尤其是安西都护府出现了长身甲，这样的长身甲在辽、金、北宋都得以继承和发展。辽、金两朝以具装铠骑兵进攻宋朝，而宋朝失去北方养马之地后，不得已使用重装步兵来抗击北方骑兵的冲击，在这个时期敌对双方的甲胄都空前发展，早期较为轻薄的长剑完全无法满足战场的需求，宽厚重剑则应运而生，以重剑相互搏杀成为战场的常态。以致在这个阶段的中国剑在宽、厚这两个环节是历史之最。

从前文罗列的资料来看，北宋初期的剑制完全承袭五代，除了宫廷皇帝朝服、卤簿、宿卫用剑，军中部分将领善用长剑，尤其是军队中单独设立有“大剑都”“长剑都”等专门使用长剑的作战单位，并且设置“都指挥使”官职。宋太宗还专门成立了夸功的“剑舞”部队。剑也作为皇帝御赐之物，以示对官员的荣宠。同时剑也会作为皇权代表御赐官员行天子事。

宋剑的形制在北宋、南宋两个时期有各自特点。北宋时期剑首分成三种，第一种三曲环首；第二种是实心如意首；第三种是圭形剑首。剑格分成三种，第一种为两端如意形的菱形平格；第二种为典型的新月形格，格中有尖凸；第三种是平面柿蒂纹形。北宋时期剑刃较为宽厚，刃夹较长。南宋时期剑首以实心如意首为主，四川地区以三曲剑环、实心如意首为主;江南地区的剑首应该是如意为主，部分有三曲剑环，剑格变革较大，剑刃出现浮雕龙吞刃夹。宋剑的剑鞘有两种风格，一种是包边鞘形式，已知的宋剑中有铜包边和铁包边两种，铁质包边高品级的剑会在铁包边错金银纹饰装饰。另一种是木鞘室套金属筒型装具。

宋剑的实物虽然较少，但是在石雕、绘画中有较详细的图样，加之少量的实物能基本勾勒出宋剑的整体细节，宋剑的形制奠定了后世元、明、清三朝剑的形制。

第十一章 鞭、锏

鞭、锏作为一种打击兵器，首见于晚唐、五代时期，沿用至清朝。而鞭、锏为众人熟知，是因为明清章回体小说《隋唐演义》中对唐初名将秦琼、尉迟恭的善使熟铜锏，与罗成“传枪递锏”；尉迟恭善用铁鞭，与秦琼“三鞭换两锏”的故事广为流传。鞭、锏的形象伴随秦琼、尉迟恭的门神身份，具有极其广泛的大众认知。后历代史料和章回小说中对铁鞭记载不绝，铁鞭不仅成为军将的重要武器，甚至成为一个外在的表现符号，以致故宫清宫内务府广储司茶库旧藏明宫廷绘画张飞都手悬铁鞭（图 458）。

一、史料中的鞭、锏

中国甲胄的制作技术在辽、宋、金阶段极为成熟，重甲对军将身体的保护使刀剑、长矛的伤害能力下降，重型打击类兵器和斧在战场上开始流行。重型打击类兵器可以更为有效地将打击力量进行传递，鞭锏之类的武器对轻甲、无甲军将的杀伤尤为致命。

铁鞭最早的文字资料在敦煌文献中出现，在大英博物馆藏《沙州官衙什物点检历》记载“铁鞭四柄”，此文献学界未给出准确年代，大致应在晚唐至五代时期（图 459）。《新五代史》载五代后晋成德军节度使安重荣使人为大铁鞭以献，诳其民曰：“鞭有神，指人，人辄死。”号“铁鞭郎君”（《新五代史·杂传·安重荣》）。《宋史·王继勋传》载“宋初，……（王）继勋有武勇，在军阵，常用铁鞭、铁槊、铁棁，军中目为‘王三铁’。”“铁棁”实乃一种铁棒，端头较粗，柄稍细，形似今日棒球棒。

呼延赞少为骁骑卒，宋太祖赵匡胤嘉奖他武艺精通且勇敢，补选他任东班头领，入宫领受皇帝圣旨，升任骁雄军使。太平兴国初，太宗亲选军校，授呼延赞为铁骑军指挥使。呼延赞跟随宋太宗征讨北汉，率先登城，战斗中四次从城上矮墙掉下，宋太宗当面赏赐金帛奖励。雍熙四年（987），加马步军副都军头。尝献阵图、兵要及树营砦之策，求领边任。太祖召见，令之作武艺。“赞具装执鞬驰骑，挥铁鞭、枣槊，旋绕廷中数四，又引其四子必兴、必改、必求、必显以入，迭舞剑盘槊。”（《宋史·呼延赞传》）呼延赞后世被称之“铁鞭王”，赖于明清话本小说“呼家将”的流行，《水浒传》中呼延灼更是设定为呼延赞嫡系子孙，善使双鞭。

锏作为军器首先收入史料的是北宋仁宗时期曾公亮、丁度编撰的官修军事著作《武经总要》(成书于公元 1044 年)。《武经总要》载:“铁鞭、铁简两色。鞭,其形大小长短,随人力所胜用之。有人作四棱者,谓之铁简,言方棱似简形,皆鞭类也。”(图 460)。宋朝史料中也记载了地方制作军器中有“铁简”,《宋史·兵志》载:“庆历元年,知并州杨偕遣阳曲县主簿杨拯献《龙虎八阵图》及所制神盾、劈阵刀、手刀、铁连槌、铁简。”两处史料显示锏作为军制武器,载录入册是在北宋仁宗(1022—1063)时期,《武经总要》成书之时正是宋夏战争阶段,所以此兵书中收录了鞭锏是有其历史背景的。官方史料还显示出两个重要细节:一是锏与鞭同源,锏极有可能是从鞭演化过来的,鞭为圆体竹节形;将鞭体由圆柱改“作四棱”就形成“简”,“简”原意为书简,鞭体改成四面四楞后,取形如“简”命名,两宋、辽、金史料都用“简”字,后转为“锏”。二是铁锏的制作被纳入官方管理,并州为山西太原古称,北宋与西夏、辽朝作战时期,基本属于前线区域,在太原制作兵器,也说明是军制中铁锏用量颇多,以便就近生产。

北宋军中颇为流行“杵、鞭、简”打击兵器,出现了一批善用重型打击兵器的名将。北宋初期与辽、西夏作战较为频繁,《宋史》中记录北宋对西夏作战使用了鞭、锏的颇多细节。

宋将张玉为狄青部下,善使铁锏,史载:“遇夏兵三万,有驰铁骑挑战者,玉单持铁简出斗,取其首及马,军中因号曰张铁简。”(《宋史·张玉传》)

宋仁宗康定元年(1040),李元昊率军十万南下进攻延州,宋军以鄜延路副总管兼鄜延、环庆路同安抚使刘平为主将、鄜延路副都部署石元孙为副将，从庆州发三千骑兵救援延州，郭遵当时为刘平的“裨将”。郭遵，开封人士，其家族以武功闻名当世，少时从军，后升迁至“殿前指挥使”,后任“延州西路都巡检使”。郭遵善使铁杵、铁枪、槊。进军过程中，郭遵曾经对刘平言“吾未识寇深浅而轻进，必败;请先止此,侦而进”(司马光《涑水记闻》卷四)。当时军情紧急，刘平否决了郭遵的建议，对郭遵说“吾谓竖子骁决，乃尔怯沮吾军”，急于解围的刘平、石元孙军与鄜延路驻泊都监黄德和部二千余人，巡检万俟政、郭遵各将所部共计万余步兵、骑兵汇合后向延州进发，“步骑万余结阵东行五里，与敌遇。”宋军在三川口突然遭遇李元昊亲领的西夏军，仓促迎战，著名的三川口之战爆发。宋夏两军排出偃月阵隔水对峙，西夏军率先渡河，摆横阵进攻，郭遵、王信当即发起反击，“薄之，不能入，”郭遵“驰马入敌阵，杀伤数十人。敌出骁将扬言当遵，遵挥铁杵破其脑，两军皆大呼。复持铁枪进，所向披靡”。随后宋军杀退数百人后，西夏军大盾为墙推进，宋军再次展开反击，“夺盾，杀获及溺水死者几千人，”混战中主将刘平左耳、右侧颈部皆被流矢所伤，可见战况之烈。至日暮，黄德和胆气已破，率军逃跑，宋军此时军心大溃，刘平“遣军校杖剑遮留士卒，得千余人”，继续战斗。郭遵见到战事危急，率领亲军断后，“复马以殿，又持大槊横突之。敌知不可敌，使人持大絭索立高处迎遵马，辄为遵所断。因纵遵使深入，攒兵注射之，中马，马踠仆地，被杀。”(《宋史·郭遵传》)随后刘平指挥宋军且战且退，西夏军数万众尾随追击，三天内反复攻击宋军。宋军大败，主将刘平、石元孙被俘，三川口大战以西夏军大胜落幕。宋军大将郭遵单骑以“杵”破西夏将军脑、横槊断后掩护宋军至战死，成为整个大战中宋军唯一的亮点。宋仁宗皇祐年间，宋人在三川口战场遗址耕种，找寻到郭遵生前所用的“铁杵、枪、槊，共九十斤”，后运回开封与其衣冠冢合葬。

泾州驻泊都监王珪“善骑射，能用铁杵、铁鞭。……康定初，元昊寇镇戎军，珪将三千骑为策先锋，自瓦亭至师子堡，敌围之数重，珪奋击披靡，获首级为多。……有骁将持白帜植枪以詈曰：‘谁敢与吾敌者！’枪直珪胸而伤右臂，珪左手以杵碎其脑。继又一将复以枪进，珪挟其枪，以鞭击杀之”（《宋史·王珪传》）。郭遵、王珪使的“杵”其形制现在不可考，笔者推测应该类似鞭，体呈圆柱形无节。

康定二年（1041），西夏李元昊亲率十万军南下攻宋，二月十三日，鄜延路副总管任福率数千骑兵先至“怀远城捺龙川”，在这里与西路巡检常鼎、刘肃统领的镇戎军汇合，“与敌战于张家堡南，斩首数百。”西夏军初战不利，立刻“弃马羊橐驼”假意溃退北撤，泾原驻泊都监桑怿立刻率军追击，任福自领后军跟随，黄昏时，兵至好水川。朱观、武英部在距离好水川五里的笼洛川屯，两军约定于次日在好水川合兵。二月十四日，任福、桑怿引军循川西行，整个行军异常艰苦，加之粮饷后勤供给不利，“士马乏食已三日，”宋军处在一个极端不利的作战环境中。李元昊将西夏军分成两部，以两天两夜的时间迅速进入龙洛川和好水川两个预设战场。宋军追击至羊牧隆城东五里处，发现道旁放置数个泥盒，将盒打开，百余只带哨鸽子飞出，鸽子是西夏军发出四面合击信号，西夏军立刻出击，任福此时方知“堕敌计”。桑怿见形势危急，决心率军进行反冲击，为任福统领的宋军赢得列阵时间，史书载桑怿“善用剑及铁简”，桑怿的反冲击瞬间陷入重围战死，此时任福军的阵型仍未能组成，“贼纵铁骑突之，”西夏军用铁鹞子冲击未能列阵完毕的宋军。铁鹞子是西夏军的重甲骑兵，重甲骑兵在高速冲击中，可以轻易地击穿步兵阵型。宋军步兵阵型被西夏军冲乱后，宋军只能各自为战，战斗从"辰至午"，西夏军又分兵断宋军后路。任福"力战，身被十余矢。有小校刘进者，劝福自免。福曰：'吾为大将，兵败，以死报国尔。'挥四刃铁简，挺身决斗，枪中左颊，绝其喉而死"（《宋史·任福传》）。此一役宋军在对西夏作战中主将任福、桑怿、王珪、武英，参军耿傅，队将李简，都监李禹亨、刘均皆死于阵前，宋军万余将士战死。

陕西经略安抚副使韩琦在宋夏战争不利后，在奏章中建言宋夏边境"……本土厢、禁军内，选马上使镼刀、枪槊、铁鞭、铁简、棍棒，勇力过人者为平羌指挥……"（《续资治通鉴长编》卷一百二十八"康定元年庚辰"）韩琦尤其看重骑兵的选拔和训练，"马上铁鞭、铁简、棍子、双剑、大斧、连枷之类，并是一法，每两条共重十斤为及等，但取左右实打有力者为中……"（《续资治通鉴长编》卷一百三十二"庆历元年"）从韩琦的奏章和文集中可知铁锏是马上骑兵所用军器，也是对阵西夏军的重要武器。

至南宋，金朝和南宋相互对峙，两朝都有善用铁锏的军将。

金将乌延查剌"左右手持两大铁简，简重数十斤，人号为铁简万户"。正隆六年（1161）十月完颜亮攻宋时期，契丹人括里起兵反金，乌延查剌奉命征讨，括里在平原列阵，"查剌身率锐士，以铁简左右挥击之，无不僵仆"。正隆六年（1161）十月，东京留守完颜雍称帝，即金世宗，改元大定，乌延查剌赴东京拜见金世宗，担任皇帝的护卫，任骁骑副都指挥使，领万户。金世宗即位后，采取先北后南战略，对南宋采取守势，集中力量先解决北方的契丹人叛乱，金军在袅岭（今内蒙古喀喇沁旗西南）以西的陷泉追上了契丹军，契丹将领移剌窝斡挥军主攻金兵右翼，乌延查剌率兵迎击，契丹军败退，移剌窝斡见乌延查剌无人能敌，就招募勇士，试图在阵前击杀乌延查剌，移剌窝斡的护卫“伪护卫阿不沙身长有力，奋大刀自后斫查剌，查剌回顾，以简背击阿不沙，折其右臂。与纥石烈志宁军合击，贼遂大败”（《金史·乌延查剌传》）。

南宋名将毕再遇容貌魁伟，武艺超群。其父毕进在宋高宗建炎间跟从岳飞护卫八陵，转战江、淮间，积阶至武义大夫。开禧二年（1206），随军北伐，屡立战功，迁为武功大夫。北伐中毕再遇与金军战于灵璧县凤凰山，金军以五千骑兵分两路杀至灵璧县，毕再遇令敢死二十人守灵璧北门，他亲自率军冲击金军本阵，金军见到其旗号，高呼“毕将军来也”，遂全军遁去。“再遇手挥双刀，绝水追击，杀敌甚众，甲裳尽赤，逐北三十里。金将有持双铁简跃马而前，再遇以左刀格其简，右刀斫其胁，金将堕马死。”（《宋史·毕再遇传》）

南宋名将岳飞除了善使长矛，也善运双锏，《岳鄂王行实编年》载：“二月，战于曹州，先臣（飞）被发，挥四刃铁简，直犯敌阵。”宋史载岳飞善使弓、矛，此段史料填补了岳飞临阵时使用的兵器的细节。岳飞孙岳珂编撰的《金佗稡编》将岳飞生平传记资料加以汇编，载：“绍兴四年……十二月，大雪苦寒，遣赐器物传宣抚问，兼赐御札，战鞍、绣鞍各一对、龙涎香一千饼、龙茶一合，灵宝丹一合、铁简一对赐卿，至可领也。”绍兴六年（1136）“赐银合茶药赐马鞍铁简”。史料显示，南宋、金的军将仍大量使用铁锏，甚至南宋宫廷赐物也用铁锏。

从这些史料可知两宋、金朝军中的锏形制已经定型，并且大量使用，而且多骑兵使用。《辽史》记载兵制中有“铜铗”“锤锥”，未记载有锏。

二、考古、壁画、雕塑中的鞭、锏

周纬先生在其著作《中国古兵器史稿》的《宋短兵》一章中言："铁鞭多节，系袭晋代遗制。连珠三节鞭，亦系胡人器形。铁简唐代已广用之。"周纬先生的观点铁鞭源自两晋，目前尚未有考古实物支持。徐州博物馆展陈一只四楞铁锏，展品标注为唐锏（图 461）。其锏身四楞，锏身至尖收分，格为圆形，柄缠有丝绳，首为铁圆盘形。此锏的出现似乎能佐证周纬先生的论断，事实上此锏并未公布其来源，有很大可能是征集品，其年代的准确性会打折扣。《全唐诗》收录李昌符七律《咏铁马鞭》序中载："铁马鞭，长庆二年义成军节度使曹华进献。且曰得之汴水，有字刻云：贞观四年尉迟敬德。字尚在。"

唐朝史料中并无记载军将、军队使用鞭、锏。尉迟恭、秦琼善用鞭锏并无史料支持，二人在唐朝史料中都是善用长槊的。

从晚唐敦煌文献、晚唐敦煌彩绘、五代安重荣号称"铁鞭郎君"来分析，说明晚唐至五代，军中已经开始出现铁鞭。公元 907 年唐朝灭亡，至公元 960 年宋朝立国只有 53 年的时间，北宋初期史料中已经大量出现了鞭、锏，结合史料和实物，推测晚唐出现鞭、锏的可能性是极大的。

唐朝是否存在鞭锏？只有等待准确的考古资料才能说明，至少目前没有准确的唐朝鞭、锏考古实物被文博界公布。现今史料和考古都不足以完全支持周纬先生的观点。

两晋和唐史料中提及“铁鞭”，此时的铁鞭指铁马鞭。《资治通鉴》载武则天训狮子骢时言：“妾能制之，然须三物，一铁鞭，二铁檛，三匕首。”此“铁鞭”应是铁马鞭，铁马鞭出现两晋，是因为两晋时期具装铠盛行，软质马鞭已经无法鞭挞着甲的马匹，故硬质铁马鞭诞生，早期铁马鞭应该较细，后逐渐增放大，成为武器。唐朝硬质马鞭在韩幹的《牧马图》中有较为清晰的表现（图 462）。“铁檛”实为铁棒。《全唐诗》收录李昌符七律《咏铁马鞭》序中载“铁马鞭，长庆二年义成军节度使曹华进献。且曰得之汴水，有字刻云：贞观四年尉迟敬德。字尚在。”此序中的铁马鞭应该与武则天所言的铁马鞭为一物，这个錾刻尉迟敬德的铭文也多是寄托款。

两宋史料大量记载了鞭、锏，但遗憾的是目前文博系统也未能明确给出两宋鞭、锏的考古实物。

对两宋鞭、锏的认知更多来自宋画和石雕。美国克里夫兰美术馆藏北宋《道子墨宝》绘画中有相当数量的鞭的形象（图 463-1、2），仔细观察会发现鞭在器形上有细微差别，图 463-1 的鞭体是直圆柱体，鞭体有圆节，节的间距较大，鞭有格，柄首粗类似茄子型，柄首段有茎孔用于穿手绳；图 463-2 的鞭体成竹节状，逐渐向尖收分，格为柿蒂型，柄似茄子型，柄首茎孔穿手绳悬挂。从图像上看，宋鞭器形至少在刃体上有两种明显的风格，后世铁鞭都是延续此种形制。山西地区近年考古中发现了大量金朝墓葬，墓中武士砖雕中有多种兵器，是研究金朝武备的重要依据。较有代表性的是平阳砖雕（图 464-1、2），图 464-1 武士穿擐甲，手持无格双鞭，鞭体有节，鞭体与图 463-1 形式相近；图 464-2 武士穿战袍，马匹穿挂具装铠，手中双鞭无格与图 463-2 接近，右手可见手绳穿过鞭体绕于手腕。从金朝砖雕中见武士都是骑马持双鞭，与《宋史》《金史》中记载的细节完全一致。四川泸县南宋石雕中也有相当数量的武士形象（图465-1、2），图465-1武士左手持弓右手捏箭矢，背上背着一云首兵器，图465-2武士将同样器形悬挂于腰侧，此器物明显没有格，插入鞘室，由于石雕未能展示其出鞘状态，不知其刃型形式。但是在宋画的图像中能看清其形制，《道子墨宝》中毕元帅、猛烈铁元帅手中所持的器物（图466）与泸县宋墓石雕的兵器一致，此种器物明显是鞭、锏类打击兵器，刃体光素无节，整体至梢收分不明显，此种兵器是较为明显的打击类兵器。笔者认为此兵器就应该是《宋史》中记载的铁简或铁杵，有一些收藏界朋友提出此类器物有可能是铁尺，但是已知的铁尺都相对较短，笔者推测应该是铁杵。

三、现存实物

国内收藏家藏有宋朝鞭实物（图467，珞珞如石先生藏品），此鞭柄首略粗，至鞭梢逐渐收分，无格，鞭体成竹节形，竹节嵌铜丝装饰，鞭体梢较为锐利。此鞭与金朝砖雕中武士手持的鞭风格一致，是较为典型的宋、金铁鞭。

国内藏家亦有收藏宋锏（图468，珞珞如石先生藏品），铁锏刃体横截面为凹面菱形，四楞如刃，自柄首向梢收分，格中段较平，两翼收窄宽度略增，刃体靠格处有如意形刃夹，柄呈茄子型，中有手花孔，木柄裹鲛鱼皮，柄首覆盔型铜包首，值得关注的细节是此类锏截面并非正方形，而是四面略凹的菱形，较宽的两楞排列方向与剑刃方向一致。

国内两只带铭文的锏颇为值得研究，一只藏于福建省博物馆，另一只属于私人收藏。福建省博物馆藏锏，锏身篆铭文“靖康元年李纲制”（图469）。李纲是两宋抗金名臣，宣和七年（1125），金军南下攻宋，李纲为尚书右丞任亲征行营使，负责开封的防御，亲率开封军民及时完成防御部署，并登城督战，击退金兵。金军统帅完颜宗望破开封无望，于靖康元年（1126）撤兵。此锏并非出土实物，而是由中学教师林中宇捐赠福建省博物馆，林中宇姑父萧奇斌于1926年从古董商手中购得此锏，“文革”时期作为“四旧”曾经被查抄。博物馆因其锏出自福建，李纲为福建人，故博物馆根据铭文定此锏为宋锏。“李纲锏”格为小四瓣柿蒂纹，手柄为红木雕刻螺旋纹，柄首呈长瓜形，整体风格更似明风格锏，与已知的宋锏图像和实物有明显差异，笔者综合判断，认为此锏制作年代应该是明锏的形制，铭文属于寄托款。

国内藏家的铭文铁锏形制颇为特殊（图470，珞珞如石先生藏品），锏身横截面为凹面正方形，格为一十二面体，较大的四面有错金铭文“梁山林冲”，格前雕刻一龙首，龙首吐出锏身，锏身自龙头朝锏梢收分较快，锏茎有双孔，锏首为长瓜型。此锏形制古拙，刃体收分形式与明清锏有明显区别，锏梢明显保持了刺击功能，长瓜锏首与后世锏首的多面体和南瓜形也有显著不同，此锏的龙头是目前已知鞭锏中最早的，龙头出现在兵器上也是宋、辽时期，此锏从风格上明显早于已知的明锏风格，又与已知盔首茄子柄风格宋锏有差异，笔者判断此锏应是南宋风格铁锏，后世明清的瓜形首都源自此种形式，铭文中的“林冲”究竟是水浒啸聚水泊梁山的禁军枪棒教头林冲，还是其他同名军官，尚待细考。

辽朝从理论上应该使用鞭、锏类兵器，事实上，国内文博系统无论是在考古、学术论文和博物馆中都未曾公布辽鞭、锏实物，这一点值得深入研究。

黑龙江省博物馆展陈有金朝铁锏（图 471）。金锏相对较多，黑龙江金上京博物馆亦有同类藏品，国内收藏家也保存有相当数量的锏，由此可推断金军大量装备铁锏。金朝时期的锏身横截面为凹面菱形，锏身至梢收分，靠近格处多有刃夹，格中段较扁平，两翼收窄宽度略增，柄束为圆柱形，锏首为盔型，从部分保存良好的实物中能看出柄是呈茄子形。从辽金两朝的关系来看，金朝早期兵器都是来自辽朝，《金史·世纪》记载："生女直旧无铁，邻国有以甲胄来鬻者，倾赀厚贾以与贸易，亦令昆弟族人皆售之。"从金朝崛起至灭辽建国仅用十一年时间，金朝早期的甲胄、兵器都源自辽制，此种类型的锏准确来说应该是金朝，笔者认为辽朝锏应该是此种风格，差异不会太大。从现有的实物来看，北宋、金两朝的锏风格极为相似，盖因两国交兵，武备相互交融所致。除了博馆藏品外，国内收藏界也有同类藏品（图 472，徐开宏先生藏品）

辽、金两朝的锏都是锻造，笔者曾见一金朝铁锏锻造极为精彩，锏身一面为旋焊锻造，另一面为流水锻造。辽金锏身与格的安装有两种形式，一种是锏身菱形，长边与格夹角为同向；另一种锏身横截面为四方形，则是面与格呈同向。值得关注的一个现象是，辽、金两朝极少出现鞭。

元朝国祚不足百年，其军器形制更为复杂，至今未见有明确元朝鞭、锏考古实物。但是元朝遗存至今的石雕、绘画较多，从图像中也能对元鞭、锏的特点有所了解。居庸关云台是元代重要佛教遗迹，其中东方持国天王随扈手中持一竹节鞭（图 473）；北京五塔寺元代石翁仲手按竹节鞭（图 474）；元人绘《下元水官图》中神将悬于腕上的竹节鞭（图 475），这三处图像中的元竹节鞭都是柄为茄柄，柄中有茎孔拴手绳，鞭体无格，鞭身呈竹节型，整体形制上仍旧趋于宋制。

明朝《四镇三关志》诸多兵书中都不再记载军队使用鞭锏，明军中的将领仍旧是有部分善使鞭、锏。《崇祯长编》载总兵尤世禄言："崇祯二年十月二十九日套部大举犯宁夏，声势甚迫。套憨（汗）干儿骂披戴金龙盔甲，骑红沙战马，直当阵前对臣坐纛冲入，臣持铁简（锏）迎战，击之坠马，左右丞前斩首，并盔甲什物尽皆获之。"

《南疆绎史勘本》卷十三记载南明将领黄得功："战喜持铁鞭，鞭血渍手腕，以水濡之久不脱。军中呼为黄闯子。"明朝还将铁鞭作为宫廷御赐物："崇祯二年，……赐御马百，太仆马千，银铁鞭五百。"（《明史·卢象昇传》）"银铁鞭"笔者推测可能是錽银铁鞭。

明代武术家程宗猷之侄程子颐编撰的《武备要略》深刻解读了鞭锏克制铠甲的作用："单刀轻利，用者便捷，若遇坚甲之兵，难制胜矣，""快马轻刀，极其便利，何以鞭为？第刀只可敌无甲之兵，若遇铁骑重甲，非鞭不可，""若遇坚甲，连架击之，无有不毙者，且利于马战。"程子颐在编撰《鞭制说》时说："夫鞭之用，莫究其所自。而敬德之鞭，亦不见于史传。予少时甚慕焉，遍访不得其传。"（明程子颐《武备要略》）说明鞭锏在明代军制中已经式微，军阵所用的鞭锏技术在明代明显退化，也间接显示明军对手瓦剌、鞑靼的甲胄已经退化。宋、金时期鞭锏的技法至今已经完全不可知，明朝中期已经极少有人能有较好的鞭锏技，以致程子颐遍访不得，后跟随程宗猷（冲斗）学习刀术，才领悟“一日习单刀于冲斗公，得其法，则知刀与鞭大同小异也”（图 476）。明朝的武术家们对鞭锏武艺已经有了深刻的认知和总结，并将此种军阵武艺引入民间。

明朝遗存至今的锏数量尚多，多为圆盘、柿蒂纹两种格，锏尖多塔形，锏身的凹槽不再贴边，柄为橄榄型，锏首为瓜形，部分锏格前有睚眦。故宫博物院保存有明代锏（图 477），但在《清宫武备》中被标注为清朝。内蒙古博物馆藏明铁鞭，是文博系统中保存最好的明制鞭（图 478），鞭体竹节并非等距，是随着鞭体收分，竹节距离逐渐缩短，中间还有宝珠装饰，鞭挡手圆形，靠鞭体一侧镂空，鞭首为瓜首。“博物中国”披露山东省济宁市曲阜市数字博物馆藏有一只“唐鎏金铁锏”（图 479），此锏并非唐制，是典型的明初形制，此锏无格，柄前端有一浮雕龙首，应为铁质錽银，柄首为铁质多面体錽银。锏身四面开凹槽，槽内錽金，鞘室木质髹漆，有提挂，外裹红色鞘衣。此物应该是明宫廷御赐孔府之物。除了文博系统的藏品，收藏家杨勇先生收藏的明铁鞭也是此类典型器（图 480），装具錽银、錾刻宝相花装饰，鞭体锻造成型后，再于鞭体挫磨出竹节。

清军入关后，军营中重新将鞭锏纳入军器，乾隆朝时期编撰的《皇朝礼器图式》中明确绘制了“健锐营鞭”（图 481）、“绿营双锏”（图 482），其鞭锏形制与前朝相似，出于大规模装备需求，柄首为铁质多面体。故宫博物院出版的《清宫武备》也披露了故宫藏清宫廷鞭、锏（图 483、484、485、486），图 483 显示了清朝铁鞭的鞘室与明制一致。

从清代史料显示，清军使用鞭锏多为步军，骑兵反而不再将其作为主武器。清代民造鞭锏也较多（图 487），多装饰龙头，整体审美水平趋于民俗化。

随着清代火器的发展，鞭锏还发展出一冷热兵器结合的产物“雷火鞭”，徐州博物馆藏品（图 488）就是此种典型器，此种鞭锏中空，灌入火药和铅子，格附近有引火孔，整体类似一手铳，临敌时先引发火药击发，击发后仍可作为鞭锏使用。

四、鞭、锏盛行的原因

战场环境与战争模式的变革必然带来武器装备发展需求的变革，而武器装备发展方式的变革也必将深刻影响战场环境和战场模式的演变。

鞭、锏盛行于五代、宋、辽、西夏、金，有深刻的历史背景。辽、金、西夏发展出重甲骑兵，两宋发展重装步兵。《宋史・兵志》载：“政和三年，诏马甲曩用黑髹漆，今易以朱”。（图 489）《宋史・兵志》载：“绍兴四年，依御降式造甲。缘甲之式有四等，甲叶千八百二十五，表里磨锃。内披膊叶五百四，每叶重二钱六分；又甲身叶三百三十二，每叶重四钱七分；又腿裙鹘尾叶六百七十九，每叶重四钱五分；又兜鍪帘叶三百一十，每叶重二钱五分。并兜鍪一，杯子、眉子共一斤一两，皮线结头等重五斤十二两五钱有奇。每一甲重四十有九斤十二两。若甲叶一一依元领分两，如重轻差殊，即弃不用，虚费工材。乞以新式甲叶分两轻重通融，全装共四十五斤至五十斤止。”《建炎以来系年要录》载张俊军造重甲：“凡鍪甲一副，率重四十有九斤。”

（宋李心传《建炎以来系年要录》卷五十五）

同时代的辽朝依然保持一定数量的具装铠，《辽史·兵志》载：“辽国兵制，凡民年十五以上，五十以下隶兵籍，每正军一名，马三匹，……人铁甲九事，马鞯辔，马甲皮铁，视其力，弓四，箭四百……”说明辽军的具装铠有皮质甲和铁质甲两种；内蒙古敖汉旗博物馆藏辽代木棺墓门中就绘制有辽重甲骑兵图像（图490），甲骑中持一面绘制有苍鹰的军旗，人马皆披铠甲。

《宋史》载西夏铁鹞子骑兵惯披“重甲”“皆冷锻而成，坚滑光莹，非劲弩不可入”。金朝的重甲具装铠称之为“铁浮屠”，金朝重甲骑兵是同时期最强具装铠，装备数量较多，金军攻宋以“铁浮屠”为军队进攻的核心，《顺昌战胜破贼录》载：“四太子披白袍甲马，往来指呼以渠，自将牙兵三千策应，皆重铠全装，虏号铁浮图。”

这个阶段中国甲胄发展到了高峰，无论是制作工艺还是制作数量都是前所未有的，北宋神宗朝时期，王安石推荐沈括兼管军器监。经过沈括的刻苦经营，在短时期内，武器的质量和数量都有显著提高。为了制造“柔薄而韧”的铁甲，他发展了甲片的冷锻工艺，进一步提高甲胄防护力和减轻重量，军器监在沈括的掌管下，制造的军器“足可数十年之用”，为宋军提供了充足的物质资料。《金史》和《辽史》虽没详细记载军械装备数量，尤其是金军连年持续攻宋，军器数量不会低于宋军的储备。鞭锏这个时期往往作为军将的个人武器出现，说明鞭锏的使用技法相对要求较高，事实上鞭锏对重甲是无太多效能的，对轻甲和无甲杀伤效果较好。在对付辽、金、西夏的重甲骑兵，长斧、长矛、麻扎刀才是主力。

五、小结

晚唐时期鞭锏见于史料，宋、金两朝军将都以此为军器，在宋夏、宋金战争中涌现了大量善用鞭锏的名将。元明时期随着戏曲、章回小说的盛行，鞭锏广为人知，成为尉迟恭、秦琼两人的兵器。然而现实中两位唐将都善使长槊。两位将军受封为门神后，持鞭锏的形象成为中国特有的吉祥符号，时至今日，鞭锏也由军阵之器成为神将之兵，乃至成为中国兵器中最令国人熟悉的神器。

第十二章

骨朵、锤

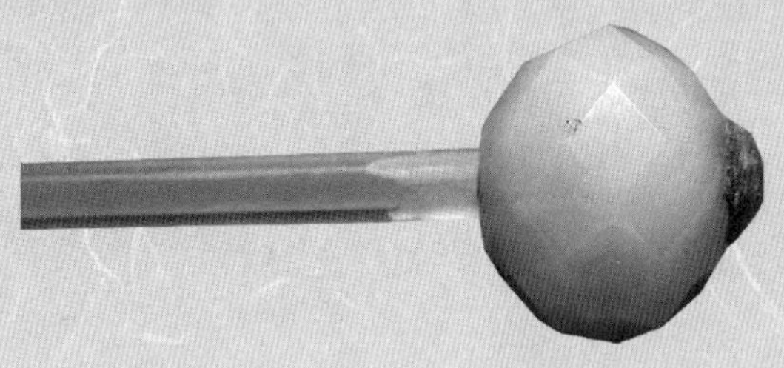

人类从远古时代走来的过程中，最先学会制作的工具是两样，一件是弓矢，另一件就是打击类兵器。最早的打击类兵器是石制，这些石头制打击类兵器随着人类技术进步，逐渐发展出铜质、铁质的打击兵器。在中国历代史料中对打击类兵器和工具有不同的名称：“椎”“槌”“檛”“骨朵”“蒺藜”“蒜头”“鎚”“锤”等。本章立足史料和实物，厘清史料这些不同名称和器物。

一、史料中的打击类兵器

由于打击类兵器不会太长，便于隐藏于宽袍大袖中，也成为近身刺杀的利器，中国历史上有非常多重要事件都与打击类兵器有关。

公元前255年，秦昭王令白起攻赵国，在长平击败赵军，坑杀45万降卒。转而进兵围困赵国首都邯郸，欲灭赵国。长平之战后，赵军已经没有抵抗秦国的军力，秦军此时兵困邯郸，准备一举灭赵。赵国遂向魏国求救，魏王遣晋鄙率领十万军救赵。秦王遣使威胁魏王，如果魏王援助赵，秦军灭赵后会转兵攻魏国。魏王随即令晋鄙暂驻在邺，名为救赵，实际是抱着观望秦赵两国形势的态度。邯郸被围困后，魏军屯兵不前，赵国平原君请求魏国公子信陵君从中斡旋，促使魏军击秦，信陵君魏无忌的姐姐是赵惠文王弟弟平原君赵胜的夫人，信陵君决定冒险救赵。门客侯生献计，让魏王宠爱的如姬盗取派兵的虎符，就可以调动前线魏军。信陵君杀掉如姬杀父仇人后，如姬为感谢信陵君，从魏王处盗出虎符交给信陵君。信陵君带义士朱亥前往邺见晋鄙，《史记·魏公子列传》载："矫魏王令代晋鄙。晋鄙合符，疑之，举手视公子曰：'吾今拥十万之众，屯于境上，国之重任。今单车来代之，何如哉？'欲无听。朱亥袖四十斤铁椎，椎杀晋鄙。公子遂将晋鄙军。"朱亥用"铁椎"击杀晋鄙后，信陵君掌握了屯兵在邺的魏军军权，选八万魏军劲卒进攻秦军，秦军败退却，邯郸之围遂解，赵国得以保全。此次事件诞生了一句成语"窃符救赵"，信陵君的出兵挽救了赵国，使秦国灭赵的计划破灭。

公元前218年，巡游天下的秦始皇车队经过博浪沙，突然飞来一"铁椎"，击中车队中的辒辌车，辒辌车是始皇帝出巡使用的乘舆。

刺杀的主谋是韩国贵族张良，为报秦灭韩国之仇，他和力士执行此次刺杀。《史记·留侯世家》载："东见仓海君。得力士，为铁椎重百二十斤。秦皇帝东游，良与客狙击秦皇帝博浪沙中，误中副车。"始皇帝震怒，大索天下，张良改名避祸，后投靠刘邦，成为汉朝开国元勋，汉高祖刘邦在洛阳南宫高度评价张良的功勋："夫运筹策帷帐之中，决胜于千里之外，吾不如子房。"

汉孝文帝三年（前177），汉高祖刘邦少子、淮南厉王刘长之母因为吕后诛杀赵王刘如意母子而受到牵连，而辟阳侯审食其作为吕后的近臣而不阻挡，刘长决定诛杀辟阳侯为母报仇。"厉王乃往请辟阳侯。辟阳侯出见之，即自袖铁椎椎辟阳侯，令从者魏敬刭之。"（《史记·淮南衡山列传》）厉王用铁椎击伤审食其后，随扈魏敬最后斩杀了审食其。

太史公记载的这三件事中，反映出战国时期"铁椎"作为暗杀兵器已经颇为流行。朱亥的铁椎号称四十斤，以秦朝一斤242克，折合为9.68公斤，这样的重量使用非常不便，笔者认为此重量颇有夸张。张良的力士用铁椎折合29公斤，这重量人类根本不可能使用，太史公为褒扬张子房也是不吝笔墨了。笔者推测此时的铁椎都是汉朝一种工具，其形制应该与今日铁锤相似，汉长安武库有此类实物出土（图491）（中国社会科学院考古研究所《汉长安城武库》，文物出版社2005年）。

两晋南北朝时期，刘裕在建康（今南京）建立宋，义熙十二年（416），刘裕北伐北魏，南北朝时期北方流行重甲具装铠，对北伐的刘裕军形成巨大的威胁，刘裕军"乃遣白直队主丁旿，率七百人，及车百乘，于河北岸上，去水百余步，为却月阵，两头抱河，车置七仗士，事毕，使竖一白毦”。北魏军见刘裕军登岸设阵后并未进攻，刘裕立刻“命（朱）超石驰往赴之，并赍大弩百张，一车益二十人，设彭排于辕上”。北魏长孙嵩率三万骑兵加入战场，北魏军率先发起攻击，朱超石在却月阵中安置好强弩，由于重甲骑兵良好的防护，巨大的冲击力对刘裕军形成了巨大的压力，弩箭不能有效杀伤北魏军，“虏众既多，弩不能制。”朱超石改变策略，将长槊截断，当作弩箭发射，“别赍大锤并千余张槊，乃断槊长三四尺，以锤锤之，一槊辄洞贯三四虏。虏众不能当，一时奔溃。”（《宋书·朱超石传》）刘裕军以却月阵打败重甲骑兵，在中国军事史上是极为重要的战例，也是史料中较早出现“锤”字，事实上这个“锤”并非后世熟知的打击兵器。古代大型弩机上弦后，力量极大，扳机的击发只能靠“锤”击发（图492）。《武经总要》三弓弩图中，弩机下的那个器物就是朱超石的“锤”。

唐朝剑南节度使严武在幼年时，因其父宠爱妾英，对其母颇为冷淡，“武奋然以铁鎚就英寝，碎其首。”（《新唐书·严武传》）左右将此事报其父后，他却告诉父亲朝廷大臣不该厚妾而薄妻，所以有意杀之。其父严挺之大为称奇。此处“铁鎚”仅在唐代史料中出现一次，《太白阴经》对唐朝军器做了较为详细的记载，并未记载此类打击类兵器。说明此处“铁鎚”并非军器，而是实用工具。

五代、辽、宋、金时期，史料中开始大量出现“楇”“骨朵”“蒺藜”“蒜头”。事实上“楇”和“骨朵”“蒺藜”“蒜头”并非一种器物，后世兵器研究者多有混淆。

后唐名将李存孝、周德威都是善用“楇”的名将。“李存孝每临大敌，被重铠櫜弓坐槊，仆人以二骑从，阵中易骑，轻捷如飞，独舞铁檛,挺身陷阵,万人辟易,盖古张辽、甘宁之比也。”(《旧五代史·唐书·李存孝传》)后梁后唐相互征伐过程中，后梁骁将陈章号称夜叉，以善战著称，作战时常骑乘白马，身披朱红色铠甲。陈章战前对氏叔琮说要生擒周德威，李克用告诫周德威“我闻陈夜叉欲取尔求郡，宜善备之”。周德威自视武艺卓绝，对部下说，两军对阵之时，遇到白马朱甲的敌将，你们都避走。两军交锋，陈夜叉猛冲后唐军，“德威微服挑战，部下伪退，陈章纵马追之，德威背挥铁檛击堕马，生获以献，由是知名”(《旧五代史·唐书·周德威传》)。公元911年卢龙节度使刘守光自称大燕皇帝，周德威率军讨伐，刘守光令骁将单廷珪督精甲万人出战，与周德威遇于龙头岗。单廷珪谓左右曰：“今日擒周阳五。”两军对阵，见德威，廷珪单骑持枪躬追德威，单廷珪持槊追杀周德威，在槊刚够接近周德威的时候，“德威侧身避之，廷珪少退，德威奋檛南坠其马，生获廷珪，贼党大败，斩首三千级，获大将李山海等五十二人。”(《旧五代史·唐书·周德威传》)《新唐书》在记载周德威这两战兵器用的字都是“铁槌”。

后唐名将王晏球授齐州防御使、北面行营马军都指挥使，奉命北御契丹，于曲阳、唐河两次大破契丹援军。契丹军攻定州，王晏球率军保曲阳，督励众军短兵肉搏，诫令：“敢回首者死！”其部将符彦卿以龙武左军攻契丹军左翼，高行周以龙武右军攻其右翼，“奋剑挥檛，应手首落。”(《旧五代史·唐书·王晏球传》)

“檛”是否就是宋史中记载的“骨朵”“蒺藜”“蒜头”？“檛”字在《类篇》解释为“横擿杖”,“擿”字在《类篇》解释为“槌也,棏榯同”。《玉篇·木部》解释“榯，槌，横木也”。五代出现的兵器“铁檛”就应是两端粗细一致的“铁棒槌”。这类兵器应该与北宋与西夏作战时出现的“杵”是一类兵器，甚至可能是鞭、锏的前身。

两宋、辽、金时期，史料中开始大量出“骨朵”“蒺藜”“蒜头”。

北宋官修兵书《武经总要》第一次将“蒜头”“蒺藜”形象绘制在册（图 493）。《武经总要》是中国第一部新型兵书，该书包括军事理论与军事技术两大部分，是研究中国中古时期军事装备最重要的史料。该书是首次将军事装备、器物以图像形象进行记录，并配合文字。北宋文史学家宋祁对“骨朵”解释：“国朝有骨朵子，直卫士之亲近者。予尝修日历，曾究其义。关中认谓腹大者谓胍托，上孤下都。俗因谓杖头大者亦为胍托，后讹为骨朵，朵从平声，然朵难得音。今为军额，固不可改矣。”（宋祁《宋景文公笔记》上卷《释俗上》）

《宋史·仪卫志》中宫廷宿卫武士手持“骨朵”，“骨朵直十二人……皇帝乘玉辂，驾青马六，驾士一百二十八人，扶驾八人，骨朵直一百三十四人……左厢骨朵子直……天武骨朵。”南宋时期，淮西兵变中武将郦琼逮捕文臣吕祉之时，“有琼之黄衣卒者以刀斫琼，中背，琼大呼曰：‘何敢尔！’顾见有持铁檛者，琼取之击卒，毙于阶下”（《建炎以来系年要录》卷一百十三“绍兴七年八月戊戌”）。淮西兵变之后，王德取代刘光世，统率淮西军余部，“及德视事教场，诸将持檛，用军礼谒拜”（《齐东野语》卷二《张魏公三战本末略》）“檛”在《集韵》《韵会》解释“音檛，击也。”“檛”“楇”“椯”三字通用，南宋军中依旧装备铁棒。

《宋史》中记载岳云善用双“铁椎”。岳云十二岁就跟随张宪从军征战，由于武艺高超，张宪多得其助力，军中称岳云为“嬴官人”。后跟随岳飞四方征战，“飞征伐，未尝不与，数立奇功，飞辄隐之。每战，以手握两铁椎，重八十斤，先诸军登城”（《宋史·岳飞传》）。

由于明清话本小说的传播，今人都认为岳云使用的是双锤。岳云使用的双“铁椎”历来颇多争议,《金陀稡编》卷九《诸子遗事》:“京西之役,手握双铁鎚,重八十斤,先诸军登城。”《金陀续编》卷二一《鄂王传》作铁椎,《金陀续编》卷二二《襄阳石刻事迹》作铁鎚,《鄂国金陀续编》卷二十七黄元振编《岳飞事迹》作两锥。由于同时期史料记载的文字不同,形成了较多争议。按照“鎚”来解读,就是锤。按照“铁椎”二字来解读，就产生了不同的解读，北宋时期军队大量装备“锥枪”，岳飞本人就善用长枪，所以一部分解读认为岳云所用的双锥枪。另一种观点引用北宋《广韵》对“椎”字的解读:“椎：椎钝，不曲挠，亦棒椎也。”认为岳云的“双椎”是双“棒槌”。在双铁棒的解读下,还延伸出“尖头双棒”和“圆头双棒”的不同争论。笔者认为岳云作为军中骁将，其武艺多源自岳飞的教授，岳飞除了善用长枪，也善用双锏，故岳云应该也是精通两种器械，史料也多是记载其于某次战斗中的情节，所以岳云在大多数战斗中，应该多用长枪，在某种特殊的时候会使用双锤，如登城之战，肯定是使用较短的兵器才适合登云梯，此种战斗环节使用双锤就较为合理。

辽国兵制规定，全民十五岁以上、五十岁以下，都是隶属兵籍，每个战斗正军一人，马备三匹，打草谷、守军营需备家丁各一人。“人铁甲九事，马鞯辔，马甲皮铁，视其力;弓四，箭四百，长短枪、骨朵、斧钺、小旗、鎚锥、火刀石、马盂、料一斗。料袋、搭钩毛伞各一，縻马绳二百尺，皆自备。”(《辽史·兵卫志》)《辽史·刑法志》载：“然其制刑之凡有四：曰死，曰流，曰徒，曰杖。……仗刑自五十至三百，凡杖五十以上者，以沙袋决之;又有木剑、大棒、铁骨朵之法。木剑、大棒之数三，自十五至三十，铁骨朵之数，或五、或七。”此两段史料说明骨朵是辽军标准的军备，属于标准辅助武器。骨朵也是刑罚之物。

《金史·舆服志》中对仪卫使用骨朵的记载更为详尽："……左右卫将军、宿直将军，展紫，金束带，各执玉、水晶及金饰骨朵。左右亲卫，盘裹紫袄，涂金束带，骨朵，佩兵械。供御弩手、伞子百人，并金花交脚幞头，涂金铜鈒衬花束带，骨朵。"其中骨朵类型分成"玉、水晶、金镀银蒜瓣骨朵、金镀银骨朵、天武骨朵"。

除了仪卫使用骨朵，史料还记载这几朝善用锤的名将。

《金史·完颜亨传》载："完颜亨。熙宗时，封芮王，为猛安，加银青光禄大夫。亨击鞠为天下第一，常独当数人。……每畋猎，持铁连锤击狐兔。一日与海陵同行道中，遇群豕，亨曰：'吾能以锤杀之。'即奋锤遥击，中其腹，穿入之。终以勇力见忌焉。""纥石烈牙吾塔，一名志。本出亲军，性刚悍喜战……好用鼓椎击人，世呼曰'卢鼓椎'，其名可以怖儿啼，大概如呼'麻胡'云。有子名阿里合，世目曰'小鼓椎'，尝为元帅，从哀宗至归德，与蒲察官奴作乱，伏诛。""鼓椎"应该就是蒜头骨朵。这两段史料显示出金朝贵族、将领善用打击类兵器。

《元史·舆服志》记载宫廷仪卫中使用骨朵，"骨朵，朱漆棒首，贯以金涂铜锤。列丝骨朵，制如骨朵，加纽丝丈。""纽丝"应该是指其骨朵的杆为缠丝，"丈"应是"仗"。陶宗仪对"云都赤"宿卫专门做了解读："负骨朵于肩，佩环刀于要，或二人四人，多至八人。"（陶宗仪《南村辍耕录》卷一《云都赤》）说明元朝宫廷仪卫中武士佩带"骨朵""环刀"。《元史》记载一件非常著名的刺杀权相事件。元世祖忽必烈时期，阿合马结党营私，把持朝政。益州千户王著决心除掉阿合马，自己“密铸大铜锤，自誓愿击阿合马首”。王著联合王和尚谎称皇太子真金要召见阿合马，阿合马和一众官员在东宫门口见到伪装的太子真金，真金坐于马上呵斥阿合马，王著等待假太子斥责完阿合马后，牵着他的马离开，然后王著“以所袖铜锤碎其脑，立毙”。王著锤杀了奸相后被杀，死前在刑场高喊：“王著为天下除害，今死矣，异日必有为我书其事者。”（《元史·奸臣传·阿合马》）

明朝的宫廷仪仗早期基本继承元制，在《明史·仪卫志》中记载仪仗使用器物：“丹陛左右陈幢节、响节、金节、烛笼、青龙白虎幢、班剑、吾杖、立瓜、卧瓜、仪刀、镫杖、戟、骨朵、朱雀玄武幢等，各三行。”其中“立瓜、卧瓜”都是长杆仪仗，这类仪仗一般都是木质。明朝军器中一样有“骨朵”：“黄铜骨朵【下二样、皆一年一修造】、青线绦、绿线宝盖、红线穗骨朵挽手。”（《大明会典》卷之一百九十二《军器军装一》）《大明会典》是明朝记载典章制度、行政法规的官修书，其中对明军装备的军器有较为详细的记录，这段史料中的“挽手”是兵器中特别重要的细节，由于“骨朵”是以挥动打击为主，必须带挽手套于手腕，以防打击过程中脱手。茅元仪编撰的《武备志》有图例名曰“蒺藜骨朵、蒜头骨朵”，此图和《武经总要》中的图像几乎一致，说明在明朝《武经总要》《武备志》都是一个刻本，《武经总要》中的“骨朵”是明人理解的骨朵，其图像中的军器并非真正宋朝形制。明末时，军队中已经不再称呼“骨朵”，广泛称之为“锤”。“锤：长方蒺藜锤，炼锤，方锤。甲极厚者惟锤破之，方棱长形更为刺角最毒。又以上制为短形而击，以熟练掷之，可以击远。近杖，其车下用方锤，如简，其相稍短，则用力实。”（明喻龙德《喻子十三种秘书兵衡》）明朝锤中明显出现方体锤，方体上出刺角。

明朝永乐时期，纪纲投靠靖难时期的燕王朱棣，凭借自己善于骑射得到朱棣的宠幸，朱棣靖难成功即位后，升纪纲为锦衣卫指挥使，掌管亲军和主管诏狱。纪纲掌握锦衣卫后广泛设置校尉，每日收集军民情报，用严刑苛法，诬陷诽谤，受到成祖格外宠爱，后被提升为都指挥佥事，自此气焰熏天，一时间成为永乐朝少有的权臣。他与阳武侯薛禄同时看中一女道士，因薛禄抢得了女道士，纪纲未能得到女道士，嫉恨薛禄，“遇禄大内，挝其首，脑裂几死”（《明史・纪纲传》)。在皇宫中遇到薛禄时，用暗藏于袖内铁锤袭击薛禄，薛禄头骨破裂，差点毙命。薛禄早年从军北平，后随朱棣起兵靖难，战功卓著，累功升至都督佥事。永乐年间，薛禄数次随军北伐漠北，并主持营建北京，官至右都督，封阳武侯。纪纲敢于在皇宫内锤击勋贵薛禄,可见纪纲之骄横跋扈。此“挝”已经不是宋史料中的铁棒，而是锤。

清军入关之前，后金军曾经建立过专使锤的军队。女真首领努尔哈赤于公元1583年以13副铠甲起兵，至公元1595年努尔哈赤统一了建州女真各部，组建了一支亲军，亲军下辖环刀军、铁锤军、串赤军、能射军。此史料仅见于《李朝宣祖实录》:“左卫酋长老乙可赤（即努尔哈赤）则自中称王，其弟则称船将，多造弓矢等物。分其军四运：一曰环刀军，二曰铁锤军，三曰串赤军，四曰能射军。问问练习，胁制群胡，从令者馈酒，违令者斩头，将为报仇中原之计。”（吴晗《朝鲜李朝实录中的中国史料》上编卷二十五，中华书局1981年版，第1530页）乾隆朝编撰的《皇朝礼器图式》记载了清军绿营使用的“双椎”(图494)(允禄、蒋溥《皇朝礼器图式》卷十五《武备六十》)，绿营“椎”的头是“炼铁为之”，柄为“木质髹朱（漆）”，蓝色挽手。

二、雕塑、壁画、考古中的骨朵

打击类兵器从新石器时代诞生，国内考古中取得的石质棍棒头数量较多，国内学界多称之为权杖头。

较为典型的有内蒙古扎鲁特旗南宝力皋吐新石器时代墓地出土的五星形骨朵，“骨朵黑色软玉。圆齿状，平面为错开的双五角星形，外大内小，中央钻有两端粗细不同的圆孔。外径 14、孔径 2.8、厚 4.2 厘米”（图 495）（内蒙古文物考古研究所、科尔沁博物馆、扎鲁特旗文物管理所《内蒙古扎鲁特旗南宝力皋吐新石器时代墓地》，《考古》2008 年第 7 期）。1990 年黑龙江省通河县出土一多角形石器，“石骨朵为变粒岩质，通体磨制，直径 11.6 厘米、孔外径 4 厘米、内径 2.2 厘米、厚 4.4 厘米。孔为对钻，呈漏斗状，中间垂直，孔壁光滑。其平面外轮边缘，沿中心线一圈有 6 个‘四棱’尖角，是第一层尖角，其角长 1.5 毫米，横剖面为菱形，角与角之间间距相等；以此左右两侧为第二层尖角，两侧各 6 个‘四棱’尖角与第一层各角相错叠，其角长 1 毫米，横剖面为菱形，角与角之间间距相等；在此两侧，在圆孔周边有 6 个‘三棱’形尖角，此为第三层尖角，其角长约 3 毫米，与第二层各角相错叠，由于角锋已有磨损，现为乳突”（图 496）（刘展《通河县出土多角形石骨朵》《北方文物》2001 年第 1 期）。此两例考古发现的石质骨朵是石器时代较为典型的骨朵，凸起的尖角从功能上是增大打击时的杀伤力。

进入青铜时代，铸造形骨朵开始出现（图 497）。国内出土的战国、两汉时期的青铜骨朵整体形状呈鼓形、星形，外壁有两或三层凸起尖锥，图 497 的 Bb、Bd 系列都是此类。青铜骨朵铸造成型，中部有孔，贯穿一木棒为柄，木柄下端开孔，拴挽手绳。周纬先生对此类骨朵做了极为精辟的解读："蒺藜、蒜头，原系羌戎兵器，汉时以之敌汉军。"（周纬《中国兵器史稿》，生活·读书·新知三联书店 1957 年版）此类青铜骨朵基本出现在中国北方，大体分布在内蒙古、宁夏、甘肃、东北地区，属于中国北方游牧民族的武器。其中图 497 的 Bb、Bd 两类骨朵在西亚地区安纳托利亚高原、黑海沿岸、高加索、俄罗斯南部草原、欧洲东南部等地区广泛分布，此两种风格的骨朵在中国的发现主要集中在内蒙古、宁夏地区，因此，笔者认为这两种类型骨朵是早期匈奴兵器，极大可能是通过欧亚草原地区由西向东传播至中国。

陕西东周芮国墓出土有黄金骨朵，整体黄金铸造，表面装饰蟠螭纹（图 498）。国内学界多命名为权杖，因为只有武力才能有效维护权力，所以权杖的原型都是来自武器，后世的仪仗器来源于军器也同此理。笔者认为，此类器物都是属于早期骨朵，权杖头应该定义为玉金材质、工艺精细的器物，不适合统称。

公元 10—12 世纪的辽、宋、金三朝，骨朵作为兵器开始盛行，材质为铜、铁两种，整体较短，多在 50 厘米左右；仪仗骨朵使用玉、水晶、铁错金银、铜镀金骨朵，仪仗器较长，整体多在 120—140 厘米左右。

仪仗器骨朵的形象在辽墓壁画中有较为清晰的表现。内蒙古出土辽开泰七年（1018）陈国公主驸马合葬墓壁画（图 499）（许光冀《中国出土壁画全集·内蒙古卷》，科学出版社）、内蒙古赤峰元宝山区塔子山 2 号辽墓壁画（图 500）（许光冀《中国出土壁画全集·内蒙古卷》，科学出版社，P147），两铺壁画就是较为典型的辽仪仗骨朵。金朝墓室壁画中也有持仪仗骨朵武士形象（图 501）（许光冀《中国出土壁画全集·山西卷》科学出版社，P177）。辽、金两朝仪仗骨朵形制一致，辽、金两朝仅人物服饰、发冠不同，金朝壁画中武士头戴展脚幞头，与宋朝服饰一致。

陕西历史博物馆 2009 年征集的“辽鎏金龙纹银骨朵”是目前博物馆展出最高级的辽朝仪仗骨朵之一。

> 通长 140.3 厘米，大首为铁质，圆形，下部有圆形长筒与柄相连接，骨朵大首上镶嵌金银薄片并构成主要纹饰，因锈蚀无法看清整体图案，骨朵柄木质，外包裹银皮，接缝处焊接。三个鎏金银箍将柄身平分成四段，每段均錾刻一条缠绕杖身的龙纹，龙纹周围有三朵云纹，龙身和云纹鎏金，骨朵小首为石质，扁圆扁圆形，圆形銎，有短筒与柄连接，靠近柄身处处哦呦铜铆钉，用于固定小首，大首直径 6.4 厘米，筒直径 2.1 厘米，筒长 8.7 厘米，骨朵小首直径 5.2 厘米，筒直径 3.1 厘米，筒长 3.4 厘米（图 502）（师小群、杭志宏《辽代鎏金龙纹银骨朵考释》，《文博》2011 年第 2 期）。

要特别注意的是大首的铁错金银装饰风格是辽、金两朝喜好的装饰技巧，在马镫、刀剑与其装具上都大量使用。中国国家博物馆同样藏有长杆仪仗骨朵（图 503），大、小两首都是银质鎏金，杆的形制与陕西历史博物馆藏品相同，都有三个银箍，银箍的作用主要是将银皮紧固在木杆上。两件藏品形制高度一致，说明辽朝的仪仗骨朵应该都是此类形制，辽朝壁画中多数仪仗骨朵都没有下端的小首，两件高品级藏品很可能都是宫廷仪卫器物，是对《辽史》中缺乏的仪卫骨朵的极好补充。

此种形制的仪卫骨朵对金朝也产生影响。1984 年黑龙江省博物馆对哈尔滨新香坊金朝墓葬群进行了抢救性发掘，出土银质仪仗骨朵（图 504），“银骨朵 1 件 (84HXM 5:7)。外似权杖，杖头为陀螺形，空心，以两个半圆形银片相铆焊，接缝处有 8 个铆钉，脱落 3 个。杖柄以银片铆焊，有 61 个铆钉，底端长 132 厘米”（黑龙江省博物馆《哈尔滨新香坊墓地出土的金代文物》,《北方文物》2007 年第 3 期）。此墓葬属于辽晚期，金早期，从出土银仪仗骨朵形制来看，明显其形制是对辽制的继承，只是制作细节有所不同。

长杆仪仗骨朵不仅在辽、金两朝流行，在宋朝也是一种标准的礼仪器。除了《宋史》的记载，在两宋时期的绘画中也有相当数量的体现。现存美国克里夫兰美术馆的宋画《道子墨宝》中绘制有武士持长杆骨朵形象（图 505）,骨朵依靠左肩,左手托住杆尾,骨朵成蒜瓣形。现存台北故宫博物院的宋画《却坐图》中仪卫武士持朱漆长杆蒜瓣骨朵（图 506），骨朵呈长瓜形，接銎筒，銎筒中部有节，朱漆杆尾端有镈，根据图像推测，骨朵和镈都是铜质鎏金。台北故宫博物院藏北宋太祖赵匡胤御容图，绘制的是赵匡胤任后周殿前都点检时期的形象,宋太祖“容貌雄伟”,手持长杆“蒜头骨朵”（图 507）。上海博物馆藏南宋《迎銮图》中也有仪仗骨朵的表现(图508),绘画表现的是南宋与金朝在绍兴十二年(1142)和议以后,按照宋金达成的协议,金人归还徽宗、皇后郑皇后的棺椁,宋高宗赵构的生母韦后此次也一并归还,画面表现的是赵构和官员列队迎接徽宗棺椁和生母韦后,赵构两侧官员和仪仗持骨朵肃立。

《金史》记载宫廷仪仗有玉骨朵、水晶骨朵,在考古发掘工作中也有发现,内蒙古萨力巴乡水泉辽墓出土多棱体玉骨朵(图509,@动脉影摄影),赤峰市克什克腾旗二八地辽墓出土水晶骨朵(图510,@勇汽水摄影),这两件骨朵都出自辽墓,说明在辽朝的宫廷仪仗就已经开始使用此种形制的骨朵,而金朝的仪卫制度在初期明显沿用了辽制,海陵王迁都后才使用宋制。

军器骨朵相对较短,辽、金两朝多使用木杆套金属骨朵形式,骨朵是武士的副武器,平时多收纳在马鞍一侧。辽、金时期的军器骨朵都是通过铸造完成,分成铜、铁两种材质,外形有圆形、方形、球形几类(图511、512、513、514)。宋朝史料中此类称之为"蒺藜","蒺藜"的形象在绘画和雕塑中都有表现,美国克里夫兰美术馆藏宋画《道子墨宝》中的鬼卒(图515)、四川泸州南宋墓墓门石雕武士都手持"蒺藜"(图516)。南宋泸县石雕中还有两种蒜头骨朵形式,图517是较为典型的蒜头形,图518的骨朵中部有收腰,目前仅在泸县石雕中出现。

金朝完颜亨所用的链锤是金军中较为常用的军器,此种链锤来源于草原游牧民族打猎的器具"布鲁"(图519),契丹、女真武士骑马狩猎过程中为了保证猎杀的动物皮毛完整,多会使用"布鲁",骑马追击到猎物,顺势挥舞布鲁,就可以有效击杀。完颜亨持铁链锤击狐兔，说明他骑术精良，而用链锤遥击野猪肚腹，可见其勇力过人。南宋绘画《道子墨宝》中二郎神裨将手持链锤（图 520），《武经总要》对链锤解释为“短柄铁链皆骨朵类，特形制小异尔”。此种链锤后来成为水陆画中王灵官的兵器，至少在明嘉靖时期还能在水陆画中见到，纽约大都会博物馆 1989.155 号藏品“大明嘉靖壬寅岁孟夏朔旦皇贵妃沈氏命工绘施，萨祖灵官雷将众”是明朝宫廷绘画（图 521），其中王灵官的链锤和宋制链锤并无差异。

台北故宫博物院保存两张传北宋苏汉臣作《货郎图》，货架中各种器物琳琅满目，其中就有各种玩具兵器，从笔法、色彩、器物的形制特征来看，实际上应是明初作品，两张绘画中的锤是了解明朝锤的一个研究样本。蓝衣货郎图绘制了一种锤形（图 522），锤头为蒜瓣形，杆有节，此种锤形是宋制蒜头骨朵的延续；绿衣货郎图中绘制有两种锤形（图 523），一种是六楞卧鼓形，每楞有一乳突，下接銎筒；另一种为六页锤，下接銎筒，銎筒有双箍装饰。卧鼓形锤，此类形制应该是明朝仪卫中的“卧瓜”。周纬先生在其著作《中国兵器史稿》认为“夏西帕尔 Shushbur 之瓜锤即六边形之铁锤”，此种锤形是蒙古西征后从西亚传入中国的。明朝已经将此种锤作为仪仗使用，台北故宫博物院藏《出警入跸图》中绘制御林军持此种仪仗叶锤和卧瓜（图 524），《出警入跸图》是万历皇帝在宫廷侍卫、御林军护送下骑马出京，前往京郊的皇陵祭拜先祖，然后再坐船返回北京的情景。其中绘制的卤簿仪仗是研究明朝仪仗、服饰、军器的重要参考资料，《出警入跸图》中表现的六页锤、卧瓜与《明史·舆服志》中记载的一致，此类长杆仪仗都是木质，并非金属锤首。

1967 年南京博物院对明初康茂才墓进行抢救发掘，其中出土八叶铁锤一对（图 525），“铁锤形器 2 件，器形相同。锤体为八楞形，每楞呈云纹翼状。锤下有圆形长銎，下粗上细。连銎长 48.5 厘米，下端木柄已经朽烂而长度不详。”（南京市博物馆《江苏南京市明国公蕲康茂才墓》，《考古》1999 年第 10 期）此对八叶锤是目前文博系统唯一公布的考古发掘铁锤实物，双锤銎筒整体较长，笔者认为此对锤是仪仗器，非实用军器。

三、现存实物

国内文博系统目前只公布了战国、辽、金、明初出土锤实物，未公布宋、元两朝锤的考古实物。或许文博单位未在考古发掘中有实物出土，或基于某种不知道的原因，迄今为止没有真正考古学意义上的宋、元锤标准器。由于锤是军队使用的武器，从宋朝至清朝使用时间近千年，历朝都有一定数量的实物遗存，国内武备收藏家们收藏的蒺藜骨朵、蒜头骨朵、锤等实物从数量到质量都远超国内博物馆藏品，特别是宋、元、明三朝的锤实物尤为值得关注。

笔者按照骨朵的外形、接杆形式、杆的材质、锤杆装饰工艺大体分化为几个阶段。

第一阶段：石器阶段（前 10000—5000 年）

石质骨朵头，使用木杆。

第二阶段：青铜阶段（前 4000—公元 3 世纪）

铸造青铜骨朵头，骨朵头有蒺藜形、球形、方形，部分骨朵头开始出现较短的銎筒结构，使用木柄（图 526，潘塞火先生藏品）。

第三阶段：金属与木杆结合转为全金属结构（10—14 世纪）

这个时期军器和仪仗器开始发展出不同风格。军器骨朵相对较短，骨朵头有铜、铁两种；从已知的图像和出土实物来看，这个阶段还是以木柄插入金属骨朵为主，目前来看金朝时期已经开始出现铁杆的形制（图 527，珞珞如石先生藏品）。由军器发展出的仪仗器相对较长，骨朵头有玉、水晶、铜鎏金、铁错金银四种，玉、水晶骨朵以木柄外裹银皮；金属骨朵使用銎筒套接长木杆，杆表面髹漆（图 528）。

在这个阶段晚期应该出现了一种新型结构的锤，锤头、柄尾端以铜铸造，锤杆为锻造铁杆，制作工艺应该先完成铁杆，然后将铁杆放置在铸造模具中，分头浇铸上锤头和柄尾，早期的铁杆上并无格（图 529）。从器形的发展变化来说，用铁杆替代木杆是一种发展，所以在这个阶段出现的铁杆都是光素，不会出现龙头等装饰细节，这种完全由金属构成的锤成为后世锤的起源。这个阶段开始，锤整体的质量大致在 1—1.5 公斤左右，长度在 40 厘米左右，锤头直径大致 4.5 厘米左右。

第四阶段：铜头铁杆锤（14—17 世纪）

这个阶段的锤从造型上已经完全固定和程式化。锤头、尾，格都是铜质，铁锤杆，杆的下端有挽手孔。锤首銎筒的装饰细节开始丰富起来，锤杆上的装饰也逐渐增加，龙首、虎首开始出现。

这个时期锤头的变化相对较多：有瓜楞型（图 530，徐晖先生藏品）、双瓜楞夹细楞型（图 531，龚剑先生藏品）、六楞出尖型（图 532），这类级别较高的会在锤头錾刻纹样装饰。方形乳突型（图 533，皇甫江先生藏品）、拳型、手握钺型（图 534，彭鹏《刀兵相见》，山东美术出版社)、六叶锤(图 535，汗青先生藏品)。这个时期的锤头下都有长短不一的銎筒，较为特殊的会在銎筒下端出现龙首、虎首装饰(图 536，皇甫江先生藏品)。

锤杆的类型也有多种：铁杆随锤头的楞面也做相同的楞面，横截面有六棱或八楞；这个时期的锤杆整体会显出锤首方向略粗，朝锤尾方向收分；锤杆中部会有一道或两道铜环装饰。稍微晚期一点的锤杆会有竹节纹。

锤杆下端手握处有横贯锤杆的孔，用于拴挽手绳。锤杆靠手处有格，格有些为龙首或者虎首，一般锤首銎筒下端龙首格也为龙首。有些锤的挽手孔会开制在格处(图 537-1，徐晖先生藏品)，这类锤的锤杆、手柄都会残麻绳披灰髹漆，后期工艺简略，麻绳缠绕锤杆、手柄后表面髹漆(图 537-2，徐晖先生藏品)。这阶段中鼓状锤头和六楞型锤头数量最多，应该是较为标准的军器(图 538)。

第五阶段：世俗化下的锤

锤在清朝兵器中也有一定数量，整体制作工艺与第四阶段区别不大，锤头的造型减少了，蒜瓣式造型成为主流。格有小圆盘形或十六面体不等，锤尾多是十六面体。故宫博物院藏品(故 00170790-1/2)就是此类锤典型(图 539)，锤杆铁质，外裹细竹条，竹条缠麻丝，此种工艺是典型的“积竹木柲”工艺，说明高级的锤杆是有此种工艺的。清朝民间也流行一种锤格是龙首，整体偏民俗风格(图 540)。

四、小结

从新石器出现石骨朵到清初还装备军队的铁锤，打击类兵器在中国的历史超过5000余年。

青铜时期开始，北方游牧民族开始大量使用青铜铸造骨朵，战国至两汉都有出土实物，早期的骨朵明显受到了西来文化影响。魏晋南北朝、隋唐时期，中国北方游牧民族使用骨朵的情况不详。辽朝开始大量使用骨朵，并且将骨朵礼仪化。在辽朝的影响下，宋朝、金朝从军器到宫廷仪仗都大量使用骨朵。元、明史料中都记载了骨朵在军器和仪仗中的使用情况，现存实物中，元、明实物相对较多，以铁杆铜锤首为主，制作水平最高，远胜清朝。清朝的锤形制上沿袭明制，清宫藏的军器大部分制作相对简化。部分民间的锤杆、格装饰圆雕龙形,但是龙的造型相对较为简陋,部分龙头的眼睛使用“活眼”工艺，整体意向颇为民俗化。

军器骨朵、锤事实上都是骑兵的副武器，并非是步兵武器。骑兵对步兵作战，尤其是敌方步兵被击溃后，骑兵在追击杀伤过程中只要俯身抡动锤，就可轻易击杀步兵，此种技法都是来源于契丹、女真人的狩猎技巧，后转化成军事技巧。

锤的整体体量相对较小而便于隐藏，且具备极强的杀伤力，唯一的缺点是击杀后难以逃脱，从张良博浪沙刺始皇帝，到王著击杀阿合马，历代喜爱以锤毙敌的刺客莫不具有大勇气，往往也成为史料中褒扬的勇武之人。

锤从石器时代开始至清朝结束，贯穿整个冷兵器历史，长达万余年，是中国冷兵器历史中最为古老的品种，整体的高峰期在公元

11—15 世纪，这个阶段的锤造型、制作工艺最好。现今收藏界多认为锤的使用是破铠甲利器，某种程度上讲锤确实具备这样的能力，这个阶段中国甲胄发展至一个高峰，所以锤能有效破甲成为一种通识。事实上锤只是作为骑兵的副武器，其主要作用是骑兵用来追杀步兵。从骨朵、锤出现的区域主要是中国北方、南方极少出现，也能分析出其功能属性。北方一直是中国的产马区域，所以北方的骑兵一直是南方步兵的重要威胁，而南方军队没有军马的来源，几乎不能装备骑兵。岳飞在整个抗金生涯中，其骑兵马匹的获得主要是靠战场缴获。万历时期明军入朝作战，北方明军李如松的辽东军以骑兵为主，辽东军在追击日军时明显具有优势，甚至在碧啼馆一战中能顺利突围，都是有赖于骑兵的机动性。而入朝的南方明军则是以骆尚志率领的戚家军步兵为核心，重视火器和阵型，在攻克平壤的攻坚作战中发挥重要作用。戚继光编写的《纪效新书》《练兵实纪》等兵书中对步兵训练、武器有过详细的记录，不曾提及锤与技法，说明锤不是步兵武器。所以锤、骨朵实物大量出现在中国北方，就说明其为骑兵武器。公元 15 世纪之后，除了北方明军装备少量骑兵，绝大部分明军都是步兵，锤的数量开始减少。清初时期，满洲骑兵的兴起，锤作为副武器依旧存在。清朝定鼎天下后，锤在民间使用颇多，多为民间武使、镖师使用，整体制作水平开始下降，锤作为兵器整体式微。

第十三章 唐朝「山文甲」

甲胄是衡量冷兵器时代一个国家军事能力最为重要的指标之一，铠甲的多寡、制作水平的高低都是国家综合国力的体现。通常意义认为甲胄是个人防护具，其实这样的理解相对狭隘，甲胄的核心意义不是防护，而是进攻。重甲武士是冷兵器时代整个军队进攻的核心力量，是战场中具有决胜力量的单位。

唐朝是中国历史上最重要的王朝，史料中记载唐军装备的甲胄极为丰富，由于中国史料中往往只注重记载事件，极少涉及工艺和造型，加之考古实物稀少，至今学界也无法对唐甲形制做出准确有效的梳理。

《唐六典》所载唐朝甲制共有十三类，其中“山文甲”的形制近代引起争议最多，现今多认为唐宋天王、武士造像，水陆画中神将甲胄中常见的Y型甲片构成编缀的身甲是山文甲。本文立足于历代史料和现有考古、收藏实物，分析判断出Y型甲片构成的身甲实乃环锁铠；而出现在唐史料中的山文甲则是一种新型铠甲，是唐王朝对西域的铠甲引进吸收后纳入军制的一种铠甲。

一、典籍中的唐甲

唐朝军队中铠甲的普及程度较高，《通典》载：“六分支甲，八分支头牟，四分支戟，一分支弩，一分支棒，三分支弓箭，一分支枪，一分支排，八分支佩刀。”李荃《太白阴经》卷四《军械篇》所记唐军一万二千五百人中装备有“甲六分，七千五百领；战袍四分，五千领”。同书卷六《阴阳队图篇》记每队五十人装备“甲三十领，六分；战袍二十领，四分”。根据这些史料记载，可知唐朝军制中每队军士有百分之六十的人装备有铠甲，这个装备数量远胜于前朝军队铠甲装备数量。

在王朝建立的初期就非常重视对甲胄的制作和管理，贞观六年（632），把沿袭至隋代的少府设甲铠署的制度改为“甲坊署”，专门负责铠甲的生产。《新唐书》《唐六典》载：“甲坊署设令一人，正八品下。丛一人。正九品下。监作二人，从九品下。”又载：“甲坊令、弩坊令各掌其所修之物，督其缮造，辨其粗良；丞为之贰。凡财物之出纳，库藏之储备，必谨而守之。”同时，北都军器监掌缮造甲弩之属，辨其名物，审其制度，以时纳于武库。

《唐六典》较为详细地记载了唐朝甲胄名称：

> 甲之制十有三，一曰明光甲，二曰光要甲，三曰细鳞甲，四曰山文甲，五曰乌链甲，六曰白布甲，七曰皂绢甲，八曰布背甲，九曰步兵甲，十曰皮甲，十有一曰木甲，十有二曰锁子甲，十有三曰马甲。

并且明确指出“明光、光要、细鳞、山文、乌链、锁子甲皆铁甲也。但是史料中并无记载各种甲胄式样，加之目前考古发掘中没有完整的唐甲出现，造成今人研究唐甲胄形制时遇到了极大障碍。“明光、光要、细鳞”都应该是不同形式甲片编缀的札甲，这些铠甲都是对北朝、隋甲制的延续，也是历代中国札甲的传承；“锁子甲”与今天所熟知的锁子甲并无差异，也是唐朝对西域铠甲的引进，自汉代中原地区开始接触到原产于西域的环锁铠，环锁铠最早出现于曹植的《先帝赐臣铠甲表》中“先帝赐臣铠，黑光、明光各一具，两当铠一领，环锁铠一领，马铠一领，今世以升平，兵革无事，乞悉以付铠曹”。《旧唐书·西域传》记载当时康国进贡唐朝的供品中就有环锁铠：

> 高宗永徽时，以其地为康居都督府，即授其王拂呼缦为都督。……国人立突昏为王。开元初，贡锁子铠、水精杯、码瑙瓶、驼鸟卵及越诺、侏儒、胡旋女子。

事实上吐蕃王朝由于地利关系，率先装备环锁铠。《旧唐书》载唐将郭知运于开元六年（718）在九曲（今青海共和南）袭破吐蕃，“六年，知运又率兵入讨吐蕃，贼徒无备，遂掩至九曲，获环锁铠、马、牦牛等数万计”。环锁铠以朝贡、缴获的形式进入唐朝，随后唐朝很快掌握环锁铠制作方式并装备至军队，并且将其纳入十三种甲制之一。现藏于大英博物馆由斯坦因带走的唐敦煌绢画中，能清晰看见唐锁子甲（图 541）的形式。目前“乌锤甲”则完全不知道其含义，故无法得知其形制。

二、所谓“山文甲”的图像与雕塑

唐“山文甲”是目前引起歧义最多的铠甲。研究古代甲胄史料，尤其是在没有实物佐证的情况下，往往会望文生义，生搬硬套。晚唐至宋代之后，大量的石翁仲、天王、神将身上，水陆画中开始出现了一种较为特殊的甲型，从甲片的外形来看呈现 Y 字型，铠甲的批膊、身甲、甲裙皆是此种甲片，批膊和甲裙收边明显有装饰边条，有些铠甲胸口还保存甲绊环，腰部出现单独防护的捍腰。

大英博物馆藏唐敦煌绢画《天王道行图》（ch.0018）（图 542）中，能清晰地看见毗沙门天王的胸甲和甲裙都是 Y 型甲片构成。造像以山西平遥双林寺宋韦陀像（图 543-1）为例，韦陀身甲的所有甲片都是 Y 字形，甲片中间凸起，各个甲片相互叠压，整体编缀成形后，边缘封闭，批膊和甲裙表现形式相同。其甲裙还有一个特殊细节，明显能看出甲裙向上折叠后被一个挂环固定（图 543-2），这样变形只能理解为因为甲裙较长，站立时候，把甲裙折叠变短以方便行走，骑马或战阵的时候，甲裙再放下以获得更大的防护面积。Y甲片形态和编联方式与中国自秦汉时期开始形成的札甲完全不同，札甲编缀的甲裙是完全不能折叠的，上下排的移动也是非常有限的，这是因甲片的造型、编缀的形式决定，腰腹部、甲裙的下排可以稍微向上排活动，但是绝对不能形成折叠，所以这样的甲型肯定不是传统中国札甲的结构形式。韦陀的批膊上有虎吞，这样的虎吞形式继承了唐天王身甲的形制，因为没有唐甲实物出土，不能判断这样的虎吞是否真实存在，笔者更倾向此种装饰只出现在塑像之上作为一种装饰，这样的装饰风格很有可能是吸收了突厥风格。

石雕博物馆的南宋武士像（图544）与双林寺韦陀像铠甲形式完全一致，明十三陵石翁仲也都身着类似甲制，但是甲叶略有不同，呈近似六边形（图545）。宋、元、明水陆画中神将也多采用Y型甲片编缀的铠甲，明代商喜绘制的《擒将图》中，关羽的身甲被更为细腻地描绘，它类似唐天王甲，前后甲用肩带连接，披膊、甲裙都是Y型甲片编缀。

这种Y型甲片编缀的铠甲从塑像到绘画、从唐朝至明朝一直存在，甚至成为中国铠甲的一种代表形象,这样的甲制现在统称为“山文甲”。但是迄今为止并无任何出土实物能与之对应，这样的称谓又是如何出现的？杨泓先生在《中国古代甲胄》一书中描述李爽墓陶俑“腹甲绘做山纹状”（图546），这是国内学界早期对Y型甲片的认知，也应该是此类铠甲称为山纹甲的源头。杨泓先生描述这个陶俑的时候,用“山纹”二字描述Y型甲片，原本并无大碍，但是随着各种解读的出现，似乎Y型甲片构成的铠甲就成为“山文甲”，这个观点是错误的。

笔者在多年研究后，判断这样的Y型甲实际上是环锁铠在塑像和绘画中的一种演变。环锁铠基本结构是“五环相扣”（图547），环锁铠在唐、宋石雕中能看出早期匠人非常写实的表现形式（图548）。宋代官方颁布《营造法式》一书中明确称Y构图为“锁子”（图549），这也说明，至少是宋朝Y型甲片构图来自环锁铠是被官方史料所记载的。

由于环锁铠源头是从西域或吐蕃引进，因其制作精细和造型迥异于中原传统铠甲，同时价格高昂，对大多数人来说是可望而不可即之物。为了追求锁子甲所蕴含的外来文明的审美意趣，唐人将环锁铠装饰在各种神将盔甲之上，这种对造像艺术化的处理，恰恰体现了唐人和宋人对充满异域文明的锁子甲的那种神秘感和威严感的兴趣。唐人和宋人以锁子甲各种不同形式的编缀为基础，将锁子甲的基础纹样进行演化和重新解构，在图像上出现一种密环结构，北宋李公麟绘制的《维摩诘辩经图》中的天王胸甲就是环锁铠的另一种形式（图550），此种形象逐渐演绎，成为中国塑像、绘画中天王、神将的铠甲形式，甚至演变成为中国式样铠甲的代表。

所以这样Y型甲片构成的甲，实际就是环锁铠的演绎，并不是历史中的唐“山文甲”。这也合理地解释了双林寺韦陀甲裙可以折叠的问题。

三、图像和考古中的唐甲

那么真正的唐“山文甲”究竟是何种形制的铠甲？笔者大量查

阅敦煌资料和有限的考古实物，试图从中找寻答案。敦煌壁画、塑像，包括斯坦因带走的敦煌绢画中都大量含有唐天王、神将、武士形象，这些塑像、壁画中都有较为翔实的甲胄细节，这些甲胄细节毫无疑问都是来源于唐朝真实的甲胄蓝本，所以笔者罗列这些塑像、图像资料中甲胄的细节，结合考古实物来推测真实唐甲的造型。

塑像以甘肃敦煌莫高窟第194窟天王像（图551）、上海博物馆藏天王像（图552）为样本，两尊天王像穿着的甲胄高度相似：胄的顿相向上反曲，身甲分成三部分结构；披膊和盆领为一结构，连接为一体；前胸和后背各有单独的一层硬质护甲，用肩带连接，压住披膊；甲裙单独穿，较短，长叶甲片编缀成札甲，甲裙分成开襟和不开襟两类。上海博物馆天王胄是由小甲叶编缀成型，甲片上端呈如意云型。

敦煌壁画中的天王像、武士像较多，榆林窟第25窟左侧北方毗沙门天王、南方天王是目前保存较好的一铺中唐时期壁画，是吐蕃占领沙州时期绘制，细节上有于阗、唐朝双重风格。北方天王侧身而立（图553），左手托五柱塔，右手持长戟。披膊和盆领一体结构，披膊为条型甲片；胸前和后背单独结构，用肩带连接前后护甲，前胸左右有金属装饰物；身甲为鱼鳞甲，甲裙为条形甲片编缀成札甲。甲裙和披膊的甲片在顶部都有突出部分，近似如意云头。腰侧悬长剑，剑首为环首，剑柄包鲛鱼皮，柄中有茎孔，孔口有装饰片，因剑在身侧，不知其剑是否有剑格，剑鞘尾端有明显珠饰。南方天王身姿略向右转（图554-1），胄为多瓣甲叶拼接，顿相由小甲叶编缀而成，披膊与盆领一体，前后胸甲以肩带连接，胸甲左右有圆形护甲，身甲腹部为鱼鳞甲，甲裙为札甲。右手持剑，剑首环形，应为龙纹。两尊天王的札甲甲片上有着共同的特点，甲叶上端成如意云型（图 554-2）。

随着对资料的收集整理，笔者发现这样甲片形式不仅出现在敦煌壁画和造像中，在同时期敦煌的绢画中天王像都具有此类风格一致的甲片。法国吉美博物馆保存了敦煌绢画（EO.1162），绢画中的毗沙门天王头戴三叶宝冠（图 555），左右两肩出弧形炎肩，身甲为鱼鳞甲，胸口开襟，两襟有三条横束皮带，自两肩有璎珞连接三圆护，两圆护在胸口，一在腹部，甲裙为长条甲叶编织的札甲，腰部悬挂长剑，长剑为剑璏式样悬挂。法国国家图书馆藏敦煌绢画中的毗沙门天王像（Pelliot chinois 4518）的甲胄形式（图 556）与吉美博物馆毗沙门天王像构图相似，此绢画为五代时期，正面构图形式，上身部分的身甲分成三部分结构：披膊和盆领为一结构，连接为一体，鱼鳞甲叶；前胸和后背各有单独的一层硬质护甲，用肩带连接，压住披膊；内部身甲至腰部，身甲也为鱼鳞甲叶。甲裙为长叶片札甲。腹部挂一弧型短刀，腰侧未见长剑。两张绢画中的天王像甲裙极为一致，甲片上端都是如意云头形式。这两张天王像都是由斯坦因假借探险之名，从敦煌盗运至法国的。

这样的甲片形式不仅出现在壁画中，也出现在同时期造像中，图 557 上海博物馆藏天王像胄上就绘制有此种甲叶形式；2018 年中国国家博物馆《大唐风华》展中，出土于宝鸡的唐铜鎏金天王像身甲甲片也是如此造型（图 557）。从现有的各种资料证明，中唐至五代期间的壁画、绢画、塑像都具有相同的甲片造型，说明此种甲片是唐甲中较为普及的一种形式。

从图像和雕塑中得出的结论是否能被考古资料所证实？中国考古界目前公布的唐代甲胄考古资料非常有限，1976 年 7 月中旬在西安曲江池出土唐代铁铠甲一领，“铁铠甲是在平整土地时发现的，据发现人说，出土时甲片编联尚整齐，是一件完整的铠甲，收集到的甲片共三百二十二片，按照甲片的形状，可分成三种，即宽条型、中宽型和窄条型。”（《文物》1978年第7期）（图558）1995年在唐含元殿考古中，“发掘出唐代甲片，为九层横向排列的甲片叠置而成，锈蚀严重。残块大致呈长方形，长40、宽约14.5、厚6厘米。甲片呈圆角长方形，上端和下端各有一小孔。长7、宽2.3厘米。应是唐代宫廷卫士甲片的残存。”（安家瑶、李春林《唐大明宫含元殿遗址1995—1996年发掘报告》，《考古学报》1997年第7期）（图559）遗憾的是，从目前的考古实物中无法证实唐甲中有此类如意云头形甲片。

笔者在查阅国内外敦煌毗沙门天王研究论文中，发现了一个极为值得探寻的细节，敦煌所有的毗沙门天王像其原型都来自西域，其传入是因为于阗国对毗沙门天王的崇拜。在对于阗国毗沙门天王的梳理中，发现斯坦因撰写的《沙埋和阗废墟记》一书中记录了丹丹乌里克遗址出土的一尊天王像，丹丹乌里克遗址位于今新疆策勒县达玛沟乡东北约90公里的塔克拉玛干沙漠，斯坦因发掘出一尊已经残损的塑像（图560），这尊塑像系遗址中二号佛寺出土，残存下半身，双脚分开踏在一横卧的人物上，可以观察到塑像身穿铠甲，双脚穿靴，身甲较长。丹丹乌里克唐朝时的本名是“杰谢”，音译自于阗文的Gayseta，唐朝在此设杰谢镇，作为“安西四镇”中于阗军镇防御体系中的一环。斯坦因对丹丹乌里克佛寺中的这尊造像被发掘出土时观察到的衣饰特点描述道：“……甚至连铠甲上小金属片的铆钉和下垂的衣褶都雕画得清楚准确。毫无疑问，匠人所精心雕画的这些铠甲和服饰，都是他当时非常熟悉的物件的再现……”（斯坦因著，殷晴等译《沙埋和阗废墟记》，新疆美术摄影出版社，第185页）。中国藏学研究所所长霍巍教授指出，此尊造像是典型的于阗风格天王像，美国学者威廉斯认为其可能在公元7—8世纪左右。丹丹乌里克遗址中的天王像身甲明显为鱼鳞甲，甲裙由甲叶编缀（或铆接）成型，甲叶最重要的特点是侧边成波浪形。

在俄罗斯艾尔米塔什博物馆保存的公元7世纪左右的一个粟特武士的银盘上（图561）、片治肯特的壁画中（图562），能够看到丹丹乌里克甲胄式样的源头。粟特风格的甲胄明显具有大翻领和中间开襟的形式，甲裙较长，为条状甲片编缀成札甲。在片治肯特遗址中粟特武士的资料显示，发现其内层穿锁子甲，外套长身札甲，其札甲形式与于阗风格的毗沙门天王、丹丹乌里克遗址天王有明显的相似性，其甲片侧边有曲线，与中国传统札甲甲片有明显不同。大英博物馆藏一新疆焉耆明屋（Ming-oi）出土的唐武士塑像（图563），其甲胄具有明显的中亚风格，其甲片也是典型的曲边风格。1958年黄文弼在新疆明屋考古时，在同一遗址发掘出“建中通宝”，该时间段正是吐蕃控制“安西四镇”。

隋唐时期，萨珊文化随着粟特人的贸易从西亚传播至于阗，再传至长安。由此，可以清晰地认知于阗风格的札甲就是西域风格的札甲，此种札甲的源头来自粟特人，而粟特人又明显受到了波斯萨珊、突厥风格的影响。

笔者在对中原地区唐甲的考古资料进行梳理的同时，查询1985年由西藏自治区文物管理委员会主导的对古格遗址考察报告中，发现古格遗址考古出土的甲片中有一些特殊的甲片，具有极高的研究价值。《古格故城》一书中称之为ⅡC型、XE型，两种甲片的侧边呈波浪形（图564），遗址中也出土了此类甲片编缀成甲衣的实物（图565），“V型甲衣，仅发现1件，标本Ⅵ:采24从产品形状、皮下摆、中夹一排侧视呈S形甲片等情况分析，应该是一种甲衣的左侧背部和腰部。”（西藏自治区文物管理委员会编《古格故城》，文物出版社）从出土实物中能明显看出最下一层甲叶的左侧都是曲边造型，与XE甲片较为相似，此类曲边甲片笔者也收藏到实物（图566）。在笔者收藏的一套西藏古札甲中，混编两片造型非常特殊的甲叶（图567），此套古札甲肯定是在修补过程中编入了更为早期风格的甲片，这两片甲叶造型极为古老，侧边的波浪形与古格考古所出的甲片有明显差异，从器形上来看，此种甲片与丹丹乌里克遗址天王甲裙的甲片完全一致，具有更明显的西域风格。吐蕃势力在7世纪崛起后，与唐朝反复争夺西域，“安史之乱”后曾经完全控制唐朝的“安西四镇”。在这个阶段，吐蕃是直接接触西域文明，在史料中记载吐蕃曾经联合突厥对唐进攻。《新唐书·高宗纪》仪凤二年（677）载：“是岁，西突厥及吐蕃寇安西，诏吏部侍郎裴行俭讨之。”同书《裴行俭传》记此事曰：“仪凤二年，十姓可汗阿史那都支及李遮匐诱蕃以动安西，与吐蕃连合。”由此，笔者推测吐蕃曾经装备过具有明显西域风格的铠甲，只是此种铠甲无完整实物流传或出土，笔者保存的吐蕃波浪边甲片就是吐蕃装备西域风格铠甲的例证，古格考古所出的曲边甲片应该是西域风格吐蕃化后的产物。古格考古中出现此类甲片，应该是古格王朝对吐蕃甲制的继承。古格王朝是吐蕃王朝分裂后形成的，古格王朝的第一任王德祖衮是吐蕃末代赞普朗达玛的重孙。西藏地区还出现过一种铁甲叶编缀的护臂（膝）（图

568），此护甲现存纽约大都会博物馆，馆方认为此护甲是护肩或膝，给出大约的年代为公元15—17世纪，此护甲的甲叶下沿为波浪形，正中脊线部分有较大的甲叶，从风格上来看，与古格曲边甲叶是一种语言形式，笔者认为此种甲叶很可能是西域风格甲叶在西藏地区的遗存。

1985年古格考古发现这种曲边甲片，无疑是吐蕃时代考古的一项重大成果，至今国内文博界未见有对此类甲片做深度解读的论文，应是文博系统的研究焦点在武备系统中关注不多，所以此类甲片并未引起国内学界的重视。

事实上古格这两类曲边甲片的出现，证明了吐蕃王朝在控制西域的时期，吐蕃的甲胄受到过于阗、粟特人、萨珊文化的影响，由于吐蕃文化的包容性、延续性好，此种西域风格的甲片经历吐蕃王朝延续至古格王朝。

唐时期天王造像、大英博物馆天王绢画、榆林窟毗沙门天王像壁画中的云头形甲片，可视作曲边甲叶的一些装饰性的异化，从核心角度讲，就是曲边甲叶中国化。由于受丧葬制度影响，中原地区考古尚无此类唐甲实物出土，但是古格地区出土的曲边甲叶无疑证明了唐时期此类甲片存在的真实性，进而反映出敦煌天王像、宝鸡天王像的曲边甲叶是真实存在的，而不是艺术家在进行壁画、塑像创造过程中异想天开。古格曲边甲叶的出现也反映出吐蕃铁札甲和唐札甲之间有着紧密的关联。

四、山文甲

由此,笔者认为,《唐六典》中记载的“山文甲”水落石出,“山文”二字是指甲片侧边如“山”形。日本正仓院保存的“金银钿装唐大刀”,《献物账》中一段文字为“山文”做了另一种证明，原文如下：“金银钿庄唐大刀一口,刃长二尺六寸四分,锋者两刃,鲛皮把作山形,葛形裁文，鞘上末金镂作，白皮悬，紫皮带执。”此刀手柄朝刀刃方向有明显的波浪形分指结构（图569)，日本在公元8世纪时期深受唐文化影响，遣词造句都是遵循唐制，故在《献物账》中称此种波浪形分指结构为“作山形”。此处的“山形”二字充分说明在唐人眼中，此种波浪式曲边就似远山的峰顶，“山形”与“山文”互通。至此,笔者认为“山文甲”就是指由一侧为曲边的甲片编缀而成的铠甲,以图566甲片为例，其侧面曲边如同群山叠嶂（图570)。此种风格的甲片造型异于汉、两晋、南北朝时期的传统甲片，带有明显的西域风格。唐朝在控制西域的时期接触到此种风格的甲制，加之李唐王朝本身较为崇尚胡风，故迅速将此类甲纳入军制。笔者推测，唐人为了区别此甲不同于中原体系的甲，用曲边甲叶重叠之后类似山形的特点，故以“山文”称呼此类甲制。敦煌榆林窟第25洞窟的毗沙门天王、南方天王像所穿的甲胄就应该是史料中记载的“山文甲”。

此种铠甲在五代、宋初时期都有保留，成都永陵博物馆藏后蜀武士俑就有明确呈现（图571)，武士的披膊就是典型的“山文甲”。宋代史料则对此种风格铠甲另外命名,《宋史·兵志》载“皇祐元年……宋守信所献……黑漆顺水山字铁甲……”《宋会要辑稿》载宋军平定岭南陈进叛乱时,“前军即持棹刀巨斧破其牌,贼皆衣顺水甲,”

说明至北宋时期，此种“山文甲”已经被命名为“顺水甲”。在四川大足石门山石窟中，有一擐裲裆甲甲鬼卒，其胸甲是典型的曲边甲，这类风格的甲片都是唐山文甲的延续，也是史料记载的“顺水甲”（图572）。

笔者是在先收集到吐蕃此类甲片后，为了追溯其源头，开始大量查阅相关图像资料，由于古格、吐蕃资料较为稀少，很难得出准确的结果。笔者开始从唐壁画和塑像入手，发现唐毗沙门天王甲中大量存在云头形甲片，进而再追溯毗沙门天王崇拜的由来，然后对于阗和粟特、萨珊文化进行比对，逐渐厘清此种甲片的传播路径。

此类曲边甲片应是西域文化对吐蕃、唐朝都产生了影响，只是由于丧葬制度和军事制度的制约，唐朝墓葬未能出土此类实物，只是将此类甲片通过图像、塑像得以记录，而吐蕃由于其文化的多元性和地域特性对文化因子保留完整，这样的甲片得以在古格保存。也正是由于这样保存，笔者推测由此类曲边甲片编缀的札甲应是唐史料中记载的“山文甲”，此类甲多用于仪仗、宿卫等，所以在唐天王像中大量展示此类风格的甲，唐代实战用札甲应该还是长乐公主墓壁画那种长条甲片形式。

当然，所有的推导都是基于唐王朝与吐蕃、西域广泛文化交流的背景下做出的，希望未来有更明确的考古证据能支持笔者这个推论。

第十四章 西藏刀剑

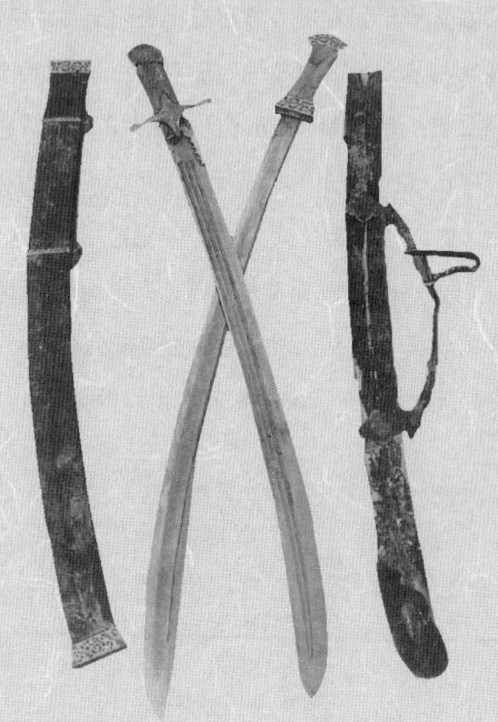

西藏地区的武备是中国武备中极为重要的一环。从公元初开始，吐蕃止贡赞普开始制作甲胄、刀剑。公元7世纪左右，吐蕃经过雅隆部酋长松赞干布统一西藏高原诸部落，建立起强大的吐蕃政权。吐蕃崛起后，不断向外扩张，与唐朝战和不定二百余年。吐蕃最强盛时期，唐朝在新疆设立的安西都护府、西北大部唐土尽数落入吐蕃之手。吐蕃政权崩溃后，西藏进入历史上的分治时代，各个小国林立。公元13世纪，蒙古凉州王阔端代表蒙古宫廷与萨迦班智达·贡嘎坚赞举行"凉州会谈"，西藏地区从此纳入中国版图，归宣政院管理。

吐蕃时期，对外扩张倚仗武力，武备发展极为迅速，器甲制作极为精良。公元13世纪之后，西藏地区再无战事，武备器甲停止发展。从现存的西藏武备实物来看，明显能看出西藏武备深刻地受到了中原文化的影响，同时也部分受到了中亚文化的影响。

一、史料中的西藏刀剑

西藏刀剑的制作具体年代不可考，至少在建立吐蕃政权前，刀剑甲胄已经较为成熟，与唐朝作战过程中，史料记载吐蕃军队“人皆用剑，不战亦负剑而行”（唐杜佑《通典》卷一百九十《边防六》）。由于丧葬制度的原因，西藏地区吐蕃墓葬中尚未发现完整刀剑实物，青海都兰吐蕃墓近年被盗挖严重，后经过侦破追回大量金器，但是未曾公布是否有刀剑；甘肃早期考古发掘过吐蕃时期墓葬，曾经出土过刀剑，可惜出土环境不好，器形损毁较大，诸多细节无法辨识。

在西藏地区吐蕃时期的壁画中、吐蕃占领敦煌时期的绘画中尚能找到一些图像,能表现吐蕃刀剑。明初达仓宗巴编著的《汉藏史籍》一书中《吐蕃王之王统》和《刀剑在吐蕃传布的情况》两章详细记载了各种刀剑在藏区的流传发展。达仓宗巴说：“关于以前刀剑在吐蕃地方的使用和种类，未见有系统文字记载，我根据学者们的口头讲说的故事，加以整理，写成这篇关于刀剑传布情况的文字”（达仓宗巴·班觉桑布《汉藏史集》十九）。文中对西藏历史上出现的中原、西域、蒙古、印度传入的外来刀剑形制和西藏本土形制刀剑的名称、来源以及锻造纹路等特性进行详细记录、对锻造纹理做了细致的记录和划分。中原地区刀剑涉及唐朝，被称作“尚玛”；西域刀剑涉及突厥汗国,被称作“索波”;蒙古传入的刀剑涉及蒙元,被称作“呼拍”;西藏南方地区涉及印度，被称作“甲热”；西藏本土制作的刀剑，被称作“古司”。共五大类。此两章内容说明在相当长的时期内，西藏地区对外部传入和本土制作刀剑有详细的认知，并著录有详细的文字资料,这是中国古代兵器史上极为罕见的。从这个重要的史料来看，西藏武备的发展过程明显受到周边文明的影响。

1.《汉藏史集》中的藏刀

（1）尚玛

《汉藏史籍》记载尚玛类刀剑的起源：

> 尚玛是汉人的刀剑，是在太宗皇帝在位之时兴盛起来的，是皇帝的舅家所在的地方，由一个叫尚萨错莫的人打造，能砍断九层最坚硬的东西。

这段文字应该记录的是自唐太宗时期流传入西藏地区的唐代刀剑特征。公元 822 年（长庆元年）吐蕃和唐朝谈判会盟，史称“长庆会盟”，亦称“甥舅和盟”。藏族崇尚娘舅关系，故称中原李唐皇室为“皇帝舅舅”。原文对中原刀剑的制作认为是“皇帝的舅家”打造，应是“皇帝舅舅家”，原文应该是达仓宗巴笔误或翻译有误。

《汉藏史籍》记载尚玛类刀剑的特征：“刀剑刀背厚重。”“从刀尖往下量三指，有判断刀剑是否锋利的纹路，就如同人指甲盖上的纹路，懂的人用眼察看就知道，不懂的人用手试试刀锋也可明白。”（达仓宗巴·班觉桑布《汉藏史集》十九《刀剑在吐蕃传布的情况》）原文对“尚玛”刀剑的特征详细记录，使用了西藏式的比喻和描述形式。从现有的一些出土资料来看，唐刀刀背厚度有 7—11 毫米不等，1993 年陕西省长安县南里王村唐窦皦墓出土的“水晶坠金字铁刀”（图 573）（陕西考古研究所《陕西新出土文物选粹》，重庆出版社 1998 年）和国内藏家收藏的唐刀，都呈现出明显的“刀背厚重”形态。在这一细节上与西藏典籍记载的内容非常吻合。

《汉藏史籍》描述尚玛刀剑的锻造纹理，从刀尖后三指能看见纹理是相互平行的锻造结构。现有的文博系统出土资料只公布了窦皦墓、西安韩森寨段元哲墓唐刀，出土两只刀都无法辨识其锻造关系。私人藏家手中保存的剑南道唐朝刀剑藏品，能够看见部分唐刀剑采取了“旋焊＋流水”复合锻造,此种流水锻造纹理非常接近“指甲盖上的纹路”的描述（图574）。此类形态的锻造在汉代的《居延汉简》中有提及，达仓宗巴的著作能如此记载唐刀锻造的细节，实在令人震惊。

（2）索波

“索波刀剑是在图杰王在位的时候兴盛起来的。”霍巍教授指出“索波”是指“粟特人”，吐蕃与粟特人关系极为亲密，粟特人向吐蕃输出相当多的中亚器物，并且协助过吐蕃征服南诏。“索波刀剑”有一种可能性是由粟特人通过贸易传入吐蕃地区产自北、中亚地区的刀剑。“图杰”很可能是指“突厥”，在吐蕃崛起的过程中曾经联合突厥对唐朝采取军事行动。索波刀剑的特征：“刀剑锋利，”“刀剑大多数剑柄和剑一样宽，像一根剪下的松树叶子。”从现有的北亚考古资料来看，俄罗斯出土公元8—9世纪突厥系的刀形细窄微曲（图575），非常符合《汉藏史籍》中的记载。

（3）呼拍

“呼拍是蒙古人的刀剑，是在成吉思汗在位时候兴盛起来的，”这句话明确说从蒙古传入西藏的刀剑称作“呼拍”。呼拍刀剑的特点：“刀鞘外部渗有响铜；”“从刀尖往下一半再往下五指处，有老虎斑纹一样的花纹；”“呼拍类刀剑的外形特点一样，其内部特征是有红褐色的刀鞘。”纽约大都会博物馆出版的 *Warriors of the Himalayas:Rediscovering the Arms and Armor of Tibet*（《喜马拉雅的战士》）一书中，首次披露了英国 V&A 博物馆、利物浦博物馆收藏了一种造型特殊、鞘室外装饰大量镂空铜片的藏刀，中国国家博物馆《复兴之路》专题展中也展陈出一只外鞘用三层叠压镂空铜压片装饰的藏刀（图 576），此类藏刀鞘室装饰的多层镂空不同颜色合金铜压片，是其外形最重要的风格之一。“呼拍类刀剑的名称，是由它有两层刀鞘得来的，”这里的“两层刀鞘”不是指刀鞘是两层，而是指鞘上装饰物是“两层”，藏文典籍非常准确详细地描述了“呼拍”类蒙古刀外鞘有镂空装饰铜压片的特点。

这类呼拍刀剑的护手为猛兽造型，柄首为圭形，鞘口放大，表面装饰镂空压片。这类藏刀就是公元 13 世纪蒙元统治者带入西藏地区的刀剑，此种风格对后世西藏刀剑产生了巨大的影响。

“老虎斑纹一样的花纹”一句是西藏式比喻，是对锻造纹理的描述。这句描述实指刃体是多层旋焊锻造，在经过酸洗或氧化后呈现出特有的斑斓状，此种斑斓状纹理与老虎身体侧面的斑纹非常相似，故达仓宗巴用“老虎斑纹”描述来表述多层旋焊锻造纹理（图 577）。

（4）甲热

“甲热是南方门地区的刀剑，是在南喀止则的时期兴盛起来的”，这段史料提到的“南喀止则”究竟是一个地区名称还是一个小的地方势力，笔者查询很久都不得其法。目前西藏南部地区的刀剑实物与此段史料完全无法对应，反倒是甲热刀剑非常符合印度刀剑特征。“刀剑大多数雄壮锋利，像老虎在平原奔跑”；“剑体又薄又宽，剑尖为弧形”。“像老虎在平原奔跑”也是指刀剑的旋焊锻造纹理。现存的古藏族刀剑都是直刃，“剑体又薄又宽，剑尖为弧形”这样的描写与印度的塔瓦（Talwar）长刀形制相同（图 578，大都会博物馆藏品 36.25.1591a，b）。“刀体沉重而且有锯齿”这些特征只有印度刀剑才具有（图 579，大都会博物馆藏品 36.25.1508）。

（5）古司

“古司是吐蕃人的刀剑，是在止贡赞普时代兴盛起来的，它是在叫作司都的凶恶的地方由‘眯缝眼九兄弟’打造的。”此段文字是描述西藏地区自己锻造刀剑起源于公元初；“九兄弟”是否真有那么多人，不得而知。笔者认为“九”是“多”的意思，也许吐蕃的刀剑师认为吐蕃刀剑锻造和形制特点很多，把锻造流派分类后，称为“九”兄弟所为。

古司刀剑“有银色的刀纹”；“刀剑闪射白光，像浸湿的白杨树枝；”“剑体中间有一道白色的铁光，犹如一道白色的银河。”其总体的特征是锻造纹路呈银白色，用三句话反复强调，说明其纹路和刀体呈银色这个细节是辨别古司刀剑的重要特征，现今保存的古西藏刀剑有很多锻造纹路呈现史书记载的银白色（图 580，大都会博物馆 36.25.1458a，b），有些刀剑甚至整体都呈现一种特殊的银白色，这样的银白色锻造肌理比汉族明清刀剑白亮许多。周纬先生在其编撰的《亚洲古兵图说》中说，土耳其亚特坎（Yatghans）钢质“白钢望之有白银光，或者铸刃时曾渗入少许白银”，这样的描述也非常适合对“古司”类某些刀剑锻纹的描写。

二、绘画与考古中的西藏刀剑

1. 吐蕃时期

目前在敦煌吐蕃时期营造洞窟的壁画、大昭寺吐蕃壁画中都发现有吐蕃剑形象，大体可知吐蕃剑形制。敦煌莫高窟360窟（图581）、231窟《维摩诘经变》吐蕃赞普问疾听法图中都显示出了吐蕃剑的造型（图582），两铺壁画构图基本相似，都是中唐时期，西域被吐蕃占领时期开凿。吐蕃时期《维摩诘经变》的洞窟，几乎都将吐蕃赞普绘在维摩诘下方各土王的最前列，并进行刻意的渲染和描绘。这些洞窟多是敦煌当地世家大族之家窟，如阴家窟：第231、237窟；张家窟：第159、360窟；石家窟：第359窟等，其余洞窟未有窟主身份的明确记载。

莫高窟第360窟两吐蕃武士走在赞普之前。佩剑之剑首为如意形，剑格为八字形，鞘口口部较宽，逐渐向鞘尾收窄，鞘室两边有金属封边，鞘室中部起脊线，装饰金属线条。赞普后随行两武士也佩戴相同形制佩剑，鞘室口部、中部有提挂，吐蕃负剑用皮带挂与肩头，并非悬挂于腰带，这一细节和唐朝悬挂方式不同，应该就是史料中记载的“负剑而行”。鞘室中段有金属鞘束，鞘室尾部呈圆弧形。

大昭寺保存了一铺吐蕃时代壁画（图583）（大昭寺壁画，陈宗烈摄影）。壁画中武士擐甲持矛而立，札甲边缘装饰唐式样宝相花纹饰，斜挎佩剑，携带方式与敦煌壁画一致。佩剑手柄顶部装饰宝珠，手柄中部一串小珠实际是对鲛鱼皮脊背的大颗粒进行描绘。绘画中的剑格虽不甚清晰，但是能看出在鞘口位置明显有向鞘室的弧形关系。鞘室为金属包边鞘形式，鞘尾部分略微放大收为尖形。鞘室绘制横向弧线表现木鞘室的凸脊关系。

2019 年北京首都博物馆举办“山宗 · 水源 · 路之冲——一带一路中的青海”文物展中，现收藏于青海省博物馆都兰吐蕃墓出土锤摞錾刻武士狩猎黄金片（图 584）中的武士佩剑剑首为桃形，剑格呈八字形，此吐蕃武士剑格与同时期的敦煌壁画中大量出现的八字格同属一类，格中间凸起部分呈长方形。

2. 公元 13—14 世纪

美国芝加哥艺术博物馆（Art Institute of Chicago）1995.203.20 号藏品是西藏 Tsakali（小唐卡，用于宗教仪式，其绘画内容庞杂，除了造像外，供器、多宝、武备都涉及，图 585），官方给出的断代时间是公元1301—1500年,绘画展示的是一套完整西藏武士的装备,有札甲、胄、剑、胡禄及弓囊、长矛、盾牌、马匹、马鞍，从诸多器物细节来看，笔者认为此唐卡是典型的元至明初时期。

纽约大都会博物馆藏公元 14 世纪“匝噶利”唐卡绘画（Initiation Card “Tsakalis” early 15th century 2000.282.21）中武士腰部长剑与芝加哥博物馆藏品一致，鞘室下端尖锐，鞘口位置膨大，提挂下端有悬旗（图 586）。鞘室悬旗的仪仗制度应该是源自元朝礼仪，此后由明朝继承，《出警入跸图》《明宣宗行乐图》中有所表现。民国时期西藏老照片中，藏刀也同样保存了形制（图 587，陈宗烈摄影）。

3. 古格遗址、寺庙中的藏刀

1996 年国家文物局认定甘肃肃南县马蹄区西水乡二夹皮村在 1979 年发掘的大长岭墓为吐蕃高级将领墓葬，墓室中“尸身左边放小刀8把（大、中、小），右侧放铁制宝剑一口”，“剑柄、身已经严重锈蚀，断为三截，长76厘米。”（施爱民《肃南西水大长岭唐墓清理报告》，《陇右文博》2004年第1期）这是目前笔者查询到的唯一吐蕃墓葬出土刀剑的信息，考古报告中未能提供该剑照片，极为遗憾。后笔者与甘肃肃南民族博物馆馆长李晓斌先生联系，李馆长给出馆藏品的照片（图588-1），由于出土环境不太好，剑形无法辨认，明显能看出此剑有剑格，从残存的器物上能看见错金装饰痕迹（图588-2），极有可能性是鞘口位置。

西藏地区考古出现的刀剑极少，且主要集中在古格遗址。1985年“故城遗址采集、清理出的刀、矛、剑数量极少，计刀柄2件、刀身1件、矛1件、短剑柄2件”（西藏自治区文物管理委员会《古格故城》，文物出版社1991年）（图589）。王援朝先生撰文记述：

> 在古格故城西南25公里的多香遗址南侧建筑废墟中曾发现一柄长刀，刀身弧弯，刀尖薄锐，前部为双刃，距尖24.5厘米以后出现刀背成为单刃，刀身中后段较前段窄，两面各有两条平行血槽，柄略呈十字形，双片合锻而成。（王援朝《古格王国兵器与外域文化的影响》，《中国藏学》1998年第2期）

考古报告和此文中描述的刀为典型印度的塔拉瓦刀，非古格地区西藏刀。事实上，由于地域关系，在西藏地区大量保存了公元17世纪左右的印度塔拉瓦刀，由于文博系统对西藏刀剑了解甚少，多将印度弯刀当成西藏地区弯刀，在部分学者的文章中也能看见此种认知错误。谢继胜先生著《榆林窟15窟天王像与吐蕃天王图像演变分析》

一文中引用的“萨迦寺元朝弯刀”，其弯刀图片出自李冀诚《雪域名刹萨迦寺》(中国藏学出版社，2006 年版)，书中刊载的“萨迦寺元朝弯刀”并非元朝旧物，是典型公元 17 世纪北印度塔拉瓦刀，该文引用的另一张图片“古格佛殿出土弯刀”也是萨迦寺藏品(图 590)，图中左 1—4 都是北印度塔拉瓦弯刀，左 5 是非常罕见的十字形护手佩刀，真正代表西藏刀剑的则是图中左 6，这个剑的格明显是弧形新月格，刀首为圭首，属于公元 10—11 世纪左右的藏刀，此类刀才是西藏武备值得重点研究的部分。

拉达克地区从吐蕃时期至公元 17 世纪都属于西藏的一部分，曾经建立过南嘉王朝，其地理位置为连接西藏阿里地区和北印度的通道，古格王朝的覆灭就是拉达出兵所致，所以在古格藏兵洞中遗留的北印度弯刀也证实了古格消亡的原因是拉达克人入侵造成的。现存于西藏博物馆的古格文物展区中展出的北印度刀仍当作西藏本土的古格刀，这种错误不能不说是一种遗憾。

三、现存实物

1. 剑

西藏地区的剑极为稀少，迄今所见到的西藏的剑在制作工艺、年代上都好于同时期的刀，通俗意义上来说，剑的佩带者的身份会更高一些。

由于历史、地域的特殊性，西藏地区会保存相对极为古老的器物，笔者收藏了一只风格独特的剑，柄首为铁制圭形，手柄收腰裹鲛鱼皮，剑格呈新月形（图 591），剑柄有一长方形木舌伸出剑格。

此种藏剑形制实际是继承中原地区中唐至晚唐的一种新型剑制。中唐至五代开始，中原地区的剑出现一种新造型剑格，其样式为直翼八字格或新月形，事实上吐蕃剑也采用了此种风格，在都兰出土锤揲黄金武士腰侧就配有此种风格剑，剑格呈八字形，中间凸起部分呈长方形（图 592）。笔者所藏之剑的形制与斯坦因带走的绢画题记标识为“西方毗楼勒叉天王”手中之剑有相似性（图 593）（The Thousand Buddhas,《千佛洞：中国西部边境敦煌石窟寺所获之古代佛教绘画》），鞘室无明显提挂，以横束紧固鞘室。敦煌莫高窟第 57 窟前室西壁保留一铺绘制于晚唐时期的毗琉璃天王残像（敦煌研究院数字敦煌），画面较为清晰地保存了剑柄和剑鞘，剑身已经模糊不清，剑格与大都会博物馆藏唐刀格一致。剑鞘较为清晰，明显可见整鞘无提挂，鞘室中部起脊线，五道细横束固定鞘室，鞘尾明显呈尖形（图 594）。由此可以看出，敦煌绢画、壁画中剑鞘具有相同的特点，壁画中的剑鞘和剑极为写实，壁画剑鞘与此剑的鞘在形制上几乎完全一样，甚至五个窄细鞘束的位置都一致。四川安岳玄妙观有一武士手持长剑，剑格造型较为特殊，剑格中部呈长条形，左右两端有较小的月牙伸出，是月牙格的一种演化，此剑格与笔者保存的剑形制完全一致（图 595）。

综合诸多信息来分析，此剑是目前已知唯一的具有晚唐形制的传世品，究竟是晚唐时期从唐朝流入吐蕃，还是吐蕃对唐朝形制的模仿，现在尚待详细考据。此剑历经千余年，仍能以这样令人惊叹的完整状态存世，不可思议。此剑的存在是中国武备中极为重要的实物，同时也是中原和西藏自古就有广泛而深刻联系的直接证据，具有无可替代的、不可估量的历史意义。

2. 不同区域藏刀

（1）康巴地区

①康巴土司佩刀

现存的明、清时期古藏刀中，有一种形制独特、工艺精细的藏刀，这类佩刀显著的特点就是有一个圆盘形刀格，既是藏族贵族和土司随身佩刀，也是进献中原皇帝的礼物。

周纬先生于1957年编撰的《中国古兵器史稿》第八十七图版中首次披露故宫博物院藏西藏土司佩刀，“瓦寺宣慰司供物，柄形上方下圆，刃长二尺四寸，柄长七寸五分，鞘长二尺八寸。外饰鲨鱼皮柄嵌宝石。”由于出版年代过于久远，其照片质量较差，未能清晰反映出“瓦寺佩刀”细节。2008年香港商务印书馆出版的《清宫武备》中再次登载了“瓦寺佩刀”（图596），其携带的皮签上的文字为“乾隆□□年□□月瓦寺宣慰司（残）进腰刀一把”，由此得知此类圆盘护手形制藏刀为土司佩刀。瓦寺宣慰司土司设置于明朝，清朝沿用此官职。据《世代忠贞之瓦寺土司》载：

> 英宗正统六年茂、威、汶等处生番跳梁，屡征不服，州县戒严。朝令琼布思六本统兵出发，相机进剿。琼布思六本以年老多病，恐负委任，奏请其弟雍中罗洛思，统头目四十三，士兵三千一百五十余代其行。月余抵汶，分道进剿，历时半年，番乱乃平。而威、汶人民有愿其去者，雍中遂亦暂留，省宪奏功。

雍中罗洛思因功而授瓦寺宣慰司土司。至公元1652年（顺治九年），第15代瓦寺土司曲翊伸将其明代所授印信号纸缴清顺治皇帝，投诚归顺，清廷授其安抚司职。瓦寺土司归顺清朝政府后，在清代历次用兵中都扮演了重要的角色，并且数次受到清廷封赏：

> 康熙五十九年，征西藏，土司桑郎温恺随征有功，加宣慰司衔。乾隆二年，加指挥使职衔。乾隆十七年及三十六年，征剿杂谷土司苍旺并金川等处，土司桑郎雍中随征出力，赏戴花翎。嘉庆元年，随征达州教匪，经四川总督勒保奏升宣慰司。(《清史稿·土司传》)。

故宫所藏瓦寺佩刀究竟是哪一任土司进献乾隆，清史料中未做记载，从佩刀羊皮标签墨书“乾隆□□年”来判断，最大的可能性是乾隆十七年（1752）或三十六年（1771），这两个时间节点分别是瓦寺土司协助岳钟琪平定杂谷脑土司苍旺和协助清政府第二次出兵平定金川之战，这两次协助清廷的瓦寺土司应该都是第18代瓦寺土司“桑郎雍中”,笔者推断进献瓦寺佩刀应该是第18代瓦寺土司“桑郎雍中”。

此类土司佩刀重要特征是其护手为立式圆盘形，双提挂式佩戴。刀首铁制呈如意云头形或圭形，手柄木质裹鲛鱼皮，在鱼皮手柄正面有呈工字型的铁丝压条；装具均铁制，鋄金装饰卷草纹和如意纹。提梁与明代中原佩刀相同，鞘束形式多样，有花型，有长条型，多鋄金阴刻卷草纹，中置宝石座，镶嵌珊瑚或松石。鞘室木质，外裹皮革。刃体锻造多风格多样，锻纹或粗、或细、或粗细间杂，还有圭纹等，刃背有明显脊线。有些直接采用当时西方进口或印度刀刃。

笔者收藏一只德格土司佩刀（图597），装具皆为铁质鋄金，整体风格与“瓦寺刀”相近。此刀有完整佩带皮带，皮带中段左右两侧各带一尸陀林纹提携，带扣鋄金花草纹装饰。刃体根部装饰刃夹，刃夹于刃体两侧铆接于刃体，刃夹上端呈“W”型，此刃夹上端曲线的形式非常古老，在出土的一些唐、辽刀中可见。

②康巴腰刀

康巴类型刀主要流传于西藏昌都、四川甘孜、云南藏区。此类藏刀铁制柄首和边鞘，边鞘外形呈“U”形框，截面为“[”形，鞘边半镂空雕刻花纹，鋄金装饰。鞘室内夹木衬，木衬裹革，部分鞘室正面下端有一较长的银压片装饰，压片一般都锤揲卷草纹装饰，鞘尾部装饰一银球。木鞘室插入铁边框后,在上端套入一方形铁框束，将木鞘室和铁边框紧固成一体。手柄如意云形，正面嵌宝石座饰珊瑚或松石，刀首背后有一圆环，拴皮绳，手柄木质裹鲛鱼皮。康巴刀刃多是古司类锻造，刃体以流水锻纹为主，间杂其他锻造形式，少数有錾刻铭文或梵文。

康巴地区自古就是西藏勇士诞生之地，康巴藏刀多以长刀为主。康巴刀佩带方式是直接斜插腰带之上，颇有中原地区古风。康巴藏刀佩戴时有一个特别的细节，整刀插入腰带后刃锋是朝上，此种佩戴形式保证拔刀时就可以直接用刀刃攻击对方。日本打刀也是此种佩带形式。

康巴类型藏刀鞘室整体“U”形框结构是其最重要的特点之一，这种结构明显源自晚唐、五代时期金属包边鞘形制，只是在后期制作过程中逐渐演化成较厚的铁质材料，并在佩表面增加西藏特有的装饰纹饰。康巴类刀鞘在鞘底内侧两边出戟相碰，底部露一圆孔，圆孔上多装饰凸起的银球，此种出戟关系是蒙古呼拍类刀鞘底部出小牙逐渐变大形成康巴刀鞘底内侧出戟关系。

康巴刀外形彪悍，体量硕大，很多清代中晚期康巴藏刀在正面装饰了体量巨大的珊瑚、松石，以显示主人的财富。康巴藏刀的表面充满装饰性，具有极强的民族特征，现在成为广域藏刀的代表（图598）。

③金川佩刀

金川刀是康巴、安多交界地区的藏刀，其形制更接近西藏东部地区造型。金川刀在故宫博物院（图599）、沈阳故宫博物院都有收藏，这些佩刀都是金川土司佩刀，皆是乾隆皇帝平定大、小金川土司两次叛乱后，将叛乱土司的佩刀纳入武库，作为乾隆帝“十全武功”之一以纪念。金川藏刀柄首类似色勒穆、洛巴刀柄首，但是手柄会成排镶嵌珊瑚和绿松石装饰。

故宫现藏乾隆时期御制的“皇帝吉礼随侍佩刀”（图600），就是在乾隆皇帝平定大、小金川之乱后，在金川土司藏刀造型上添加乾隆皇帝个人审美制作而成。此剑刃铭文“神锋”，意义就是纪念乾隆“十全武功”中的两次平定大、小金川的赫赫武功。

（2）安多

安多刀主要流传于青海、甘肃、四川阿坝藏区。安多刀素铁刀首云头造型较为特殊，云首较扁，左右两侧云头较长而尖，不似康巴地区较为圆润，类似鹰喙。鞘室多为木制裹皮，截面多为椭圆形，上下两端裹银皮，银皮多錾花和福寿纹，并镶嵌宝石（图601）。安多刀锻造风格非常多，流水纹、旋焊、流水＋旋焊等。安多藏刀刃型除了常见直刃，略短的多使用一种较为尖锐的矛型刀刃。

（3）卫藏

卫藏一直是西藏的政治中心，所以一些特殊品种的藏刀都出自卫藏地区。蒙元呼拍风格佩刀、十字格护手佩刀、色勒穆佩刀都出自卫藏。

①呼拍风格

中国国家博物馆（图 602）、英国利物浦博物馆（图 603）、英国 V&A 博物馆（图 604）、台湾省奇美博物馆（图 605）都保存有蒙元呼拍类佩刀。国博呼拍藏刀手柄木质，手柄下端为兽面格，眉弓凸起呈弧形，眉弓之下兽面较为平整，手柄和兽面一体裹鲛鱼皮。兽鼻、眼睛、睫毛皆由琍玛铜制作，嵌于兽面之上，兽鼻左右两侧有少许镂空火焰形装饰，半弧形兽面下缘用琍玛铜包边，用数个铆钉将包边、鲛鱼皮、木胎铆接成形。利物浦博物馆藏品的兽面因其眼睛和鼻子遗失，能更清晰看见兽面基本形态，其兽面形制和国博的完全一致，木胎裹鲛鱼皮，其外缘亦用金属边包裹。V&A 博物馆的藏品手柄和兽面保存基本完整，但是眼睛遗失，仅存鼻子，鼻子由琍玛铜锤揲成形，镂空装饰，其兽面弧形下缘封闭边条内侧装饰花边。奇美博物馆藏品的兽面相对保存最为完整，其眼中镶嵌的玛瑙至今仍旧保留，鼻子的制作形式更加具象，具有鼻翼的细节。达仓宗巴记载的呼拍类蒙古刀在刀刃、鞘室上都很详细，但是未能记载其整刀的形制，颇为遗憾。笔者在研究了吐蕃至蒙古时期的刀剑后，认为现存的呼拍风格佩刀，其器形更多来自吐蕃时代的遗风，而表面的装饰则非常具有蒙古风格，鞘室细密卷草风格是蒙古带入西藏的。现存各个博物馆的呼拍是西藏在13世纪时诞生的一种新风格佩刀。

大都会博物馆（1995.136）藏品属于呼拍类的西藏本土化（图606），整体装具都为铁质，浮雕鋄金装饰，是已知的西藏刀剑中非常重要的文物。

②“永乐剑”辨析

利兹皇家军械博物馆藏剑（XXVIS.295）是已知的西藏刀剑中级别最高、纹饰最精美、图案设计最复杂、制作工艺最精湛、保存最完善的西藏佩剑（图607）。此剑于1990年从巴塘被贩卖至拉萨，随即流落海外，1991年4月1日在伦敦苏富比拍卖行公开拍卖，皇家军械博物馆以10万英镑之巨资将此剑拍下，现为皇家军械博物馆十大馆藏之一。此剑是蒙古呼拍类刀剑在西藏最完美的演化和继承。

剑格主体为“知巴扎”（藏语发音：tsi pa tza 或 *tsipa ta*）形象，“知巴扎”的形象为双眉火焰形，额头中有日、月，双耳似牛，鼻短而阔，下唇左右露尖齿，唇两侧生双手。“知巴扎”是梵文音译来的，梵文“kirtimukha”。“kirti”就是“知”，本意是“传扬”“称颂”，引申为“名誉”“荣耀”。“mukha”就是“脸”“头”的意思，合起来又被称之“荣耀的脸”。“知巴扎”和中原的“饕餮”有着相似的概念，他们共同特性就是贪食。印度文献《室健陀往世书 Skhanda Purana》载“知巴扎”诞生自湿婆的慧眼，极为贪吃，吃掉自己身体，最后就只剩下头，在即将吞噬自己的时候，湿婆怜悯他，同时又欣赏其凶猛，渡化“知巴扎”成为守护者，湿婆神就让其看守寺庙大门，“知巴扎”由此成为寺庙最重要的守护神。“知巴扎”的宗教寓意是斩断轮回，藏传佛教在这点上尤为突出，其诞生过程就隐喻了此种宗教观念。从印度早期典籍来看，“知巴扎”和时间、空间有极大的关联，尤其是时间，宗教经典中隐喻他所吞噬的身体代表时空。早期的藏传佛教的“五趣轮回图”说，最外面就装饰“知巴扎”，“十二因缘”就配付其中，由“知巴扎”执掌轮回，轮回所对应时空和世界的生生不息，后期“知巴扎”的形象被阎魔天替代。使用“知巴扎”装饰的法器、刀剑乃至门楣，都隐喻轮回之意。“知巴扎”所代表的宗教内涵对法器、刀剑有着至关重要的意义，所以只有象征至高权力或斩断轮回这两个意向的法器，才会用“知巴扎”这个神圣符号。与掌握时空和轮回力量的“知巴扎”所对应的，是俗义世界中至高无上帝王皇权，只有人间的帝王才有权力使用“知巴扎”纹饰的兵器。“知巴扎”的概念随藏传佛教传播，进而影响到元朝皇室使用的法器和刀剑之上。一般刀剑亦或法器显现的是龙首，并不是“知巴扎”，其原型是“摩羯”，类似于中原“睚眦”，梵语是“makara-mukha”，摩羯代表的意义仅为“威仪”和“勇猛”。由此可知，“知巴扎”风格装饰的刀剑是皇室御用或御赐的器物，代表无上皇权之威仪。“饕餮”虽然也是贪食，但更多是表现出凶猛的含义，其起源及其背后隐匿的宗教学上的思想与“知巴扎”有本质不同。

皇家军械博物馆和大都会博物馆官方文字表述在判断此剑制作年代时，参考了众多博物馆藏西藏密宗法器，如波士顿艺术博物馆的钺刀、法斧等物，这些馆藏法器大多有“大明洪武年施”“大明永乐年施”錾刻铭文；这些法器手柄使用大量重复同心圆纹，同心圆之间用波浪纹连接，同心圆空隙处也用较小的同心圆进行填补，其工艺与此剑相似，故皇家军械博物馆、大都会博物馆以这些法器的年款为判断依据，认定此剑为明初洪武至永乐时期。

笔者用近二十年时间对西藏藏传佛教的法器、唐卡以及西藏、中原的兵器进行研究，随着资料的累积及不断加深的认知，对皇家军械博物馆和大都会博物馆就该剑年代判读有一些不同的看法和意见。

器物年代判读的核心是对器物形制、主要纹饰进行综合判读，此剑中有几个重要细节可以作为判读依据，笔者逐一对纹饰进行分析和解读。

a. 龙纹在古代纹饰的应用中有着非常清晰的年代特征，剑首龙纹为正脸造型，爪为三趾，元朝早期龙爪三趾为主，这个特征是对唐、宋制龙纹风格的延续。明初时期龙纹，尤其是皇室龙纹基本放弃了三趾的形式，多转为五爪形态。此剑的菱形印章纹饰中，中间的龙纹是最为典型的元朝龙纹，其鬣发扬于脑后，其造型和故宫博物院保存的元朝梅瓶中的形制几乎一致，龙颈细小，龙嘴大张，长吻，臂粗，趾爪三分，其后腿缠绕尾部，这个特征是典型宋、元龙纹的特征。明朝以后，龙纹极少使用尾部缠绕后爪形式，尾部似蛇，而非明朝散尾状态。这两处龙纹特征都反映出蒙元时期风格特征（图 608）。

b. 剑首正面龙纹周围的缠枝纹使用一侧单瓣、另一侧双瓣的样式，这样的卷草构图是早期蒙古形制器物中常用纹样，此种纹样是继承了南宋（南宋朱晞颜墓金盘）、金两朝卷草纹样特点（图 609）。

c. 剑格中“知巴扎”手臂之上的大卷草纹非常流畅饱满，这个卷草的风格与现存大都会博物馆的数张 11—13 世纪唐卡、经书板（唐卡 The Buddha Amitayus Attended by Bodhisattvas 12th 1989.284、经书板 Manuscript Cover with the Buddha Shakyamuni，Attended by Manjushri and Vajrapani 12th 1987.407.6、缂丝唐卡《元缂丝大威德金刚曼陀罗》公元 1330—1332 年 1992.54）、元朝居庸关云台的六拏具中摩羯尾部

的装饰花草风格完全一致（图 610），此种风格在花叶和缠枝的处理上带有明显的公元 11—13 世纪波罗艺术风格，这种艺术风格源自印度，随着西藏佛教史上的“后宏期”，沿西藏西部地区向拉萨传播。此种风格对整个西藏地区的壁画和唐卡产生深远影响，其中扎塘寺壁画就是波罗艺术在西藏保留的典型之一。后期随着藏传佛教艺术的延伸，在宗教器物上也有明显的继承和表现，此种风格在元朝忽必烈时期随着阿尼哥掌管梵像局时期达到高峰，阿尼哥带来的波罗艺术风格注入大元，形成元代特殊的艺术风格，这种艺术形式在元代佛像、织锦中多有体现。

d. 剑首侧面的八宝纹饰为典型蒙元时期图样（图 611），莲花形式表现得最为突出，此种莲花源头也来源于波罗艺术风格，西藏山南地区扎塘寺壁画中有清晰的体现，大都会博物馆元朝时期缂丝唐卡、居庸关云台、飞来峰元代财神像的花环中的莲花构图都是沿用此制，此种莲花纹基本都是元朝独有。洪武初年，南京故宫使用过此种造型，至永乐初期还使用此种风格莲花，永乐中期，莲花已经不再使用元式风格。

e. 在十字金刚杵中大日宝珠被阴阳纹分割，这是非常罕见的蒙元时期装饰形式，而这样的装饰在元朝居庸关云台的十字金刚杵上也是如此制作，在其他各个朝代中，金刚杵中部的大日宝珠都无此种表现形式（图 612）。

f. 鞘室佩表面侧边装饰连续十字麦粒纹实际是球露纹（球路纹）的变化，以圆形相互叠加组成主题图案，组成四方连续纹样，部分球路纹中间配以鸟兽或几何纹，这种图案后期简化为圆圆相交，俗称为金钱纹。球露纹隋唐时期已经出现，定州静志寺塔地宫出土隋

“鎏金錾花银塔”、法门寺地宫出唐僖宗御用“银鎏金鸿雁球路纹提梁茶笼”就是典型球路纹早期形象。鞘室正中的压条为典型球路纹。球路纹在宋、西夏、元时期极为流行，在同时期的织锦、敦煌绘画、石雕中都有所表现。首都博物馆藏元“石雕麒麟四连弧开光球路纹桥栏板”就是此种纹饰的典型代表（图 613）。

g. 已知鋄金同心圆排丝组成螺旋纹在明代初期非常成熟，在永乐时期诸多西藏法器中常见，但是螺旋纹这个装饰风格并非明初创立，是明朝工艺对元朝工艺和风格的延续。元朝时期铁鋄金器物近年逐渐被发掘和被认知，可以看出其边缘装饰风格此类螺旋纹已经非常成熟。元青花瓷器中也大量应用此类纹饰，元朝使用的此类纹饰又是继承于宋、金两朝，宋、金时期有不少铁器就装饰此类纹饰，私人藏家所藏金代马镫中就有明显的错银螺旋纹装饰（图 614）。皇家军械博物馆和大都会博物馆单独从此剑的边缘装饰风格与明初法器相同，判断此剑为明初制作，还是稍显不够谨慎和准确。

综合这七点分析，笔者判断此剑为元朝制作，之所以被利兹皇家军械博物馆解读成永乐时期，是因为洪武、永乐时期对御赐西藏作品的符号、铭文给西方研究者相对准确的信息，由此对应到此剑上，得出了是永乐时期作品的解读，西方研究者忽视了明代法器和工艺继承了相当多的蒙元风格。前文所述已经说明，此种剑制属于蒙古呼拍类刀剑风格，此剑格中“知巴扎”的形象和金刚杵纹作为藏传佛教符号最重要的表现，在纹饰细节上已经非常成熟，用藏传佛教的“知巴扎”替代了蒙古早期使用的神兽，其龙纹是典型元朝特征，说明此剑制作年代应是藏传佛教深入元朝政权这个时期制作的，笔者推测是忽必烈时代作品。

③十字格护手佩刀

西藏十字护手佩刀来自元朝。十字格佩刀在元朝建都北京时期已经完全发展成熟。从现存装具实物来看，铜质装具多为素装，较少见到纹饰。元朝晚期出现铁鋄金装具，明蕲国公康茂才墓出土的十字格佩刀就是代表。明朝宫廷和军器都保存了此种形制，明万历墓中出土的十字格佩刀为黄金装具阴刻云纹、龙纹。

通过研究现存十字格佩刀装具，来分析十字格装具的发展过程，笔者推测西藏早期十字格装具应该是素装形式，或许有纹饰装饰；明中期才出现镂空铁雕形式，镂空纹样以龙纹和卷草纹为主；西藏元十字格佩刀未见完整实物；清代中晚期十字格佩刀装具逐渐简化，又进入平面装饰形式，主要有阴刻鱼鳞纹和卷草纹。装具同时使用双面龙纹的等级最高，装具使用单面镂空龙纹和缠枝卷草纹次之，装具使用双面镂空卷草缠枝纹又次之，装具使用阴刻卷草纹最次。

西藏十字护手镂空鞘口、鞘尾表里两侧龙纹有两种固定模式，一种是龙身呈C形环绕龙头，身体蜿蜒起伏于卷草中。龙首方向有两种，有面对鞘尾方向，也有面对鞘口方向。另一种是龙首高昂，而龙身呈S形穿插于卷草中，龙首多朝向鞘尾，极个别龙首朝向柄首方向。提环中的龙纹构图也分成C形和S形。不同身形的龙纹有开口型，也有闭口型，在同一只刀中也有不同，这个细节似乎并无太多规制，整只刀在鞘口、鞘尾、提环同一侧，会表现出这样龙纹两种不同的姿态。这种表现形式是为了在同一侧装饰面中表现出不同的纹饰形态，看似统一，实则细节有变化，极大增加了器物的艺术表现力。笔者比对已知的十字护手佩刀和部分零散的鞘装具，发现龙姿态只有这样两个定例，说明十字格佩刀的镂空装具有极为标准的、统一的构图模式，充分说明此种佩刀一定是按照严格的等级进行制作，这样的细节是高级佩刀的必要条件。笔者查询 1938-1939 年德国探险队在西藏拍摄的影像照片，在编号 Bild135-BB-141-12 的照片左下角中发现噶厦政府的噶伦赤巴在每年传召大法会祭拜中，会佩戴十字格佩刀（图 615）。笔者保存的十字护手佩刀来源于前噶伦后裔，此十字格佩刀与照片可以相互印证。

现存世西藏十字格佩刀主要有大昭寺十字格佩刀一只（图 616）、笔者藏铁雕龙纹镂空佩刀一只（图 617）、大都会博物馆藏十字格佩刀一只（图 618）、中国人民革命军事博物馆藏十字格佩刀一只（图 619）、国内私人收藏家藏有 2 只十字格佩刀。

④色勒穆

西藏地区有一类刀剑非常特殊，制作极为精良。此类刀剑装具铁制，鞘尾由两件金具构成，外侧为底部呈 ∪ 形铁边框，鞘底较圆，鞘边多做镂空卷草纹、云纹，鞘边内侧有月牙形装饰，中置压片，压板一般朝鞘口端逐渐收窄，压板略呈⌒形贴合鞘于面，镂空雕刻云龙纹、鹿纹等，鎏金装饰。鞘尾装具约为鞘室长度的三分之一左右，鞘尾外框和压板平视呈“山”形。鞘室正面一般带有三根脊线延续至鞘口，接近鞘口位置会制作一金属凸起，内置穿绳孔，其形态与汉剑之剑璏功能一致。鞘口俯视呈“◇”形，正面为方形中带脊线，柄首与鞘口形制相对应，顶面较鼓。其刀剑形制有一蒙古名字“色勒穆”。

此种剑制特殊，尺寸有大有小，甚至作为西藏特有贡品呈献清乾隆帝。雍和宫雅木德克楼就供奉了七世达赖喇嘛进贡乾隆的“西藏拉萨布达拉宫内镇宫之宝，镶嵌珠宝青碧色纯钢宝剑一口，蒙古语尊之名叫色勒穆，……是乾隆十年（公元一七四五）十月十五日，西藏第七世达赖喇嘛噶桑嘉错所呈进的”（图620，王家鹏《清皇家雅曼达嘎神坛丛考》，《中国紫禁城学会论文集》第五辑）。雅木德克楼内所供的佛像只有一尊，梵语叫“雅嘛达嘎”或“间曼德迦”，清帝派员祭祀这个佛像的时候，在满语的祭文中把梵语的“雅嘛达嘎”译成“雅木德克”，故这座楼名叫“雅木德克”，楼内的佛堂叫“雅木德克坛”。这个佛像就是独雄大威德金刚，在西藏密宗的神祇中，他是司战之神，能退强敌。故此在清乾隆、嘉庆、道光、咸丰四朝，每有战事，必派人祭祀此尊佛像，并且规定每天由多少名喇嘛在楼内念经。《雍和宫志略》载：“在清代，凡是大战以后，班师的时候，必把掳来的特别军器，陈列在雍和宫雅木德克坛上，及祭祀完毕，乃又把掳来的特别军器，收藏在中南海紫光阁内的武城殿内，唯独西藏所贡进的军器，则永远供在雍和宫雅木德克坛。”雍和宫现在展陈的色勒穆剑标牌为“漆金刻云龙纹鞘佩刀，七世达赖喇嘛献给乾隆皇帝”。

色勒穆类刀剑的重要性：不仅是兵器中级别极高之物，而且作为宗教领袖进献皇室之宝。在查阅史料过程中，经对比发现，乾隆改建雍和宫为藏传佛教道场的时间正是七世达赖喇嘛进贡时间，这应该不是巧合。现存雍和宫的色勒穆剑是七世达赖喇嘛专门为雍和宫建成而举行法会和进贡宝物。

⑤朝贡和御赐

元朝将西藏纳入中国版图后，西藏的僧俗领袖为表示服从中央政府的管理，就开始对中央政府进行朝贡。元、明、清三朝史料中记载，西藏刀剑往往作为地方重要朝贡礼器进献朝廷。

西藏向元中央政府进贡的贡品有“……甲胄……刀剑等物”（黄玉生等《西藏地方与中央政府关系史》，西藏人民出版社1995年）。朱元璋建立明朝初期，明朝非常注重派遣使者入藏招抚，尤重已归附的藏族地方僧俗首领、汉地高僧入藏诏谕。洪武二年（1369）九月“时土酋赵琦弟同知赵三及孙平章祁院使等皆先后来归，正悉与衣冠厚遗而遣之。自是诸部土官相率来降”。《大明会典》记录了西藏各地行政机构和土官“乌斯藏（西番古吐番地，元时为郡县。洪武初因其旧职）、长河西鱼通宁远等处、朵甘思（朵甘直管招讨司附）、董卜韩胡（别思寨安抚司加渴瓦寺附）、长宁安抚司、韩胡碉怯列寺、洮岷等处番族”。西藏地方循例向中央政府朝贡，贡品有“明盔、明甲、铁甲、明铁甲、刀、腰刀、长刀、剑、箭”等物（《大明会典》卷一百八《朝贡四》）。《明实录》中记载了从洪武至天启二百六十年间，大量西藏、四川、青海藏区的宗教领袖和地方长官前往南京、北京朝贡，其中明确记载贡品为“刀、剑、腰刀、镔铁剑”的有七十余次之多。

清代史料中同样大量详实记载了西藏僧俗领袖觐见皇帝时的细节，贡品中同样包含甲胄、刀剑等贡品，《造办处活计档》载：“乾隆四十五年十月二十六日，太监鄂鲁里交彩漆木壳线枪一杆（随米珠花穿金丝带一条，俱有损坏）。洋铜药葫芦一个，嵌米珠穿金丝九龙袋一副，洋铜什件革、免紫天鹅绒鞘腰刀一把，俱班禅额尔德尼进”（王家鹏《清皇家雅曼达噶神坛丛考》，《中国紫禁城学会论文集》第五辑）。

中央政府也大量回赐礼品，从明清史料中显示御赐的礼物以织锦、法器、马鞍居多。萨迦寺保存的甲胄也是中央政府赐物（图

621），此甲胄是清初形制，但是萨迦寺将其记录为元朝赐白兰王之物。清宫乾隆皇帝御赐自己的甲胄一套，至今存放于甘丹寺（图 622）。

清代史料中同样大量详实记载了西藏僧俗领袖觐见皇帝时的细节，贡品中同样包含甲胄、刀剑等贡品，《造办处活计档》载：

> 乾隆四十五年十月二十七日，宁寿宫班禅额尔德尼恭进西竺腰刀一把；一件是西藏拉萨布达拉宫内镇宫之宝，镶嵌珠宝青碧色纯钢宝剑一口，蒙古语尊之名叫"色勒穆"；一件是镶嵌钻石的"架枪"；蒙古语尊之名叫"济达"。这两件特别军器都是乾隆十年（公元一七四五）十月十五日，西藏第七世达赖喇嘛噶桑嘉错所呈进的。（王家鹏《清皇家雅曼达噶神坛丛考》，《中国紫禁城学会论文集》第五辑）

这些史料记载的朝贡事件和贡品，不仅体现了西藏地方在政治上隶属于元、明、清朝中央政府，也使中央与西藏地方的关系愈加密切，西藏刀剑作为贡品在中原和西藏交往历史中的独特性和重要性由此凸显。单从这一历史细节来看，西藏僧俗领袖对刀剑极为重视，在对西藏刀剑研究过程中，这个细节应特别给予重视。如果这个细节能够引起史学界、文博界更多的重视，那么故宫、布达拉宫、西藏大寺庙肯定可以整理展陈出更为早期的西藏地区刀剑和中央政府御赐的武备。

四、小结

西藏的刀剑，从核心上来看深受中原文化的影响。从现有实物来看，明显学习了唐、宋、元不同时期中原地区的风格，并在相当长的时间内将这些风格保存传递下来。

研究西藏刀剑不能仅着眼于西藏本地，要站在更开阔的视野下进行研究，文明的传播从来不是孤立的，而是多元、多维度的，中华文明之所以伟大，是在于它以空前的雅量汇集了每一个部族的文明历程，合撰成一部恢弘的史书。当我在追溯西藏刀剑历史发展过程的同时，也钩沉了中原武备文明。以史为证，藏族冷兵器向中原的学习和交流过程，贯穿了整个西藏历史。

写在最后

1999年因工作关系，我常驻四川省甘孜藏族自治州，因缘际会第一次接触了西藏武备，随后的几年时间，与中国古代兵器的许多次“因缘际会”慢慢汇集成了一个必然，那就是确定了自己的武备研究方向和目标，这也改变了我的人生。这种偶然性是改变的一个开始，在初期往往会被忽略，要等到若干年后，将过往的经历一幕幕回溯，才会发现当年自己偶遇的、追寻的、执着的、挣扎的、遗憾的桩桩件件，都引向了必然。

2000年是自己收藏古董刀剑的缘起，那个时候互联网还在运用的初期，论坛刚刚兴起，人也不是很多，当年活跃在论坛兵器知识圈的这些人后来都成为了中国武备收藏界的重要人物,无刀（皇甫江）是论坛创始人,活跃在线的ID主要是无刀、独孤求剑、庸人、觅刀客、lovergigionly、百刀斋、独行者、CNJ、梁一刃等等。

当年，在穷极无聊的高原生活中，每日工作之余逛逛刀剑论坛，可算是生活中最大的乐趣了。拔刀斋论坛第一次把中国古代兵器在网络上展示出来，每一张照片、每一件器物都是令人着迷的，每一篇帖子下面的讨论都是宏篇大论，像一个宝库突然展现在世人面前，那种令人目眩神迷的感觉促使我不断学习。

我收藏的第一把中国刀是一件清代牛尾刀，和自己儿时看过小人书上的刀完全一样，让人爱不释手；随后我收到了一把真正意义上的古藏刀，手柄是全银的，铁鞘上雕花精美，刀刃展现出迷人且清晰的银白色流水锻造纹，心里异常欢喜，好长一段时间我几乎都是抱着刀睡觉。从那一刻开始，对藏族武备进行收藏与研究的念头便如一颗种子遇到了适宜的土壤和机会，逐渐在内心扎了根。

2006 年大都会博物馆出版《Warriors of the Himalayas: Rediscovering the Arms and Armor of Tibet》一书，流星马（冯葵）兄第一时间就从美国背了一本送给我，第一次目睹世界顶级博物馆收藏的藏族武备，其精美和完整程度实在是令人震惊的。2005 年我第一次拜会四川大学霍巍教授的时候，霍教授推荐我读《汉藏史集》中的两个章节，这两个章节涉及西藏古代刀剑，我用了近十年的时间把其中内容与我多年收藏的实物进行对比研究，终将章节里的文字准确地解读出来，这是前人不曾做过的工作。从研究西藏武备入手，到全面系统研究中国古代武备，算起来已经二十年了。

2006 年开始，除了收藏武备实物，我也开始参观考察国内各地的博物馆和古迹，同时拜访武备收藏家，与诸多收藏家成为挚友，至今都会常常切磋学习。我常给新入古兵器界的年轻朋友们说，在收藏的道路上，一定要结识一些良师益友，他们会对你产生无法估量的、积极的影响，这样的朋友是一生的财富。

回忆二十年收藏道路，必须要感谢家人对我的支持。少年时顽劣不堪，不肯用心向学，令父母担忧；进入社会，沉浮十年，又让父母倍感焦虑；后来走上收藏之路，家人虽然不懂这些旧物，仍然倾力支持，尤其是夫人的支持。夫人从与我相识之初，就一直鼓励我不要让理想仅仅停留在一个单纯收藏者的阶段，应该努力去挖掘收藏品背后的历史文化价值，十余年来她坚定地在我身边支持着我对中国古代武备的研究。近十年来我在中国武备研究上，在诸位师友和家人的鼓励下，完成了此书编著，也算是对大家的支持做了些许回馈。

再次感谢在撰写此书过程中提供藏品和帮助过我的朋友（排名不分先后）：

王琦（畅行天下）、铁锤（庸人）、杨勇（易水寒）、赵强（珞珞如石）、叶军（汗青）、皇甫江（无刀）、徐晖（百刀斋）、徐绍辉、杨子麟（优悠）、冯葵（流星马）、江龙、马郁惟、夏超伦、贵子哥、葛龙飞（金石斋）、潘赛火、蓝定、徐开宏。